MIMO Radar and 5G MIMO Communication
Based on Complete Complementary Sequence

基于完全互补序列的MIMO雷达与5G MIMO通信

李树锋 ◎ 著
Li Shufeng

清華大學出版社
北京

内 容 简 介

MIMO技术在雷达和通信领域有着广泛的应用，本书从互补序列角度出发，研究其在MIMO雷达、5G MIMO通信以及5G移动通信领域的应用。本书分两部分进行撰写，第一部分为互补序列与MIMO雷达的研究，内容包括MIMO雷达基本原理，基于完全互补编码的正交MIMO雷达信号设计，正交MIMO雷达DOA估计，基于互补序列的MIMO雷达成像技术研究；第二部分为互补序列在MIMO通信和5G大规模MIMO通信中的研究，内容包括互补编码与MIMO技术，基于互补序列的扩频通信系统研究，基于互补序列扩频增强的MIMO系统研究，基于互补序列的MIMO信道估计，基于压缩感的MIMO信道估计、5G大规模MIMO信道估计以及DOA估计技术。

本书适合将从事MIMO雷达与5G移动通信研究的研究生、从事移动通信工作的工程师以及希望了解互补编码与MIMO结合领域相关情况的专业人士阅读。

图书在版编目(CIP)数据

基于完全互补序列的MIMO雷达与5G MIMO通信/李树锋著. —北京：清华大学出版社，2021.1(2021.10重印)

ISBN 978-7-302-56469-0

Ⅰ. ①基… Ⅱ. ①李… Ⅲ. ①蜂窝式移动通信网—研究 Ⅳ. ①TN929.53

中国版本图书馆CIP数据核字(2020)第178470号

责任编辑：赵 凯
封面设计：刘 键
责任校对：梁 毅
责任印制：沈 露

出版发行：清华大学出版社
网　　址：http://www.tup.com.cn，http://www.wqbook.com
地　　址：北京清华大学学研大厦A座　　**邮　　编**：100084
社 总 机：010-62770175　　**邮　　购**：010-83470235
投稿与读者服务：010-62776969，c-service@tup.tsinghua.edu.cn
质量反馈：010-62772015，zhiliang@tup.tsinghua.edu.cn
课件下载：http://www.tup.com.cn，010-83470236
印 装 者：三河市龙大印装有限公司
经　　销：全国新华书店
开　　本：185mm×260mm　　**印　　张**：14.5　　**字　　数**：350千字
版　　次：2021年3月第1版　　**印　　次**：2021年10月第2次印刷
印　　数：1001～1500
定　　价：79.00元

产品编号：080715-01

FOREWORD 前言

MIMO技术通过发掘空间维度资源，提升了无线通信系统的频谱效率、能量效率以及空间分辨率，而大规模MIMO通信系统的应用，获得了比传统MIMO技术更优的传输特性，因此传统MIMO技术与大规模MIMO技术被业内普遍认为是第四代和第五代移动通信技术的关键技术之一。本书以MIMO雷达与MIMO通信为背景，详细介绍了互补序列在MIMO领域应用的相关原理、系统性能以及算法应用情况。

全书由MIMO雷达与5G MIMO通信两部分组成，共14章。第一部分从MIMO雷达的基本概念出发，逐步介绍了基于完全互补编码的正交MIMO雷达信号设计、正交MIMO雷达DOA估计和MIMO雷达成像技术；第二部分介绍了互补编码与MIMO通信的基础理论、基于互补序列的扩频通信系统、基于互补序列的频谱增强MIMO系统、基于互补序列的MIMO信道估计以及基于压缩感知的MIMO信道估计。

本书由中国传媒大学信息与通信工程学院李树锋编写。

在本书的编写和出版过程中，得到了中国传媒大学信息与通信工程学院领导的大力支持，并得到了国家自然科学基金青年科学基金项目（编号61401407）、中央高校基本科研业务费专项资金项目、北京市高精尖学科建设项目（GJ19013504）以及校级科研项目（CUC18A006-2，CUC19ZD001）的大力支持，在此表示深深的感谢。同时，感谢中国传媒大学金立标教授、杜怀昌教授、胡峰副教授在本书写作过程中给予的指导和帮助。此外，还要特别感谢中国传媒大学信息与通信工程学院2017届硕士毕业生张宇驰、张云峰，2018届硕士毕业生魏闪闪，2019届硕士毕业生吴洪达，及2019级硕士研究生宿宝心和蔡铭宇对本书所做的贡献。

由于作者的认知水平和写作时间有限，书中难免存在错误和不足之处，欢迎读者批评指正。

李树锋

2020年11月

CONTENTS **目 录**

第一部分　基于完全互补序列的 MIMO 雷达技术研究

第一部分

基于完全互补序列的MIMO雷达技术研究

第1章 绪论

近年来，随着多输入/多输出(Multiple-Input Multiple-Output，MIMO)通信系统研究的深入，人们将MIMO思想扩展到了雷达体制设计与雷达信号处理领域，提出了MIMO雷达的概念[1-3]。MIMO雷达是一种能够提高雷达探测性能和生存能力的新体制雷达，其基本思想是雷达在发射端通过多个天线发射信号，在接收端通过多个接收天线对每个发射信号到达目标后反射的回波都进行匹配滤波，经过相位补偿合成后，实现发射波束形成，接收通道之间再进行接收数字波束形成。

目前对于MIMO雷达的研究还处于理论研究阶段，许多问题还有待解决。本书针对该领域开展了MIMO雷达波形设计、到达角(Direction of Arrival，DOA)估计与成像理论的探索性研究。在此基础上，主要围绕完全互补序列的设计与优化、MIMO雷达DOA估计以及成像处理方法等方面开展研究工作。本章将对本书的研究背景以及相关领域的发展现状等进行概述。

1.1 研究背景和意义

经过近几年的研究，MIMO雷达取得了很大的发展，其中最具代表性的是贝尔实验室的统计MIMO雷达体制[1]与林肯实验室的正交MIMO雷达体制[2]。统计MIMO雷达通过增大天线各阵元间距的方法，使各阵元信号完全独立(不一定正交)，以此获得空间分集增益，以对抗雷达目标回波的起伏；正交MIMO雷达天线间距比较密，大约在波长量级水平，通过波形分集特性使信号在空间不能形成高增益窄波束，只能形成宽波束对空间的有效覆盖。由于正交MIMO雷达的发射天线阵与接收天线阵的间距非常小，大多为单站配置，接收的都是目标同一方向上的散射信息，因而各收、发通道相关性比较强。由于发射信号之间的正交，接收阵列通过匹配滤波进行分离，提高了目标的识别能力和参数估计性能；同时，在这种配置下，时间、相位和空间同步问题较小，系统复杂度相对比较低，易于工程实现。因此，本书主要研究正交MIMO雷达。

由于正交MIMO雷达各子阵发射相互正交的波形集，接收端通过匹配滤波恢复发射信号分量，因而最优化的正交波形设计是正交MIMO雷达实现的关键技术之一。为了避免相互干扰，MIMO雷达需要发射具有优良相关特性的信号，高距离分辨率及多目标分辨率要求信号的非周期自相关函数具有比较低的峰值旁瓣，而各通道间的相互干扰要求信号间具有较低的互相关峰值。MIMO雷达能够采用各种不同的波形，如正交多相码[3]、正交离散频率编码[4]及频率正交线性调频信号[5]等。完全互补序列的自相关函数峰值旁瓣与互相关值都为零值，满足理想的正交特性；另外，多个天线阵元同时发送相互正交的互补序列调制的波形，对于同一目标具有很好的分集特性。本书主要对基于完全互补序列的正交MIMO雷达特性进行分析与研究。

参数估计是信号处理中的一个重要组成部分[6]，也是近年来发展非常迅速的研究领域。这是因为参数估计作为分析信号的一个重要手段，在雷达系统中有着广泛的应用，所估计的信号参数也由简单频域发展到空间、时间及频率域，并且对参数估计的要求也越来越高，例如要求算法精度更高、分辨率更好、稳健性和容错性更强且计算量更小等，这些要求也推动了参数估计技术的发展。随着MIMO雷达的发展，其在目标参数估计精度方面的优势也显现出来；同时，由于引入多输入/多输出的概念，使得接收信号信息量迅速增大，导致运算量激增，参数估计算法难以在实际系统中实时实现，因此，研究基于正交MIMO雷达的参数估计具有重要应用。

合成孔径雷达(Synthetic Aperture Radar，SAR)是一种诞生于20世纪50年代的主动微波成像传感器[7]，也是雷达发展到一定阶段的产物。近几十年以来，人们对SAR基本理论、回波模型以及成像处理算法进行了大量的研究，目前SAR系统已经发展到相对成熟阶段，国外星载卫星SAR系统已多次发射成功，像SARlupe、TecSAR等在军事和民用应用方面都做出了很大的贡献。MIMO SAR作为SAR发展的一个重要分支，是通信技术和雷达技术交叉融合的新型SAR体制[8,9]，完全互补序列在通信中获得了广泛的应用，将其应用到MIMO SAR系统中，探索基于完全互补序列的SAR性能，也是一项富于挑战性的工作。

作为一种新体制雷达，基于完全互补序列的MIMO雷达具有如下特性：

(1) 由于完全互补序列由多组互补码组成，完全互补序列的传输需要多个通道，这一特性正好与MIMO的多输入特性相吻合，因此完全互补序列应用到MIMO雷达中是可行的。

(2) 由于完全互补序列的理想正交性，MIMO雷达经过脉冲压缩后不用加窗函数就能具有很低的旁瓣水平，并能保证主瓣不展宽。

(3) 作为相位编码的一种码型，虽然完全互补序列的选择能够压低旁瓣，但也继承了相位编码的多普勒敏感性问题，这也是实际应用中限制相位编码序列应用的主要原因，为此，本书将完全互补序列与线性调频信号结合，扩展了完全互补序列的多普勒容限。

作为一种新体制雷达技术，基于完全互补序列的MIMO雷达还处于起步探索阶段，鲜见相关文献资料，系统理论框架还不成熟。完全互补序列在通信领域得到极大应用，将其作为MIMO雷达发射信号，在应用方面会遇到很多困难，如带宽比较窄、多普勒比较敏感等。本书将针对上述问题，在完全互补序列设计，雷达信号建模以及实际应用等方面进行探索性研究。

1.2 MIMO雷达研究现状

1.2.1 统计MIMO雷达研究现状

近年来，MIMO雷达获得国内外学者普遍关注。目前，关于统计MIMO雷达的主要研究成果有：文献[1]首先提出了收发全分集的MIMO雷达，研究了角度分集对MIMO雷达信号模型和目标检测的影响，并指出统计 MIMO 雷达在抗目标闪烁方面的优点[10]。对于信号波形设计与雷达性能的影响，文献[11]首先以最大化互信息量和最小化均方误差为准则，研究了 MIMO 雷达发射信号波形设计，主要用于对雷达目标的识别和分类，但未考虑发射信号的多普勒敏感；文献[12]研究了空间分集 MIMO 雷达发射空时编码波形条件下的检测性能以及空时编码的优化设计问题结果；文献[13]研究了循环优化算法用于合成一种具有优良自相关和互相关特性的发射信号，并利用工具变量方法设计相应的接收滤波器对接收信号进行距离维的压缩，用数值计算例子证明了所提方法的可靠性；文献[14]介绍了通过 MIMO 雷达的波束分集技术，降低了雷达的最小检测速度，并提高了其检测性能。对于阵列配置方法，文献[15]研究了 MIMO 雷达中的网络配置问题，对基于不同传感器接收信号之间的互相关情况进行了分析，并对 MIMO 雷达和网络雷达的性能进行了比较，得出了在 4 种 Swerling 起伏模型下，MIMO 雷达比网络雷达都具有较高的工作性能[16]。文献[17]研究了 MIMO 雷达利用空时自适应信号处理降低多径杂波的问题。

从上面分析可以看出，统计 MIMO 雷达理论研究的关键是如何进行发射波形设计、信道特征建模以及对接收信号进行处理这一整体性理论分析。如果对 MIMO 雷达发射信号进行合理设计，系统模型正确建立以及应用通用性较强的信号处理方法，可以简化对统计 MIMO 雷达的理论分析，为 MIMO 雷达的实用化应用提供一定的理论基础，具有重要的理论意义和实际价值。

图 1.1 展示了米波稀布阵综合脉冲孔径雷达(Synthetic Impulse Aperture Radar, SIAR)的演示系统[18]。该系统工作于 HVF 波段，利用垂直极化方式，用于对空监视，采用巨大的同心环形发射和接收阵列以获得较好的角度分辨率。该雷达系统实现了分布式多站相参处理，可以认为是 MIMO 雷达发展的雏形。

图 1.1 稀布阵综合脉冲孔径雷达系统

1.2.2 正交 MIMO 雷达研究现状

正交 MIMO 雷达近年来成为研究热点之一，取得了一批理论研究成果：文献[2]首次对正交 MIMO 雷达的概念和信道问题进行了探讨，将一些传统雷达的概念和方法扩展成

MIMO雷达意义下的概念，并指出MIMO雷达的高分辨率和多自由度的优点。在MIMO雷达波束形成方面，文献[19]提出了两种MIMO雷达波束设计的优化准则。文献[20]研究了利用MIMO数字阵列控制雷达的时间和能量，从而实现宽角度覆盖的问题。文献[21]将自适应技术应用到MIMO雷达，用于研究MIMO雷达的GMTI性能，并对MIMO波形相关特性进行仿真，分析了MIMO条件下的信噪比损失、旁瓣特性以及区域搜索速率等问题。文献[22]研究了发射分集条件下利用信号的相关进行MIMO雷达的波束控制。文献[8]将MIMO体制与传统干涉方法相结合，对基于MIMO分配方式的干涉合成孔径雷达概念进行了说明，并利用发射端空间分集和接收端波束合成特性对干涉MIMO雷达的性能进行了分析。文献[23]将MIMO雷达进一步扩展，描述了MIMO雷达虚拟阵元的概念，并将其应用到其他天线阵列配置的信号合成技术中，覆盖到三维空间，并对信号波形、信号处理以及雷达应用的复杂性进行了描述。文献[24]研究了AR杂波背景下空间分集MIMO雷达使用相参脉冲串进行目标检测的问题，研究结果表明，由于采用了相参脉冲串，MIMO雷达不仅具有角度扩展还具有多普勒扩展，使得其性能优于传统相控阵雷达。

对于正交MIMO雷达在参数估计方面的优点，文献[25,26]在不考虑目标散射特性的情况下，针对正交MIMO雷达的检测性能和参数估计问题，提出了一种发射波束平滑(TDS)算法来提高MIMO雷达条件下的多目标定位精度，并与传统算法进行了比较。Khan等对采用DENG序列进行正交MIMO雷达的波形设计[27]和超宽带MIMO雷达[28]进行了研究。文献[29]给出了L波段和X波段的MIMO雷达系统设计和实测结果。

发射波形的优化设计对正交MIMO雷达系统的性能有着重要的作用。在波形设计方面，文献[30]介绍了一种低复杂度的MIMO雷达发射波形闭合描述方法，通过仿真说明了此方法具有较快的收敛速度和较低的误差率；文献[31]介绍了一种利用椭球波函数的MIMO雷达空时自适应处理算法，提高信杂比和算法复杂度；文献[32]研究了基于最大化检测性能的发射波形设计问题；文献[33,34]研究了宽带MIMO雷达的波束形成和MIMO雷达模糊函数问题；Li对MIMO雷达的波形设计[35,36]和采用自适应算法进行波束形成[37-41]进行了研究，其中文献[39]研究了一种混合MIMO雷达系统，即发射机和接收机都由多个充分间隔的子阵组成，每个子阵则由紧密间隔的天线组成，这种混合雷达系统可以同时获得相参处理增益和空间分集增益，文献[40]研究了普通阵列发射正交编码波形条件下的集中自适应雷达成像算法，并研究了这些算法对阵列校准误差的稳健性。从上面的分析可知，正交MIMO雷达波形设计也是国外研究MIMO雷达的重点。

上述研究工作的开展，为正交MIMO雷达的实用化进展奠定了一定的理论基础，图1.2给出了L波段和X波段的两个正交MIMO雷达演示系统[29]。图1.2(a)所示的天线用于收集以扫描角为变量的数据，这20个阵元的阵列有4个通道，它们可在任一时刻构形成有源阵，该雷达系统带宽为1MHz；图1.2(b)所示为一宽带正交MIMO雷达系统，该雷达共有2个发射天线和4个接收天线，工作在8～12GHz的频段范围，带宽为500MHz。

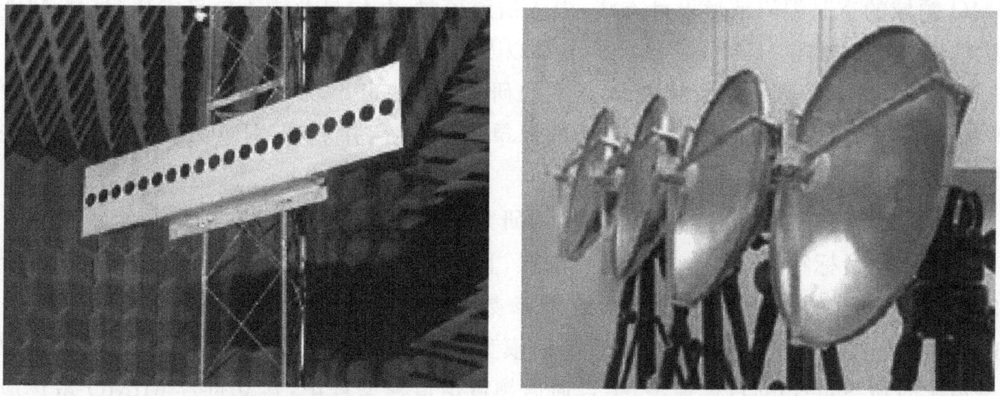

(a) L波段正交MIMO雷达系统　　(b) X波段正交MIMO雷达系统

图 1.2　MIMO 雷达试验系统模型

1.2.3 国内研究现状

目前国内在 MIMO 雷达方面也取得了一些研究成果，在检测性能方面，文献[42]在 Fishler 等工作的基础上，首先从理论上证明了 MIMO 雷达可以在单基地实现，给出了 MIMO 雷达单脉冲条件下在高斯杂波加噪声背景中的小目标检测模型，并在信噪比为 10dB 的前提下分析了 MIMO 雷达对 Swerling-0 型非起伏小目标的目标检测性能；然后又从实际工程设计与实现的角度出发，研究了当 MIMO 雷达发射或接收天线单元之间的距离不满足理想的空间分集条件时的目标检测方法和性能，提出了 MIMO 雷达的主分量检测算法，并与传统阵列雷达的检测性能作了比较[43]；文献[44]提出一种频分-多输入/多输出(FD-MIMO)雷达，并提出对发射信号加带外衰减和对接收信号加倒谱滤波两种措施压低旁瓣改善雷达一维距离向的性能。

在天线配置方面，文献[45]基于二次编码的改进遗传算法，给出了一种综合有限阵列面积、阵元数限定、阵列孔径限定和二维(水平维和垂直维)最小阵元间距等约束条件下的 MIMO 雷达天线阵稀布方法。在目标模型方面，文献[46]结合雷达截面积的经典分布模型 χ^2 分布，试验验证了在 Swerling-Ⅰ和 Swerling-Ⅲ目标模型下，MIMO 雷达的性能在高信噪比时优于传统的相控阵雷达。文献[47-51]针对 MIMO 雷达，在高斯杂波条件下 MIMO 雷达目标的恒虚警率(Constant False Alarm Rate，CFAR)检测、MTI 杂波抑制、单脉冲与多脉冲检测以及 MIMO 雷达信号波形的研究也取得了一些研究结果，这些成果的取得进一步推动了我国开展 MIMO 雷达研究的步伐。

1.2.4 MIMO 雷达发展趋势

作为一种新体制雷达，随着应用需求的驱动，MIMO 雷达技术呈现多元化发展趋势，当前主要的发展趋势和研究热点有：

(1) 发射端，从信息论角度对 MIMO 雷达发射信号波形及系统总体进行设计。

从目前国内外研究现状看，对 MIMO 雷达波形设计与系统总体认识仍处于起步阶段。雷达波形设计大多沿用了传统单站的设计理论和准则，从信息论角度考虑，结合无线

MIMO 领域的空时编码波形设计方法，引入信道容量、互信息及熵等信息论概念，将 MIMO 雷达信号波形设计与 MIMO 雷达波形分集以及信道特性相结合达到相融统一。

对于 MIMO 雷达系统系统总体方案的研究，国外也出现了 MIMO 雷达演示试验系统[29]，这些试验只是针对某一特殊应用的简单演示系统，并未对 MIMO 雷达总体设计进行系统性的分析。

(2) 传输信道，MIMO 雷达信道特性的研究。

基于不同目标特性、收发天线相对位置，目标的几何形状以及系统参数条件下，研究 MIMO 雷达信道的传输特性。根据波形参数、波段以及目标散射特性，建立能够反映 MIMO 雷达多径信道衰落特性的信道传输模型。在 MIMO 雷达体制下，目标起伏模型不再是传统时域 Swerling 目标模型，结合通信领域信道模型理论，建立符合 MIMO 雷达应用的目标模型，同时，阵元的优化配置也属于这一范畴。这一阶段的工作为 MIMO 雷达接收信号的后续处理奠定了一定的工作基础。

(3) 接收端，MIMO 雷达空域信号处理方法研究。

空域信号处理技术是研究 MIMO 雷达的重点及难点，在 MIMO 雷达发射波形和信道模型确立以后，就可对 MIMO 雷达进行信号处理，如目标检测、目标定位、参数估计、波束合成以及抗干扰等很多方面，这也是目前研究 MIMO 雷达比较集中的领域。

(4) MIMO 雷达与其他学科交叉融合。

MIMO 雷达作为一种新体制雷达，与无线通信、信息论等学科相互促进，能够产生一些交叉学科的技术应用。如本书研究的 MIMO-SAR 系统，将通信系统中应用的完全互补序列作为 MIMO 雷达的发射信号，利用 SAR 原理对其进行回波仿真，生成二维图像，可以看作通信领域与雷达领域相互融合的结果。

本书选择 MIMO 雷达正交波形设计为主要研究对象，在此基础上，引入信息论中信道容量的概念，对正交信号完全互补序列进行优化，并对基于完全互补序列的 MIMO 雷达 DOA 估计以及成像方法进行研究。

1.3 完全互补序列研究现状

完全互补序列由于其良好的相关函数在通信系统中获得了广泛的应用。由于在雷达应用中需要多个通道进行发射，所以在 MIMO 雷达出现之前完全互补序列很少作为雷达发射信号应用。

完全互补序列由一系列具有某种特性的互补序列组成，对互补序列的研究始于 20 世纪 60 年代，Golay 等研究了一些二进制互补序列对[52]，这些互补对的自相关函数值在所有的偶数移位时都为零。文献[53,54]将一维互补码扩展到二维二相、四相正交完全互补码，对每一维信号的相关特性进行理论性的推导。关于互补码作为雷达信号，也有相关文献进行了分析：文献[55]对互补码在噪声和目标波动情况下的性能进行了研究，将互补序列的性能与伪随机序列的性能进行了比较，并对正交采样的互补码的稳健性进行分析[56]，得出分辨率与序列个数以及码元长度的关系。文献[57]利用普罗米修斯正交集技术构造了一类互补序列，对其模糊特性进行了分析。Suehiro 将互补码的概念进行了推广，提出了自相关函数值在非零移位都为零，而互相关函数值也都为零的完全互补序列[58,59]。目前关于完全互补序列在MIMO雷达中的应用还鲜有文献介绍。完全互补序列集可以用集合(M,N,L)表示，其中M表示互补码个数，即与最大发射天线个数相同，N表示每个互补码内其成员序列的个数，L表示每个成员序列的长度。假设一完全互补序列集表示成[60]

$$M\ \text{groups}\begin{cases}A_0,A_1,\cdots,A_{N-2},A_{N-1}\\ B_0,B_1,\cdots,B_{N-2},B_{N-1}\\ C_0,C_1,\cdots,C_{N-2},C_{N-1}\\ \vdots\end{cases} \tag{1.1}$$

完全互补序列的非周期自相关函数(ACF)满足[60]

$$\begin{cases}R_{(A_0,A_0)}+R_{(A_1,A_1)}+\cdots+R_{(A_{N-1},A_{N-1})}=\{0,0,\cdots,0,NL,0,\cdots,0,0\}\\ R_{(B_0,B_0)}+R_{(B_1,B_1)}+\cdots+R_{(B_{N-1},B_{N-1})}=\{0,0,\cdots,0,NL,0,\cdots,0,0\}\\ R_{(C_0,C_0)}+R_{(C_1,C_1)}+\cdots+R_{(C_{N-1},C_{N-1})}=\{0,0,\cdots,0,NL,0,\cdots,0,0\}\\ \vdots\end{cases} \tag{1.2}$$

完全互补序列的非周期互相关函数(CCF)满足[60]

$$\begin{cases}C_{(A_0,B_0)}+C_{(A_1,B_1)}+\cdots+C_{(A_{N-1},B_{N-1})}=\{0,0,\cdots,0,0,0,\cdots,0,0\}\\ C_{(A_0,C_0)}+C_{(A_1,C_1)}+\cdots+C_{(A_{N-1},C_{N-1})}=\{0,0,\cdots,0,0,0,\cdots,0,0\}\\ \vdots\end{cases}$$
$$\begin{cases}C_{(B_0,A_0)}+C_{(B_1,A_1)}+\cdots+C_{(B_{N-1},A_{N-1})}=\{0,0,\cdots,0,0,0,\cdots,0,0\}\\ C_{(B_0,C_0)}+C_{(B_1,C_1)}+\cdots+C_{(B_{N-1},C_{N-1})}=\{0,0,\cdots,0,0,0,\cdots,0,0\}\\ \vdots\end{cases} \tag{1.3}$$

式中，R为信号之间的非周期自相关函数；C为信号之间的非周期互相关函数。结合式(1.2)和式(1.3)可知，完全互补序列具有理想的相关特性，即自相关函数的最大旁瓣值和互相关函数值为零。完全互补序列在MIMO雷达应用中与传统相位编码序列不同，主要表现在以下三个方面：

(1) 每个天线发射的不是传统的单码序列，而是由N个序列构成的符合码序列，完全互补序列的自相关和互相关特性也正是由N个序列之间通过互补形式而实现的。例如，符合码序列$\{A_0,A_1,A_2,\cdots,A_{N-2},A_{N-1}\}$分配给天线1。

(2) 完全互补序列具有理想的自相关和互相关特性，即完全互补序列的自相关旁瓣值和互相关值为零。例如，天线1发射序列1：$\{A_0,A_1,A_2,\cdots,A_{N-2},A_{N-1}\}$，天线2发射序列2：$\{B_0,B_1,B_2,\cdots,B_{N-2},B_{N-1}\}$。将$A_0*A_0$到$A_{N-1}*A_{N-1}$的移位相加操作用于计算$\{A_0,A_1,A_2,\cdots,A_{N-2},A_{N-1}\}$的自相关函数，$B_0*B_0$到$B_{N-1}*B_{N-1}$的移位相加也表示同样的意义；同理，$A_0*B_0$到$A_{N-1}*B_{N-1}$的移位相加表示发射信号1与信号2之间的互相关函数，结合式(1.2)和式(1.3)可知，完全互补序列可以满足理想的相关特性。

(3) 由于每个天线发射的互补序列由 N 个序列组成，N 个序列不能叠加在一起发射，因此，必须采取某种发射方式将这 N 个序列区分开进行发送，本书采取在不同重复周期内交替发射的办法对其进行分别。

1.4 本书第一部分的主要工作

本书主要研究完全互补序列的设计方法和模糊函数、MIMO 雷达的 DOA 估计方法，探索基于完全互补序列的 MIMO SAR 信号处理方法。本书的主要工作如下：

1. MIMO 雷达原理和信号模型的分析

根据 MIMO 雷达天线的配置，对 MIMO 雷达进行分类，分别介绍了统计 MIMO 雷达和正交 MIMO 雷达的信号模型，并将 MIMO 雷达的性能和特点与相控阵雷达进行了对比分析。

2. 完全互补序列的设计和性能研究

正交 MIMO 雷达工作的性能，是基于良好的正交发射信号。本书提出了一种完全互补序列的设计方法，该方法通过简单的迭代就能得到数量较多、码长较长的高性能互补序列，通过两三次迭代就能满足一般 MIMO 雷达系统天线数目的要求。推导了完全互补序列的模糊函数，并对完全互补序列的速度分辨率进行了分析，为后续工作的开展打下一定的基础。

3. 完全互补序列的多普勒敏感性问题研究

完全互补序列作为相位编码一种特殊码型，其存在相位编码固有缺点，即多普勒敏感性问题，本书对完全互补序列进行了改进。该方法通过与线性调频信号组合，既解决了多普勒敏感性问题，又解决了增大信号带宽必须减小互补码子脉冲宽度的限制，同时还保留了完全互补序列完全正交的要求。

4. 基于杂波统计特性的完全互补序列优化方法

本书从理论上推导了完全互补序列波形与杂波特性之间的关系，以最大化信道容量为准则，在杂波为高斯白噪声和非高斯白噪声情况下，对完全互补序列进行优化，得出如下结论：当杂波为高斯白噪声时，优化后的序列即为完全互补序列；当杂波为非高斯白噪声时，优化后的序列为杂波特性的函数，但仍满足很好的相关性能。

5. MIMO 雷达二维到达角估计算法设计与分析

对基于线性阵列的目标幅度和角度进行了估计，验证了 Capon 算法和 APES 算法的有效性，为了准确有效地对目标进行参数估计，采取先用 MUSIC 算法对目标进行精确估计，在角度估计准确的前提下再用 AML 算法对目标的幅度进行估计。对面阵情况下的均匀圆阵，采用发射信号为完全互补序列，联合发射和接收双端阵元进行估计，并与发射信号为伪随机信号(即发射信号不完全正交)情况时的仿真结果进行了比较，得出在相同条件下，基于完全互补序列的参数估计性能比 m 序列情况下要优。

6. 基于完全互补序列的 MIMO SAR 成像方法

充分利用完全互补序列多序列和旁瓣对消特性，提出 MIMO 雷达每一发射天线发射一个互补序列对，互补序列对的两个序列在两个脉冲重复周期内交替发射的思想，并根据完全互补序列的特点，构建了基于完全互补序列的匹配滤波器，与传统 SAR 系统相比，距离向压缩后不用进行旁瓣抑制就能达到很高的峰值旁瓣比，在保证分辨率的同时，没有展宽主瓣。

第2章 MIMO雷达原理

2.1 引言

Fletcher 和 Robey 最早提出了 MIMO 雷达一般概念[61]。随后，林肯实验室正式提出了基于正交信号体制的 MIMO 雷达的概念[62]，这种雷达阵元间隔比较密，各个发射阵元发射相互正交的信号，主要利用波形分集的特性，使信号在空间叠加不能形成高增益波束，只能形成宽波束，称为正交信号 MIMO 雷达。经过几年的发展，关于 MIMO 雷达的研究引起了国内外的普遍关注，有很多传统雷达涉及的领域值得深入研究，目前关于正交信号 MIMO 雷达的研究主要集中在宽波束形成、低截获概率(LPI)、杂波抑制、自由度分析以及基于 STAP 的 GMTI 处理等方面[1,31,37,63]。正交 MIMO 雷达具有如下优点[38]：

(1) 提高了对目标的识别能力；

(2) 能够直接应用自适应阵列技术进行目标检测和参数估计；

(3) 增强发射波束合成的灵活性以及雷达成像性能。

此外，两种 MIMO 雷达都具有数据处理复杂的特点。由于 MIMO 雷达的多通道特性，其数据量比传统雷达多一维，在单脉冲条件下，MIMO 雷达的数据结构是二维(距离维＋通道维)或者三维(距离维＋方位维＋通道维)的。

另一种 MIMO 雷达的概念由贝尔实验室提出，它通过增大天线各阵元间距的方法，使各阵元信号完全独立(不一定正交)，以此获得空间分集增益，以对抗雷达目标回波的起伏效应。这种 MIMO 雷达与前面提到的基于正交信号体制的 MIMO 雷达有所不同，它是直接借鉴了 MIMO 通信技术的相关概念，要求发射天线间距、接收天线间距足够大，以使每个发射天线、接收天线能从不同的角度观测目标。这种雷达可以利用空间分集增益改善目标信号的起伏特性，并利用信道估计技术改善目标检测和参数估计性能。这种空间分集 MIMO 雷达又称为统计 MIMO 雷达，统计 MIMO 雷达具有如下特点[64]：

(1) MIMO 雷达的多个发射天线照射到目标的不同侧面，可以检测到更多的目标特征信息，提高了目标的检测性能；

(2) MIMO 雷达能够将多个方向搜索的目标能量进行非相参积累，从而获得信噪比的改善；

(3) MIMO 雷达能够获得高的空间分辨率；

(4) 具有充分间隔发射阵元和相控阵接收阵元的混合结构的 MIMO 雷达系统能够为

到达角估计提供分集增益；

(5) 宽角度的观察视角能够用来检测任意方向运动的目标。

正交 MIMO 雷达的发射天线阵与接收天线阵相互之间非常靠近，大多为单站配置，接收的都是目标同一方向上的散射信息，因而各收、发通道相关性比较强，且由于发射信号之间的正交性，使得发射信号在空间不会形成高增益波束，接收阵列通过匹配滤波进行分离，再利用数字波束形成技术进行相关处理。在这种配置下，时间、相位和空间同步问题较小，系统的复杂度相对比较低。所以本书主要对正交 MIMO 体制雷达进行研究和探讨。

2.2 MIMO 雷达信号模型

2.2.1 统计 MIMO 雷达信号模型

统计 MIMO 雷达结构的关键点是雷达发射机和接收机被分开放置，并且发射机和接收机之间间距较大，以便得到角展宽[65]。这种系统的优点在于其对于空中目标的 RCS (Radar Cross Section)进行平滑，使平均接收能量近似于恒定，不像传统雷达那样存在目标 RCS 起伏，空间分集增益超过相干处理增益。在传统阵列雷达系统的阵列孔径紧密排列，目标和阵列间距比较远，可以将目标按照点目标的假设处理。在统计 MIMO 雷达中，由于发射和接收天线间距非常大，目标的更精确模型是由多个分布在上面的散射点组成，此时，分布源模型则能更好地反映统计 MIMO 雷达条件下的目标空间特性。统计 MIMO 雷达可以分为两种类型，一种是仅发射端分集的 MIMO 雷达，这种雷达由于接收端天线比较密集，可以用来估计目标到达角；另一种是收发全分集 MIMO 雷达，这种雷达发射天线之间以及接收天线之间的间距都比较大，这种模型经常用来提高目标的检测性能。下面对这两种模型分别进行介绍。

1. 仅发射端分集模型

仅发射端分集 MIMO 雷达模型如图 2.1 所示，此模型由 M 个发射天线和 N 个接收天线组成，发射端阵元间距较大，接收端阵元间距比较小。为了便于分析，假设天线之间均匀间隔，发射天线之间间隔为 d_t，接收天线之间间隔为 d_r。

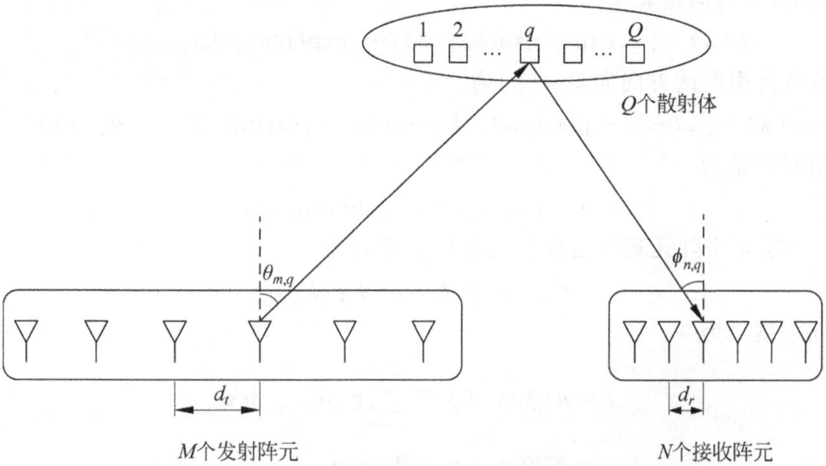

图 2.1　发射分集统计 MIMO 雷达阵列模型

假设目标位于远场条件，目标由相互独立的 Q 个散射体组成，并且每个散射体具有近似的雷达散射系数。需要指出的是，为了保证上述模型的正确性，需要假设发射信号为窄带信号，即信号带宽 B 满足[12]

$$B \ll \frac{c}{d^t_{\max}+d^r_{\max}} \tag{2.1}$$

式中，c 为光的传播速度；$d^t_{\max}$ 和 $d^r_{\max}$ 分别为相邻发射天线和相邻接收天线之间的最大间距。

假设每个散射体具有各向同性的反射率，构成每维为零均值、单位方差独立同分布的噪声 ξ_q，因此目标可以描述为如下模型[66]：

$$\boldsymbol{\Psi}=\frac{1}{\sqrt{2Q}}\begin{bmatrix}\xi_0 & 0 & \cdots & 0\\ 0 & \xi_1 & \cdots & 0\\ \vdots & \vdots & \ddots & \vdots\\ 0 & 0 & \cdots & \xi_{Q-1}\end{bmatrix} \tag{2.2}$$

其中，归一化因子取目标的 RCS 为 $E[\mathrm{trace}(\boldsymbol{\Psi}\boldsymbol{\Psi}^*)]=1$，不受模型中散射体数目的影响。由图 2.1 可知，第 m 个发射天线与目标之间的角度为 $\theta_{m,q}$，其中 $m=0,1,2,\cdots,M-1$；$q=0,1,2,\cdots,Q-1$，当 $R\geqslant d^t_{\max}$ 时，假设目标尺寸比天线到目标的间距小很多，则 Q 个散射体辐射成一个平面波。此时，每个散射体对于同一个发射阵列是相互独立的，设 $\theta_{m,q}=\theta_m$，由第 m 个发射天线产生的信号向量为

$$\boldsymbol{g}_m=[1,\exp(-\mathrm{j}2\pi\sin\theta_{m,1}\Delta_1/\lambda),\cdots,\exp(-\mathrm{j}2\pi\sin\theta_{m,Q-1}\Delta_{Q-1}/\lambda)]^{\mathrm{T}} \tag{2.3}$$

式中，Δ_q 为第 1 个散射体和第 $q+1$ 个散射体之间的间隔；λ 为载波波长；上标 T 表示转置。假设散射体之间的间隔是均匀的，即 $\Delta_q=q\cdot\Delta$，$\boldsymbol{g}_m$ 描述了第 m 个发射阵元对于不同散射体的相位偏移。为了完善发射模型，假设加在发射信号上的相移用长度为 M 的 b_m 表示，即

$$b_m=\mathrm{e}^{-\mathrm{j}2\pi\sin\theta_m(m-1)d_t/\lambda} \tag{2.4}$$

信号反射到第 n 个接收机的角度为 $\phi_{n,q}$，$n=0,1,2,\cdots,N-1$；$q=0,1,2,\cdots,Q-1$。假设目标及接收天线尺寸与天线和目标之间距离相比差别很大，$\phi_{n,q}=\phi$，由于目标位于远场，相应的相位延迟向量 $\boldsymbol{k}(\phi)$ 为

$$\boldsymbol{k}(\phi)=[1,\exp(\mathrm{j}2\pi\sin\phi\Delta_1/\lambda),\cdots,\exp(\mathrm{j}2\pi\sin\phi\Delta_{Q-1}/\lambda)]^{\mathrm{T}} \tag{2.5}$$

由接收线阵引起的方向向量 $\boldsymbol{a}(\phi)$ 为

$$\boldsymbol{a}(\phi)=[1,\exp(-\mathrm{j}2\pi\sin\phi d_r/\lambda,\cdots,\exp(-\mathrm{j}2\pi\sin\phi(N-1)d_r/\lambda)]^{\mathrm{T}} \tag{2.6}$$

假设发射信号向量为

$$\boldsymbol{s}=[s_0,s_1,\cdots,s_m,\cdots,s_{M-1}]^{\mathrm{T}} \tag{2.7}$$

综上，由第 m 个阵元到达目标经反射后的信号为

$$\boldsymbol{r}'_m=\boldsymbol{a}(\phi)\boldsymbol{k}^{\mathrm{T}}(\phi)\boldsymbol{\Psi}\boldsymbol{g}_m b_m s_m \tag{2.8}$$

接收到的信号为

$$\begin{aligned}\boldsymbol{r}&=\boldsymbol{a}(\phi)\boldsymbol{k}^{\mathrm{T}}(\phi)\Psi\sum_{m=0}^{M-1}\boldsymbol{g}_m b_m s_m+\boldsymbol{v}\\ &=\boldsymbol{K}\Psi\boldsymbol{G}\boldsymbol{s}+\boldsymbol{v}=\boldsymbol{H}\boldsymbol{s}+\boldsymbol{v}\end{aligned} \tag{2.9}$$

式中，向量 $\boldsymbol{r}=[r_1,r_2,\cdots,r_n,\cdots,r_{N-1}]^{\mathrm{T}}$，$r_n$ 表示第 n 个接收机的接收信号；$\boldsymbol{v}$ 表示噪声向量；$\boldsymbol{K}=\boldsymbol{a}(\phi)\boldsymbol{k}^{\mathrm{T}}(\phi)$ 表示从目标到接收机的传输矩阵；$\boldsymbol{G}$ 表示从发射机到目标的传输因子；$N\times M$ 阶矩阵 $\boldsymbol{H}$ 综合了发射和接收两部分的传输因子，可以表述为从发射机到接收机的信道矩阵。

2. 收发全分集统计模型

上面介绍了发射端分集的 MIMO 雷达，收发全分集 MIMO 雷达阵列模型如图 2.2 所示。

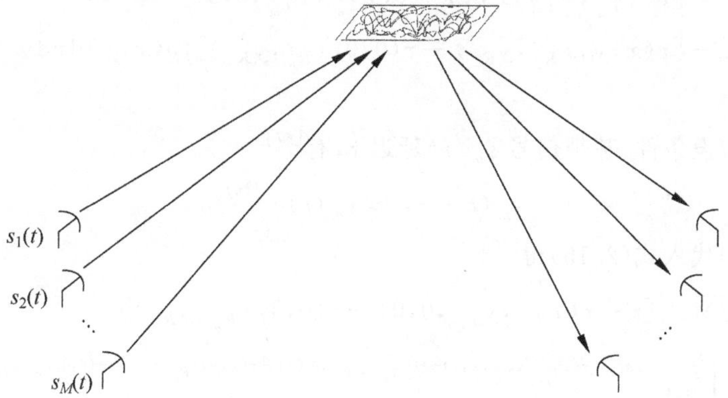

图 2.2　收发全分集统计 MIMO 雷达阵列模型

与传统雷达不同，点目标模型不再适合收发全分集 MIMO 雷达。在收发全分集统计 MIMO 雷达中，收、发阵列阵元间距都比较大，此时目标被看成在一定几何范围内的散射体集合。假设目标由分布在一定区域内的多个小散射体组成，目标为 $\Delta x\times\Delta y$ 的矩形，发射阵元和接收阵元分别由 M 和 N 个阵元组成。发射阵元 m 和接收阵元 n 的坐标分别为 (x_{T_m},y_{T_m}) 和 (x_{R_n},y_{R_n})，$m=0,1,2,\cdots,M-1$；$n=0,1,2,\cdots,N-1$。

假设目标是由多个随机各向同性的、独立均匀分布在矩形 $\Delta x\times\Delta y$ 内的散射体构成，以矩形中心位置为坐标圆点，$\rho(x,y)$ 表示位于 (x,y) 处散射点的散射系数。设在目标尺寸 $\Delta x\times\Delta y$ 范围内，$\rho(x,y)$ 为独立同分布的零均值复随机变量，其方差为

$$E[|\rho(x,y)|^2]=\frac{1}{\Delta x\cdot\Delta y} \tag{2.10}$$

假设第 m 个发射阵元发射窄带信号 $s_m(t)$，并且 $\|s_m(t)\|^2=1$，从第 m 个发射阵元发出的信号经目标反射后，被第 n 个接收阵元接收到的信号为[10]

$$r_{n,m}(t)=\int_{-\frac{\Delta x}{2}}^{\frac{\Delta x}{2}}\int_{-\frac{\Delta x}{2}}^{\frac{\Delta x}{2}}\sqrt{E_p/M}\,s_m(t-\tau_{m,n})\rho(x,y)\mathrm{d}x\mathrm{d}y+v_{n,m}(t) \tag{2.11}$$

式中，$\tau_{m,n}$ 为第 m 个发射阵元到目标点 (x,y) 以及目标点到第 n 个接收阵元的传播时间和；E_p 为总的发射功率；$v_{n,m}(t)$ 为噪声项。设

$$\begin{aligned}\tau_{m,n}&=\frac{d(x_{T_m},y_{T_m},x,y)+d(x,y,x_{R_n},y_{R_n})}{c}\\&=\tau(x_{T_m},y_{T_m},x,y)+\tau(x,y,x_{R_n},y_{R_n})\end{aligned} \tag{2.12}$$

式中，$d(x_{T_m},y_{T_m},x,y)$ 表示发射天线 $m(x_{T_m},y_{T_m})$ 到点 (x,y) 的距离：

$$d(x_{T_m},y_{T_m},x,y)=\sqrt{(x_{T_m}-x)^2+(y_{T_m}-y)^2} \tag{2.13}$$

同理，$d(x,y,x_{R_n},y_{R_n})$表示点(x,y)到接收天线$n(x_{R_n},y_{R_n})$的距离：

$$d(x,y,x_{R_n},y_{R_n})=\sqrt{(x-x_{R_n})^2+(y-y_{R_n})^2} \tag{2.14}$$

将式(2.12)～式(2.14)代入式(2.11)得

$$\begin{aligned}r_{n,m}(t)=\int_{-\frac{\Delta x}{2}}^{\frac{\Delta x}{2}}\int_{-\frac{\Delta y}{2}}^{\frac{\Delta y}{2}}\sqrt{E_p/M}s_m\{&t-\tau(x_{T_m},y_{T_m},0,0)-\tau(0,0,x_{R_n},y_{R_n})\\&-[\tau(x_{T_m},y_{T_m},x,y)-\tau(x_{T_m},y_{T_m},0,0)]\\&-[\tau(x,y,x_{R_n},y_{R_n})-\tau(0,0,x_{R_n},y_{R_n})]\}\rho(x,y)\mathrm{d}x\mathrm{d}y+v_{n,m}(t)\end{aligned} \tag{2.15}$$

根据窄带假设条件，基带信号$s_m(t)$延迟τ，有[67]

$$s_m(t-\tau)\approx s_m(t)\mathrm{e}^{-\mathrm{j}2\pi f_c\tau} \tag{2.16}$$

将式(2.16)代入式(2.15)得[10]

$$\begin{aligned}r_{n,m}(t)=&\sqrt{E_p/M}s_m[t-\tau(x_{T_m},y_{T_m},0,0)-\tau(0,0,x_{R_n},y_{R_n})]\\&\cdot\int_{-\frac{\Delta x}{2}}^{\frac{\Delta x}{2}}\int_{-\frac{\Delta y}{2}}^{\frac{\Delta y}{2}}\mathrm{e}^{-\mathrm{j}2\pi f_c\{[\tau(x_{T_m},y_{T_m},x,y)-\tau(x_{T_m},y_{T_m},0,0)]+[\tau(x,y,x_{R_n},y_{R_n})-\tau(0,0,x_{R_n},y_{R_n})]\}}\rho(x,y)\mathrm{d}x\mathrm{d}y\\&+v_{n,m}(t)\end{aligned} \tag{2.17}$$

其中，

$$\begin{aligned}&\tau(x_{T_m},y_{T_m},x,y)-\tau(x_{T_m},y_{T_m},0,0)\\&=\frac{\sqrt{(x_{T_m}-x)^2+(y_{T_m}-y)^2}-\sqrt{x_{T_m}^2+y_{T_m}^2}}{c}\\&=\frac{\sqrt{x_{T_m}^2+x^2-2xx_{T_m}+y_{T_m}^2+y^2-2yy_{T_m}}-\sqrt{x_{T_m}^2+y_{T_m}^2}}{c}\\&\approx\frac{\sqrt{x_{T_m}^2+y_{T_m}^2-2xx_{T_m}-2yy_{T_m}}-\sqrt{x_{T_m}^2+y_{T_m}^2}}{c}\\&\approx\frac{\sqrt{x_{T_m}^2+y_{T_m}^2}-\dfrac{xx_{T_m}+yy_{T_m}}{\sqrt{x_{T_m}^2+y_{T_m}^2}}-\sqrt{x_{T_m}^2+y_{T_m}^2}}{c}\\&=-\frac{x\cdot x_{T_m}+y\cdot y_{T_m}}{c\sqrt{x_{T_m}^2+y_{T_m}^2}}\end{aligned} \tag{2.18}$$

同理，

$$\tau(x,y,x_{R_n},y_{R_n})-\tau(0,0,x_{R_n},y_{R_n})\approx-\frac{x\cdot x_{R_n}+y\cdot y_{R_n}}{\sqrt{x_{R_n}^2+y_{R_n}^2}} \tag{2.19}$$

在式(2.18)和式(2.19)的推导中应用了如下近似条件：

$$\begin{cases} x^2+y^2 \leqslant x_{T_m}^2+y_{T_m}^2 \\ \sqrt{x+\xi} \approx \sqrt{x}+\dfrac{\xi}{2\sqrt{x}}, \quad \xi \leqslant x \end{cases} \tag{2.20}$$

因此,式(2.17)变为

$$\begin{aligned} r_{n,m}(t) &= \sqrt{E_p/M}s_m[t-\tau(x_{T_m},y_{T_m},0,0)-\tau(0,0,x_{R_n},y_{R_n})] \\ &\quad \cdot \int_{-\frac{\Delta x}{2}}^{\frac{\Delta x}{2}}\int_{-\frac{\Delta y}{2}}^{\frac{\Delta y}{2}} \mathrm{e}^{-\mathrm{j}2\pi f_c\left(-\frac{x\cdot x_{T_m}+y\cdot y_{T_m}}{c\sqrt{x_{T_m}^2+y_{T_m}^2}}-\frac{x\cdot x_{R_n}+y\cdot y_{R_n}}{\sqrt{x_{R_n}^2+y_{R_n}^2}}\right)} \rho(x,y)\mathrm{d}x\mathrm{d}y+v_{n,m}(t) \\ &= \alpha_{n,m}\cdot\sqrt{E_p/M}s_m[t-\tau(x_{T_m},y_{T_m},0,0)-\tau(0,0,x_{R_n},y_{R_n})]+v_{n,m}(t) \end{aligned} \tag{2.21}$$

式中,$\alpha_{n,m}$ 表示第 m 个发射阵元到第 n 个接收阵元之间的增益[10]:

$$\alpha_{n,m}=\int_{-\frac{\Delta x}{2}}^{\frac{\Delta x}{2}}\int_{-\frac{\Delta y}{2}}^{\frac{\Delta y}{2}} \mathrm{e}^{-\mathrm{j}2\pi f_c\left(-\frac{x\cdot x_{T_m}+y\cdot y_{T_m}}{c\sqrt{x_{T_m}^2+y_{T_m}^2}}-\frac{x\cdot x_{R_n}+y\cdot y_{R_n}}{\sqrt{x_{R_n}^2+y_{R_n}^2}}\right)} \rho(x,y)\mathrm{d}x\mathrm{d}y \tag{2.22}$$

由于 $\rho(x,y)$ 是随机区域,所以 $\alpha_{n,m}$ 是随机变量,$\alpha_{n,m}$ 的分布情况取决于 $\rho(x,y)$ 的分布。根据中心极限定理,$\alpha_{n,m}$ 是一个复正态随机变量,其均值和方差如下[10]:

$$E(\alpha_{n,m})=\int_{-\frac{\Delta x}{2}}^{\frac{\Delta x}{2}}\int_{-\frac{\Delta y}{2}}^{\frac{\Delta y}{2}} \mathrm{e}^{-\mathrm{j}2\pi f_c\left(\frac{x\cdot x_{T_m}+y\cdot y_{T_m}}{c\sqrt{x_{T_m}^2+y_{T_m}^2}}-\frac{x\cdot x_{R_n}+y\cdot y_{R_n}}{\sqrt{x_{R_n}^2+y_{R_n}^2}}\right)} E[\rho(x,y)]\mathrm{d}x\mathrm{d}y=0 \tag{2.23}$$

$$\begin{aligned} &E(|\alpha_{n,m}|^2) \\ &=\int_{-\frac{\Delta x}{2}}^{\frac{\Delta x}{2}}\int_{-\frac{\Delta y}{2}}^{\frac{\Delta y}{2}}\int_{-\frac{\Delta x}{2}}^{\frac{\Delta x}{2}}\int_{-\frac{\Delta y}{2}}^{\frac{\Delta y}{2}} \mathrm{e}^{-\mathrm{j}2\pi f_c\left(\frac{(\gamma-x)\cdot x_{T_m}+(\beta-y)\cdot y_{T_m}}{c\sqrt{x_{T_m}^2+y_{T_m}^2}}+\frac{(\gamma-x)\cdot x_{R_n}+(\beta-y)\cdot y_{R_n}}{\sqrt{x_{R_n}^2+y_{R_n}^2}}\right)} E[\rho(x,y)\rho^*(\gamma,\beta)]\mathrm{d}x\mathrm{d}y\mathrm{d}\gamma\mathrm{d}\beta \\ &=\int_{-\frac{\Delta x}{2}}^{\frac{\Delta x}{2}}\int_{-\frac{\Delta y}{2}}^{\frac{\Delta y}{2}} \frac{1}{\Delta x\cdot\Delta y}\mathrm{d}x\mathrm{d}y=1 \end{aligned} \tag{2.24}$$

式(2.24)中用到

$$E[\rho(x,y)\rho^*(\gamma,\beta)]=(1/\Delta x\Delta y)\cdot\delta(x-\gamma)\delta(y-\beta) \tag{2.25}$$

因此,$\alpha_{n,m}$ 服从零均值、单位方差的圆复高斯随机分布,记为 $\alpha_{n,m}\sim CN(0,1)$。为了将接收信号写成紧凑的矩阵形式,需要做如下附加定义[10]:

$$\phi_m=2\pi f_c[\tau(x_{T_m},y_{T_m},0,0)-\tau(x_{T_0},y_{T_0},0,0)] \tag{2.26}$$

$$\varphi_n=2\pi f_c[\tau(0,0,x_{R_n},y_{R_n})-\tau(0,0,x_{R_0},y_{R_0})] \tag{2.27}$$

由于信号为窄带信号,所以,

$$\begin{aligned} &s_m[t-\tau(x_{T_m},y_{T_m},0,0)-\tau(0,0,x_{R_n},y_{R_n})] \\ &=\mathrm{e}^{-\mathrm{j}\phi_m-\mathrm{j}\varphi_n}s_m[t-\tau(x_{T_0},y_{T_0},0,0)-\tau(0,0,x_{R_0},y_{R_0})] \end{aligned} \tag{2.28}$$

式(2.21)变为

$$r_{n,m}(t)=\alpha_{n,m}\cdot\sqrt{E_p/M}\cdot\mathrm{e}^{-\mathrm{j}\phi_m-\mathrm{j}\varphi_n}s_m[t-\tau(x_{T_0},y_{T_0},0,0)-\tau(0,0,x_{R_0},y_{R_0})]+v_{n,m}(t) \tag{2.29}$$

第 n 个接收阵元接收的信号为所有 M 个发射阵元发射的信号之和，定义 $v_n(t)$ 为第 n 个接收阵元接收到的噪声分量，因此第 n 个接收阵元的接收信号为

$$r_n(t)=\sqrt{E_p/M}\sum_{m=0}^{M-1}\alpha_{n,m}\cdot \mathrm{e}^{-\mathrm{j}\phi_m-\mathrm{j}\varphi_n}s_m[t-\tau(x_{T_0},y_{T_0},0,0)-\tau(0,0,x_{R_0},y_{R_0})]+v_n(t) \tag{2.30}$$

定义发射导向向量 $\boldsymbol{a}_t(\phi)$ 和接收导向向量 $\boldsymbol{b}_r(\varphi)$ 分别为

$$\boldsymbol{a}_t(\phi)=[1,\mathrm{e}^{-\mathrm{j}\phi_1},\cdots,\mathrm{e}^{-\mathrm{j}\phi_{M-1}}]^{\mathrm{T}} \tag{2.31}$$

$$\boldsymbol{b}_r(\varphi)=[1,\mathrm{e}^{-\mathrm{j}\varphi_1},\cdots,\mathrm{e}^{-\mathrm{j}\varphi_{N-1}}]^{\mathrm{T}} \tag{2.32}$$

接收信号 $\boldsymbol{r}(t)$ 以及发射信号 $\boldsymbol{s}(t)$ 和噪声向量 $\boldsymbol{v}(t)$ 分别为

$$\boldsymbol{r}(t)=[r_0(t),r_1(t),\cdots,r_{N-1}(t)]^{\mathrm{T}} \tag{2.33}$$

$$\boldsymbol{s}(t)=[s_0(t),s_1(t),\cdots,s_{M-1}(t)]^{\mathrm{T}} \tag{2.34}$$

$$\boldsymbol{v}(t)=[v_0(t),v_1(t),\cdots,v_{N-1}(t)]^{\mathrm{T}} \tag{2.35}$$

写成矩阵形式为

$$\begin{bmatrix} r_0(t)\\ r_1(t)\\ \vdots\\ r_{N-1}(t)\end{bmatrix}=\sqrt{\frac{E_p}{M}}\begin{bmatrix}1 & & & \\ & \mathrm{e}^{-\mathrm{j}\varphi_1} & & \\ & & \ddots & \\ & & & \mathrm{e}^{-\mathrm{j}\varphi_{N-1}}\end{bmatrix}\times\begin{bmatrix}\alpha_{0,0} & \alpha_{0,1} & \cdots & \alpha_{0,M-1}\\ \alpha_{1,0} & \alpha_{1,1} & \cdots & \alpha_{1,M-1}\\ \vdots & \vdots & \ddots & \vdots\\ \alpha_{N-1,0} & \alpha_{N-1,1} & \cdots & \alpha_{N-1,M-1}\end{bmatrix}$$
$$\times\begin{bmatrix}1 & & & \\ & \mathrm{e}^{-\mathrm{j}\phi_1} & & \\ & & \ddots & \\ & & & \mathrm{e}^{-\mathrm{j}\phi_{M-1}}\end{bmatrix}\times\begin{bmatrix}s_0(t-\tau)\\ s_1(t-\tau)\\ \vdots\\ s_{M-1}(t-\tau)\end{bmatrix}+\begin{bmatrix}v_0(t)\\ v_1(t)\\ \vdots\\ v_{N-1}(t)\end{bmatrix} \tag{2.36}$$

即

$$\boldsymbol{r}(t)=\sqrt{\frac{E_p}{M}}\boldsymbol{B}_r(\varphi)\boldsymbol{H}\boldsymbol{A}_t(\phi)\boldsymbol{S}(t-\tau)+\boldsymbol{V}(t) \tag{2.37}$$

由于 $\boldsymbol{B}_r(\varphi)$ 和 $\boldsymbol{A}_t(\phi)$ 主对角元素是单位范数的，因此 $\boldsymbol{B}_r(\varphi)\boldsymbol{H}\boldsymbol{A}_t(\phi)$ 和 $\boldsymbol{H}$ 具有相同的分布情况，所以收发全分集统计 MIMO 雷达可以写成

$$\boldsymbol{r}(t)=\sqrt{\frac{E_p}{M}}\widetilde{\boldsymbol{H}}\boldsymbol{S}(t-\tau)+\boldsymbol{V}(t) \tag{2.38}$$

其中，信道矩阵 $\widetilde{\boldsymbol{H}}$ 为

$$\widetilde{\boldsymbol{H}}=\begin{bmatrix}\alpha_{0,0} & \alpha_{0,1}\mathrm{e}^{-\mathrm{j}\varphi_0-\mathrm{j}\phi_1} & \cdots & \alpha_{0,M-1}\mathrm{e}^{-\mathrm{j}\varphi_0-\mathrm{j}\phi_{M-1}}\\ \alpha_{1,0}\mathrm{e}^{-\mathrm{j}\varphi_1-\mathrm{j}\phi_0} & \alpha_{1,1}\mathrm{e}^{-\mathrm{j}\varphi_1-\mathrm{j}\phi_1} & \cdots & \alpha_{1,M-1}\mathrm{e}^{-\mathrm{j}\varphi_1-\mathrm{j}\phi_{M-1}}\\ \vdots & \vdots & \ddots & \vdots\\ \alpha_{N-1,0}\mathrm{e}^{-\mathrm{j}\varphi_{N-1}-\mathrm{j}\phi_0} & \alpha_{N-1,1}\mathrm{e}^{-\mathrm{j}\varphi_{N-1}-\mathrm{j}\phi_1} & \cdots & \alpha_{N-1,M-1}\mathrm{e}^{-\mathrm{j}\varphi_{N-1}-\mathrm{j}\phi_{M-1}}\end{bmatrix} \tag{2.39}$$

在统计 MIMO 雷达模型中，由于目标散射的随机性，目标角度等相干信息已完全消失。

2.2.2 正交 MIMO 雷达信号模型

正交 MIMO 雷达系统的关键方面是从不同的相位中心发射 M 个正交波形和 N 个接收相位中心，在每个接收相位中心上，接收的信号对构成的 $M\times N$ 通道的每个发射波形加以匹配滤波，本节主要描述正交 MIMO 雷达信号模型。

在正交 MIMO 雷达中，多个发射天线同时发射不同波形信号，信号经目标反射后到达各个接收天线，每个接收的信号都对所有发射的波形进行处理。在概念上，波形将具有相同的带宽和中心频率，但瞬间是正交的。为分析简单起见，在此采用非闪烁的目标模型，即目标截面积对所有传播路径均是恒定的参数，因而对于所有孔径，信号强度均为常数[68]，并且忽略了距离和多普勒对于信号模型的影响。

以平面波入射到均匀线阵为例，设有 M 个发射阵元和 N 个接收阵元，发射信号为同频段的正交信号，第 m 个信号为 $s_m(t)$，$m=0,1,2,\cdots,M-1$，假设发射信号为窄带信号，入射角为 θ，正交 MIMO 雷达收发阵列如图 2.3 所示。

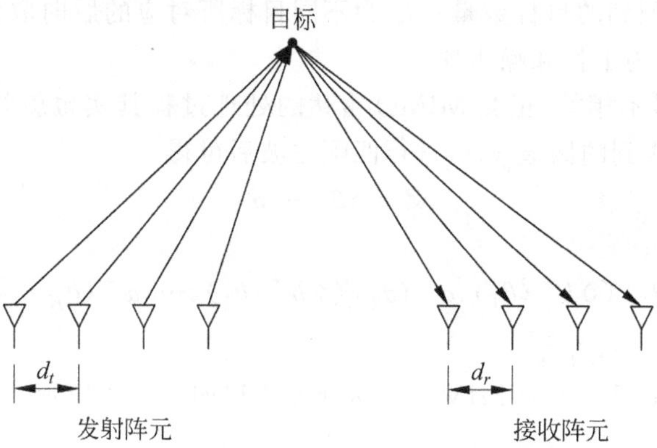

图 2.3 正交 MIMO 雷达收发阵列

其中，d_t 和 d_r 为天线间距离，假设发射天线间距和接收天线间距相等都为 d，则在正交 MIMO 雷达条件下，d 为 λ 的量级（λ 表示信号波长），到达目标的信号为

$$p(t)=\sum_{m=1}^{M}s_m(t-\tau_m)=\sum_{m=1}^{M}s_m(t)\mathrm{e}^{-\mathrm{j}2\pi f_c\tau_m}=\boldsymbol{a}(\theta)\boldsymbol{s}(t) \tag{2.40}$$

$$\tau_m=\frac{(m-1)d\sin\theta}{c} \tag{2.41}$$

式中，f_c 为雷达中心频率；c 为光速；τ_m 为第 m 个发射阵元发射的波形相对于参考阵元到目标的时延；θ 为目标角度信息；$(\cdot)^{\mathrm{H}}$ 为共轭转置因子。在式(2.40)中，$\boldsymbol{s}(t)$ 和 $\boldsymbol{a}(\theta)$ 可分别表示成

$$\boldsymbol{s}(t)=[s_1(t)\quad s_2(t)\quad\cdots\quad s_M(t)]^{\mathrm{T}} \tag{2.42}$$

$$\boldsymbol{a}(\theta)=[\mathrm{e}^{\mathrm{j}2\pi f_c\tau_1}\quad \mathrm{e}^{\mathrm{j}2\pi f_c\tau_2}\quad\cdots\quad \mathrm{e}^{\mathrm{j}2\pi f_c\tau_M}]^{\mathrm{T}} \tag{2.43}$$

信号经目标反射后，到达第 n 个接收阵元的回波信号为

$$y_n(t)=p(t-\hat{\tau}_n)=p(t)\mathrm{e}^{-\mathrm{j}2\pi f_c\hat{\tau}_n} \tag{2.44}$$

$$\hat{\tau}_n = \frac{(n-1)d\sin\theta}{c} \tag{2.45}$$

式中，$\hat{\tau}_n$ 为第 n 个接收阵元相对于参考阵元的时延，则接收向量可以描述成[10]

$$\boldsymbol{y}(t) = \boldsymbol{b}^*(\theta)\boldsymbol{a}(\theta)\boldsymbol{s}(t) + \boldsymbol{v}(t) \tag{2.46}$$

其中，$\boldsymbol{y}(t)$、$\boldsymbol{b}(\theta)$和$\boldsymbol{v}(t)$可分别表示成

$$\boldsymbol{y}(t) = [y_1(t) \quad y_2(t) \quad \cdots \quad y_N(t)]^{\mathrm{T}} \tag{2.47}$$

$$\boldsymbol{b}(\theta) = [\mathrm{e}^{\mathrm{j}2\pi f_c \hat{\tau}_1} \quad \mathrm{e}^{\mathrm{j}2\pi f_c \hat{\tau}_2} \quad \cdots \quad \mathrm{e}^{\mathrm{j}2\pi f_c \hat{\tau}_N}]^{\mathrm{T}} \tag{2.48}$$

$$\boldsymbol{v}(t) = [v_1(t) \quad v_2(t) \quad \cdots \quad v_N(t)]^{\mathrm{T}} \tag{2.49}$$

如果目标为多个时，式(2.46)变为[6]

$$\boldsymbol{y}(t) = \sum_{k=1}^{K} \beta_k \boldsymbol{b}^*(\theta_k)\boldsymbol{a}(\theta_k)\boldsymbol{s}(t) + \boldsymbol{v}(t) \tag{2.50}$$

式(2.50)写成矩阵形式为

$$\boldsymbol{Y} = \boldsymbol{b}(\theta)\beta(\theta)\boldsymbol{a}(\theta)\boldsymbol{S} + \boldsymbol{V} \tag{2.51}$$

式(2.50)中，K 为检测到的目标数量；β_k 为不同目标所对应的后向散射系数；θ_k 为每个目标的位置参数；$\boldsymbol{v}(t)$为干扰和噪声项。

假设$\boldsymbol{v}(t)$与信号不相关，正交 MIMO 雷达的处理过程其实也就是对回波数据 $\boldsymbol{y}(t)$进行处理的过程，将接收到的回波 $\boldsymbol{y}(t)$进行匹配滤波后可得

$$\boldsymbol{Z} = \boldsymbol{A\beta}\delta + \boldsymbol{v}' \tag{2.52}$$

式中，δ 为 Dirac 函数；

$$\boldsymbol{A} = [a^*(\theta_1) \otimes b^*(\theta_1), a^*(\theta_2) \otimes b^*(\theta_2), \cdots, a^*(\theta_K) \otimes b^*(\theta_K)] \tag{2.53}$$

$$\boldsymbol{\beta} = [\beta_1, \beta_2, \cdots, \beta_K]^{\mathrm{T}} \tag{2.54}$$

式中，$\otimes$为 Kronecker 积。正交 MIMO 雷达处理流程如图 2.4 所示。

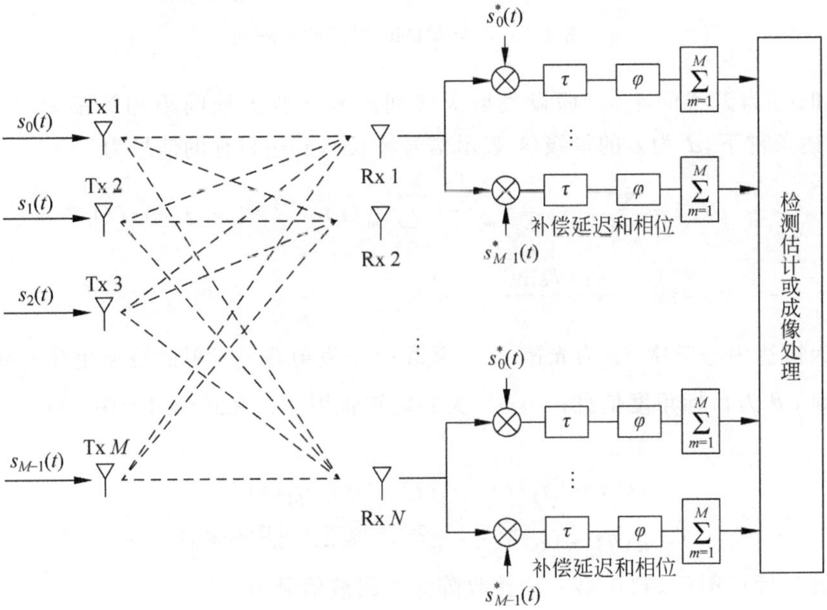

图 2.4 正交 MIMO 雷达处理流程

2.3　MIMO 雷达检测性能分析

目标检测是目前雷达领域的一个重要研究方向，与传统雷达理论相比，收发全分集的 MIMO 雷达在信号检测能力等方面有明显优点。收发全分集 MIMO 雷达中要求发射天线间距、接收天线间距足够大，以使每个发射天线-接收天线对从不同的角度观测目标，目标截面积在不同的发射天线-接收天线对上的起伏变化独立。综合整个 MIMO 雷达系统的效果，目标截面积(RCS)的起伏变化较小，以此克服 RCS 起伏对目标检测造成的影响，提高雷达在低信噪比时的检测性能。

文献[10]给出了单输入/多输出(SIMO)和多输入/单输出(MISO)以及 MIMO 雷达检测性能与相控阵雷达情况下的检测性能：

$$P_{d(\mathrm{MIMO})}=1-F_{\chi^2_{2MN}}\left(\frac{\sigma_n^2}{\dfrac{E}{M}+\sigma_n^2}F^{-1}_{\chi^2_{2MN}}(1-P_f)\right) \tag{2.55}$$

$$P_{d(\mathrm{phase\_array})}=1-F_{\chi^2_2}\left(\frac{\sigma_n^2}{EMN+\sigma_n^2}F^{-1}_{\chi^2_2}(1-P_f)\right) \tag{2.56}$$

式中，E 为发射信号的能量；M 和 N 分别为发射天线和接收天线的个数；P_d 为检测率；P_f 为虚警率；$F_{\chi^2_{(n)}}$ 为具有自由度 n 的积累卡方概率密度函数，定义如下：

$$F_{\chi^2_{(n)}}(x)=\frac{x^{\frac{n-2}{2}}\mathrm{e}^{-\frac{x}{2}}}{2^{\frac{n}{2}}\Gamma\left(\dfrac{n}{2}\right)} \tag{2.57}$$

式中，$\Gamma(\cdot)$表示 Gamma 函数。

图 2.5 给出了漏检率 P_m 与信噪比(SNR)之间的关系，其中 $P_m=1-P_d$，$\mathrm{SNR}=E/\sigma_n^2$。由图 2.5 可知，在低信噪比条件下，与相控阵雷达相比，MIMO 雷达的检测性能不是最好的，但随着信噪比的增大，当信噪比大于 12dB 时，MIMO 雷达的检测优势则体现出来。

由图 2.5 可知，为了取得更好的检测性能和识别能力，系统应具有比较高的信噪比增益，下面就相控阵雷达与 MIMO 雷达检测器信噪比增益进行分析。

MIMO 雷达和相控阵雷达的信噪比增益分别为[69]

$$G_{\mathrm{MIMO}}=\frac{\rho^2N}{M\left(1+\dfrac{\rho^2}{2M^2}+\dfrac{\rho}{M}\right)} \tag{2.58}$$

$$G_{\mathrm{phased\_array}}=\frac{N^2M^2\rho^2}{M\left(1+\dfrac{N^2M^2\rho^2}{2}+NM\rho\right)} \tag{2.59}$$

式中，ρ 为信噪比。图 2.6 给出了不同参数配置下的检测器信噪比增益。

图 2.6 的结论与图 2.5 相似，在信噪比较大时，MIMO 雷达系统的信噪比增益同样优于相控阵雷达。

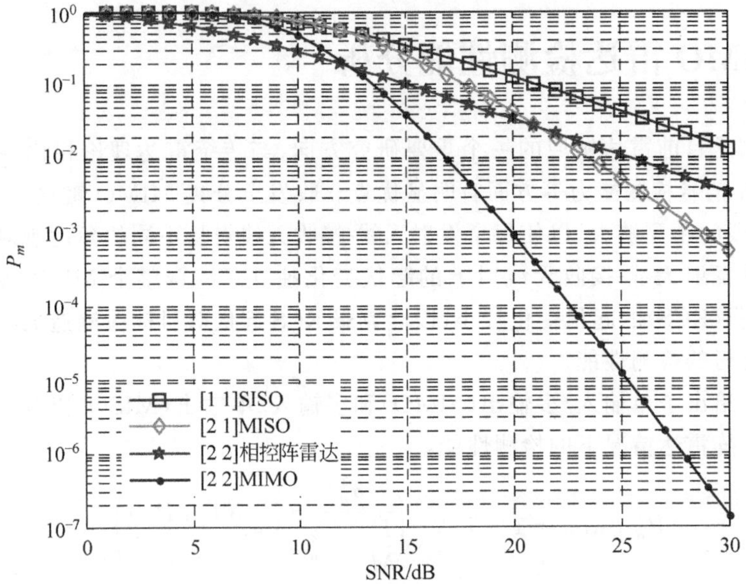

图 2.5 不同雷达的检测性能比较

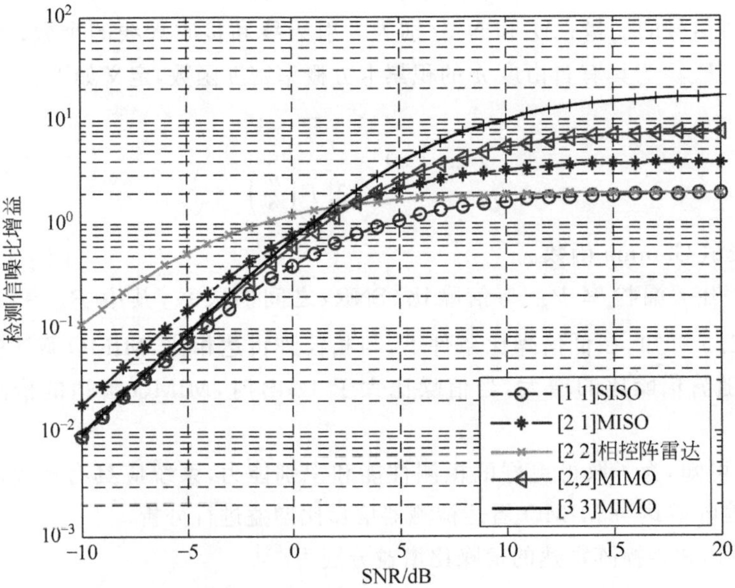

图 2.6 检测器信噪比增益随信噪比的关系

2.4 MIMO 雷达优势

2.4.1 MIMO 雷达杂波强度分析

雷达波束照射到地面、海面或箔条、云雨时会产生杂波，根据杂波的特性，杂波可分为面杂波和体杂波。在给定杂波距离 R 处，被雷达发射波束照射区域的面积近似为

$$A=\frac{\theta_a R c\tau}{2} \tag{2.60}$$

式中，θ_a 为以弧度表示的发射天线方位向波束宽度；τ 为单个发射脉冲的时宽；c 为光速。若杂波反射率为 σ_0，则被照射的杂波的雷达散射面积为

$$\sigma_0 \cdot A=\sigma_0 \cdot \frac{\theta_a R c\tau}{2} \tag{2.61}$$

根据雷达方程，传统雷达接收到的杂波功率为[70]

$$C_{\text{conv}}=P_t G_t \frac{1}{4\pi R^2} \cdot \sigma_0 \frac{\theta_a R c\tau}{2} \cdot \frac{1}{4\pi R^2} \frac{G_r \lambda^2}{4\pi}=\frac{P_t G_t \sigma_0 \theta_a R c\tau G_r \lambda^2}{2(4\pi R)^3} \tag{2.62}$$

式中，P_t 为发射天线峰值功率；G_t 为发射天线增益；G_r 为整个接收天线的增益；λ 为雷达工作波长。

相控阵雷达将接收阵列划分为 N 个子阵，每个子阵有各自的接收机，这样，进入各接收机的信号所获得的天线增益从 G_r 降到 G_e，G_e 为单个接收子阵的增益，$G_e \approx G_r/N$，所以输入接收机的杂波功率约为式(2.62)的 $1/N$，即相控阵模式杂波功率为

$$C_{\text{phase\_array}}=\frac{P_t G_t \sigma_0 \theta_a R c\tau G_e \lambda^2}{2(4\pi R)^3}=C_{\text{conv}} \cdot \frac{G_e}{G_r} \approx C_{\text{conv}} \cdot \frac{1}{N} \tag{2.63}$$

MIMO 雷达发射阵列被分为 M 个独立子阵，各子阵发射相互正交的信号，因此，单个 MIMO 发射通道的发射功率和增益分别减小为 P_t/M 和 G_t/M，根据式(2.62)可得单个 MIMO 发射通道引起的进入接收机的杂波功率为[71]

$$C_{\text{MIMO\_1}}=\frac{(P_t/M)(G_t/M)\sigma_0 \theta_a R c\tau G_e \lambda^2}{2(4\pi R)^3}=C_{\text{conv}} \cdot \frac{G_e}{M^2 G_r} \approx C_{\text{conv}} \cdot \frac{1}{M^2 N} \tag{2.64}$$

MIMO 雷达中有 M 个发射通道，接收端的数字波束成形后，接收机接收到的总杂波功率为 M 个通道杂波功率之和，即[72]

$$C_{\text{MIMO}}=\frac{M \cdot (P_t/M)(G_t/M)\sigma_0 \theta_a R c\tau G_e \lambda^2}{2(4\pi R)^3}=C_{\text{conv}} \cdot \frac{G_e}{M G_r} \approx C_{\text{conv}} \cdot \frac{1}{MN} \tag{2.65}$$

由上述可知，MIMO 雷达接收到的杂波功率为传统雷达的 $1/MN$，为相控阵雷达的 $1/M$，提高了系统的信杂比。

2.4.2 MIMO 雷达对动态范围的改善

根据 2.4.1 节中对杂波功率的分析，假设接收机的噪声功率为 $FkTB$，则传统雷达所需的动态范围为

$$D_{\text{conv}} \geqslant \frac{C_{\text{conv}}}{FkTB} \tag{2.66}$$

式中，F 为噪声系数；k 为玻尔兹曼常数；T 为温度；B 为接收机带宽。

在相控阵雷达中，动态范围的变化与杂波功率的变化相同，即

$$D_{\text{phase\_array}} \geqslant \frac{C_{\text{phase\_array}}}{FkTB} \approx \frac{1}{N} \cdot \frac{C_{\text{conv}}}{FkTB}=\frac{1}{N} \cdot D_{\text{conv}} \tag{2.67}$$

对于 MIMO 雷达，若所有发射机使用相同的频带，则所需动态范围为

$$D_{\text{MIMO}} \geqslant \frac{C_{\text{MIMO}}}{FkTB} \approx \frac{1}{MN} \cdot \frac{C_{\text{conv}}}{FkTB} = \frac{1}{MN} \cdot D_{\text{conv}} \tag{2.68}$$

若各发射机使用独立的、频带宽度为 B 的频分正交信号，且这些频带是相邻的，每个接收机需要接收来自 M 个发射机的信号，则接收机带宽应选 $M \cdot B$，此时对动态范围的要求变为

$$D_{\text{MIMO}} \geqslant \frac{C_{\text{MIMO}}}{FkTMB} \approx \frac{1}{MN} \cdot \frac{C_{\text{conv}}}{FkTMB} = \frac{1}{M^2 N} \cdot D_{\text{conv}} \tag{2.69}$$

式(2.68)和式(2.69)表明，MIMO 雷达对接收机的动态范围有了很大程度的降低，为杂波的消除提供了更多途径。

2.4.3 MIMO 被截获概率分析

假设雷达发射机的功率为 P_t，功率增益为 G_t，离雷达半径为 R 的球体表面积为 $4\pi R^2$，而发射功率在该表面上的均匀分布将产生如下功率密度：

$$G_{\text{array}} = \frac{P_t G_t}{4\pi R^2} \tag{2.70}$$

则相控阵雷达的功率密度为

$$I_{\text{phase\_array}} = \left(N\sqrt{\frac{P_t G_t / N}{4\pi R^2}}\right)^2 = N\frac{P_t G_t}{4\pi R^2} \tag{2.71}$$

MIMO 雷达的功率密度为

$$I_{\text{MIMO}} = M\left(\frac{N}{M}\sqrt{\frac{P_t G_t / N}{4\pi R^2}}\right)^2 = \frac{N}{M}\frac{P_t G_t}{4\pi R^2} \tag{2.72}$$

综上所述，在相同的作用距离上，MIMO 雷达的功率密度是相控阵雷达的 $1/M$，从而说明 MIMO 雷达比相控阵雷达具有更好的抗截获性能。

2.4.4 MIMO 雷达系统增益

由文献[25]可知，发射和接收阵列波束增益 $G(\theta)$ 为

$$G(\theta) = \frac{N \cdot |\boldsymbol{a}^{\text{H}}(\theta)\boldsymbol{R}_{ss}^{\text{T}}\boldsymbol{a}(\theta_0)|^2 \cdot |\boldsymbol{b}^{\text{H}}(\theta)\boldsymbol{b}(\theta_0)|^2}{M \cdot \boldsymbol{a}^{\text{H}}(\theta)\boldsymbol{R}_{ss}^{\text{T}}\boldsymbol{a}(\theta)} \tag{2.73}$$

式中，M 和 N 分别为发射和接收阵元个数；$\boldsymbol{a}(\theta)$ 和 $\boldsymbol{b}(\theta)$ 为式(2.43)和式(2.48)定义的 MIMO 雷达发射方向向量和接收方向向量；θ 为数字波束方向；θ_0 为目标方向；$\boldsymbol{R}_{ss}$ 为 M 个发射信号的相关函数。

对于相控阵雷达，发射相关信号，所以 $\boldsymbol{R}_{ss} = \boldsymbol{1}\boldsymbol{1}^{\text{T}}$，式(2.73)演变为

$$G(\theta) = \frac{N \cdot |\boldsymbol{a}(\theta_0)\boldsymbol{1}|^2 \cdot |\boldsymbol{b}^{\text{H}}(\theta)\boldsymbol{b}(\theta_0)|^2}{M} \tag{2.74}$$

对于 MIMO 雷达，发射正交或者不相关信号，则 $\boldsymbol{R}_{ss} = \boldsymbol{I}_M$，式(2.73)变为

$$G(\theta) = \frac{N \cdot |\boldsymbol{a}^{\text{H}}(\theta_0)\boldsymbol{a}(\theta_0)|^2 \cdot |\boldsymbol{b}^{\text{H}}(\theta)\boldsymbol{b}(\theta_0)|^2}{M} \tag{2.75}$$

当阵元间距为半波长时，图 2.7 给出了当阵元个数相同情况下，MIMO 雷达与相控阵雷达的天线方向图的差别。图 2.7(a)表明，在相同情况下，MIMO 雷达具有更窄的波束宽度和更低的旁瓣性能，这是因为 MIMO 雷达的虚拟接收阵列具有比相控阵雷达更大的阵列孔径；图 2.7(b)表明，随着发射阵列数目的增大，MIMO 雷达产生虚拟接收阵列的孔径相应增大，进一步减小了主瓣波束宽度。由于相控阵雷达相当于单发多收，阵列孔径不会随发射天线数目变化，所以相控阵雷达的波束方向图并未发生变化。

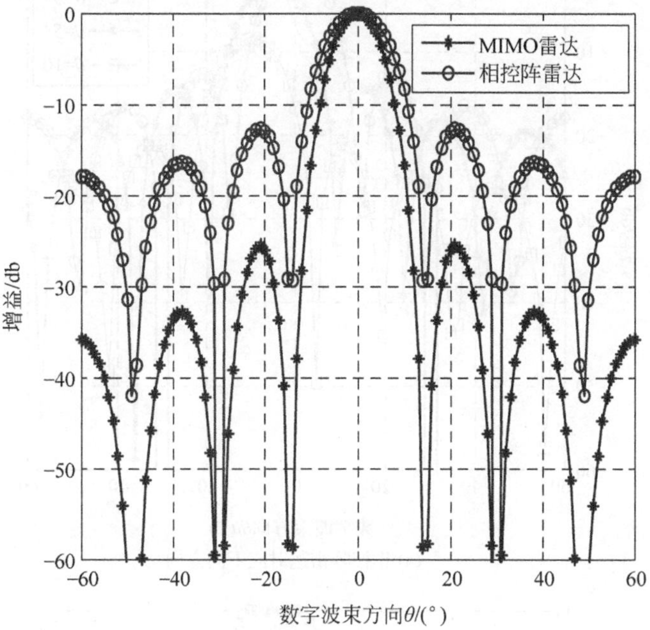

(a) M=8 N=8

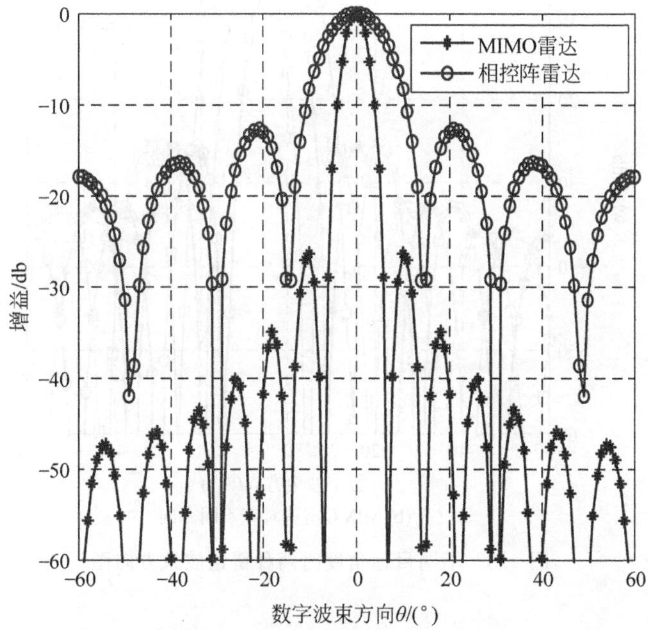

(b) M=16 N=8

图 2.7 不同阵元情况下两种雷达波束方向图比较

图 2.8 表示了相控阵雷达和 MIMO 雷达对应不同方向角时发射接收方向图的变化。图 2.8(a)表明,对于相控阵雷达而言,当目标不位于发射波束中心时,方向图增益有一定的衰减;而对于 MIMO 雷达,方向图增益不会随着目标是否在波束中心所对应位置的变化而衰减。

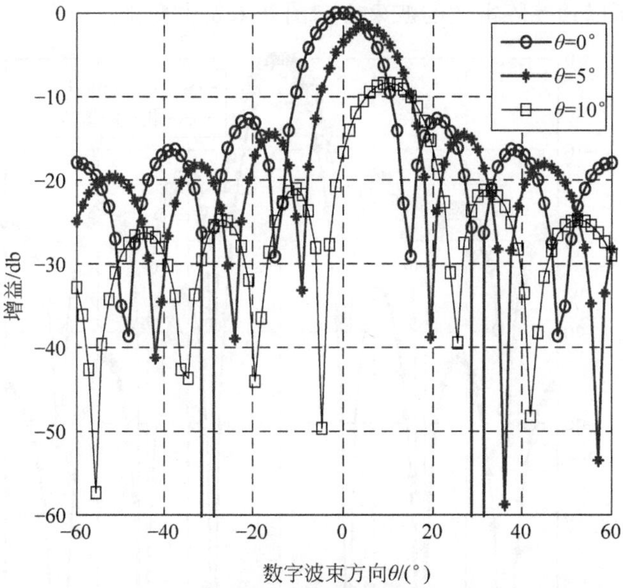

(a) 相控阵雷达对应不同方向

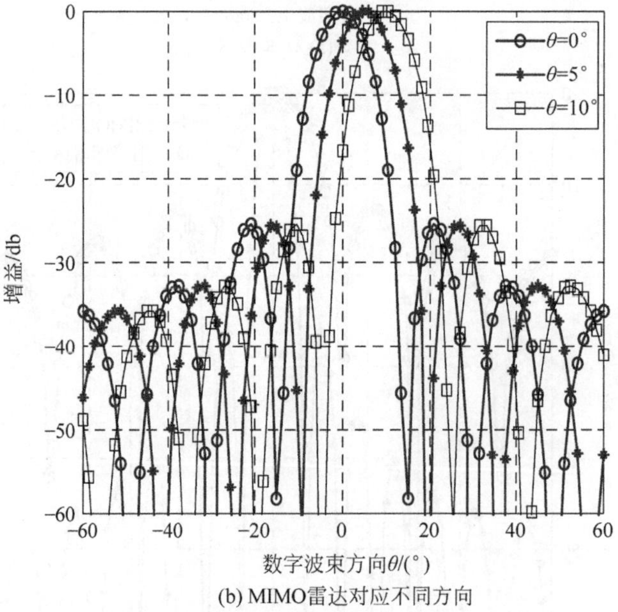

(b) MIMO雷达对应不同方向

图 2.8 不同目标角度时两种雷达波束方向图

2.5　本章小结

本章对MIMO雷达的基本原理进行了分析，首先分析了统计MIMO雷达与正交MIMO雷达的信号模型。信号模型分析表明，统计MIMO雷达利用空间分集原理，通过从不同角度照射目标，提高了MIMO雷达的检测性能；而正交MIMO雷达通过发射正交信号，利用信号的波形分集特性，增大了MIMO雷达系统的虚拟阵列数，提高了MIMO雷达的系统自由度和目标参数的估计精度。其次，对MIMO雷达的检测性能进行了分析，结果表明在较高信噪比情况下，MIMO雷达的检测性能比相控阵雷达具有明显优势。最后分析了MIMO雷达在杂波强度、动态范围、截获概率以及系统增益方面的优势。

第3章 基于完全互补编码的正交MIMO雷达信号设计

3.1 引言

正交 MIMO 雷达要求发射相互正交的信号，目前主要采用正交相位编码和正交频率编码两种编码方式。基于正交相位编码的 MIMO 雷达，各发射通道采用相同的频带；而对于采用正交频率编码的 MIMO 雷达，各个发射通道使用相互独立的频带，类似频分多址的正交波形。

正交 MIMO 雷达各发射天线发射正交的波形集，接收端通过匹配滤波处理恢复各个发射信号分量，发射信号的设计直接影响了正交 MIMO 雷达的系统性能。为了抑制干扰以及提高多目标分辨率，要求发射信号之间具有优良的相关函数，最好满足完全正交，即非周期自相关函数旁瓣为零以及非周期互相关函数主瓣和旁瓣均为零。目前，正交 MIMO 雷达主要采用正交多相码[3]和正交频率编码[5]，虽然上述两类编码的相关函数具有较低的旁瓣性能，但仍然不能满足发射信号之间的完全正交。理论研究表明，在传统单码领域满足完全正交的序列是不存在的，因而完全互补序列的出现为正交 MIMO 雷达信号的选择开辟了一条新的研究方向。

完全互补序列属于相位编码的范畴，由于相位编码信号比较容易产生和处理，所以相位编码信号是雷达常用的脉冲压缩信号。与同样长度的二相编码相比，多相码的匹配滤波输出有更大的主瓣旁瓣比，而且多相码具有更复杂的信号结构，更难被对方检测和分析，随着数字信号处理技术以及大规模集成电路的发展，多相码脉冲压缩的实现已经变得相对比较容易，因此多相码近年来越来越多地被一些雷达系统所采用[3,73]。由于多相位编码信号具有良好的正交性，因此在 MIMO 雷达系统中也有良好的应用[74]。

Barker 码是唯一能使时间旁瓣在单位电平上保持相等且仅沿着零多普勒轴的编码。最长的 Barker 码 $m=13$，当脉冲压缩比大于 13 时，有几种伪随机编码可获得沿轴 $f_d=0$、接近 $1/B\tau$ 的峰值旁瓣电压，而且对 $B\tau$ 没有要求。而互补序列对两个序列分开处理时的响应之和沿此轴的旁瓣为零，实际上，要想分开处理而不出现叠加的干扰分量，两个序列可以在连续脉冲重复周期内发射，从而对目标和杂波的多普勒频移产生较高的灵敏度，因此，如何扩展相位编码信号的多普勒效应的敏感性成为限制相位编码在雷达中应用的一个瓶颈问题。根据上述问题，本章将介绍一种能够提高相位编码容忍性，并保持相位编码原有优势的方法。

在讨论 MIMO 雷达检测、估计等性能时，几乎都假设波形为同频理想的正交波形。但是实际中在单信号领域，满足完全理想正交（即自相关函数旁瓣为零，互相关函数值恒等于零）的信号集合几乎是不存在的。大多数学者都暂时绕开了这个问题，直接论述 MIMO 雷达的优势，极大地简化了问题。完全互补序列恰好满足上述完全理想正交的需求，为 MIMO 雷达的实用化奠定了一定的基础。

3.2 完全互补序列波形设计

发射信号的设计对 MIMO 雷达系统实现具有很重要的作用，为了避免自干扰和检测混淆，MIMO 雷达正交波形需要精心设计。高的距离分辨率以及多目标分辨率要求信号的非周期自相关函数有低的峰值旁瓣电平，而 MIMO 雷达的信号处理要求信号间有低的互相关峰值电平，最好达到零旁瓣水平，即完全正交信号（非周期自相关函数在非零移位处为零，非周期互相关函数在所有移位处为零）。理论研究表明[75]，在单码领域完全正交信号是不存在的，它们受到一些理论界的约束。因此，采用常规序列始终存在互道之间的干扰，而采用互补序列，则可克服传统序列的缺点[57]，构造出完全正交信号的序列集，即完全互补序列集。

3.2.1 完全互补序列的概念

假设$\{A_1, B_1\}$为一对互补序列，$\{A_1', B_1'\}$为另一对互补序列，且每个序列 A_1、B_1、A_1'、B_1'的长度为 N，如果满足如下相关函数[76]：

$$R_{A_1A_1}(\tau)+R_{B_1B_1}(\tau)=\begin{cases}2N, & \tau=0\\ 0, & \tau\neq 0\end{cases} \tag{3.1}$$

$$R_{A_1'A_1'}(\tau)+R_{B_1'B_1'}(\tau)=\begin{cases}2N, & \tau=0\\ 0, & \tau\neq 0\end{cases} \tag{3.2}$$

$$R_{A_1A_1'}(\tau)+R_{B_1B_1'}(\tau)=0, \quad \forall\tau \tag{3.3}$$

则称$\{A_1, B_1\}$和$\{A_1', B_1'\}$组成一对完全互补序列，其中，$R_{A_1A_1}(\tau)$为序列 A_1 的自相关函数，$R_{A_1A_1'}(\tau)$为 A_1 和 A_1'的互相关函数，式(3.1)和式(3.2)表示完全互补序列的自相关函数，式(3.3)表示完全互补序列的互相关函数，τ 为离散时间偏移量。

3.2.2 完全互补序列集的构造方法

本节利用一个互补序列对构造一类完全互补序列集。假设 A_0 和 B_0 为一初始互补序列对，且分别由 N 个元码组成的序列，如 $A_0=\{a_0, a_1, a_2, \cdots, a_{N-1}\}$，$B_0=\{b_0, b_1, b_2, \cdots, b_{N-1}\}$，其中 $a_i, b_i\in(1, i, -1, -i)$，即四相序列，且 A_0 和 B_0 满足互补的关系，即满足

$$R_{A_0A_0}(\tau)+R_{B_0B_0}(\tau)=\begin{cases}2N, & \tau=0\\ 0, & \tau\neq 0\end{cases} \tag{3.4}$$

通过初始互补序列$\{A_0, B_0\}$，利用图 3.1 所示算法流程可以构造出具有一定数目和一定长度的完全互补序列集合。

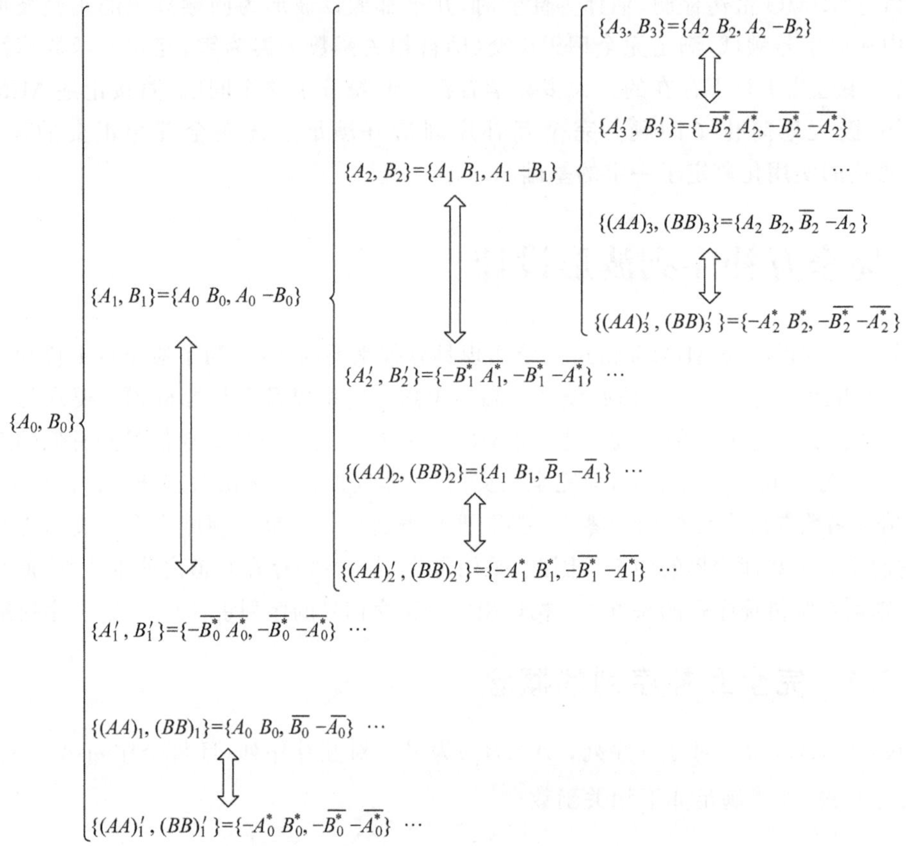

图 3.1 完全互补序列产生算法流程

下面验证构造的序列集为完全互补序列集。在证明之前，先对以上表述做一下补充，定义 $\overline{A}$ 为 A 的逆序列，假定 $A=\{a_0,a_1,a_2,\cdots,a_{N-1}\}$，则 $\overline{A}=\{a_{N-1},a_{N-2},\cdots,a_0\}$，则利用多项式的表示形式可以将 A 和 $\overline{A}$ 表示为 $A(x)=\sum_{i=0}^{i=N-1} a_i x^i$ 和 $\overline{A}(x)=x^N A(x^{-1})$，利用多项式形式可以重新表述完全互补序列的概念如下[77]：

$$A_1(x)A_1^*(x^{-1})+B_1(x)B_1^*(x^{-1})=2N \tag{3.5}$$

$$A_1'(x)A_1'^*(x^{-1})+B_1'(x)B_1'^*(x^{-1})=2N \tag{3.6}$$

$$A_1(x)A_1'^*(x^{-1})+B_1(x)B_1'^*(x^{-1})=0 \tag{3.7}$$

为了证明算法构造的序列为完全互补序列，设初始序列 A_0 和 B_0 的长度为 $N/2$，则 A_1、B_1 和 A_1'、B_1' 可以表示为

$$A_1(x)=A_0(x)+x^{N/2}B_0(x) \tag{3.8}$$

$$B_1(x)=A_0(x)-x^{N/2}B_0(x) \tag{3.9}$$

$$A_1'(x)=x^{N/2}B_0^*(x^{-1})-x^N A_0^*(x^{-1}) \tag{3.10}$$

$$B_1'(x)=-x^{N/2}B_0^*(x^{-1})-x^N A_0^*(x^{-1}) \tag{3.11}$$

根据式(3.5)可得$\{A_1,B_1\}$和$\{A_1',B_1'\}$的相关函数为

$$\begin{aligned}A_1(x)A_1^*(x^{-1}) &= (A_0(x)+x^{N/2}B_0(x))\cdot(A_0^*(x^{-1})+x^{-N/2}B_0^*(x^{-1}))\\ &= A_0(x)A_0^*(x^{-1})+x^{-N/2}A_0(x)B_0^*(x^{-1})\\ &\quad +x^{N/2}B_0(x)(A_0^*(x^{-1})+B_0(x)B_0^*(x^{-1})\end{aligned} \tag{3.12}$$

$$\begin{aligned}B_1(x)B_1^*(x^{-1}) &= (A_0(x)-x^{N/2}B_0(x))\cdot(A_0^*(x^{-1})-x^{-N/2}B_0^*(x^{-1}))\\ &= A_0(x)A_0^*(x^{-1})-x^{-N/2}A_0(x)B_0^*(x^{-1})\\ &\quad -x^{N/2}B_0(x)(A_0^*(x^{-1})+B_0(x)B_0^*(x^{-1})\end{aligned} \tag{3.13}$$

由于$\{A_0,B_0\}$为一互补对，所以有

$$A_1(x)A_1^*(x^{-1})+B_1(x)B_1^*(x^{-1})=2(A_0(x)A_0^*(x^{-1})+B_0(x)B_0^*(x^{-1}))=2N \tag{3.14}$$

即递归后的序列$\{A_1,B_1\}$的互补性得到证明。

同理，根据上述推导过程，可以得到递归后的序列$\{A_1',B_1'\}$的相关函数为

$$A_1'(x)A_1'^*(x^{-1})+B_1'(x)B_1'^*(x^{-1})=2(A_0^*(x^{-1})A_0(x)+B_0^*(x^{-1})B_0(x))=2N \tag{3.15}$$

即递归后的序列$\{A_1',B_1'\}$的互补性同样得到证明。根据式(3.7)，$\{A_1,B_1\}$和$\{A_1',B_1'\}$的互相关函数为

$$A_1(x)A_1'^*(x^{-1})+B_1(x)B_1'^*(x^{-1})=2x^{-N/2}(A_0(x)B_0(x)-B_0(x)A_0(x))=0 \tag{3.16}$$

综上，可以得出$\{A_1,B_1\}$和$\{A_1',B_1'\}$组成一组完全互补序列，依此类推，可以得出经过m次迭代后的序列同样都为完全互补序列，且经过m次迭代，将会有2^m对完全互补序列产生，可以分配给MIMO雷达的2^m个天线使用，且码长度为$N\cdot 2^m$，即完全互补序列集$(2^m,2,N\cdot 2^m)$，以下通过仿真验证序列构造的正确性。

以初始训练对$A_0=(1\quad i\quad -i\quad -1\quad i)$和$B_0=(1\quad 1\quad 1\quad i\quad -i)$为例，将$A_0$和$B_0$输入图3.1所示流程中，通过3次迭代，可得到$2^3$对长度为$5\times 2^3=40$的完全互补序列，选取其中一对$\{A_3,B_3\}$和$\{A_3',B_3'\}$进行分析。

$$\begin{cases}A_3=[1\ i\ -i\ -1\ i\ 1\ 1\ 1\ i\ -i\ 1\ i\ -i\ -1\ i\ -1\ -1\ -1\ -i\ i\ 1\\ \qquad i\ -i\ -1\ i\ 1\ 1\ 1\ i\ -i\ -1\ -i\ i\ 1\ -i\ 1\ 1\ 1\ i\ -i]\\ B_3=[1\ i\ -i\ -1\ i\ 1\ 1\ 1\ i\ -i\ 1\ i\ -i\ -1\ i\ -1\ -1\ -1\ -i\ i\ -1\\ \qquad -i\ i\ 1\ -i\ -1\ -1\ -1\ -i\ i\ 1\ i\ -i\ -1\ i\ -1\ -1\ -1\ -i\ i]\end{cases}$$

$$\begin{cases}A_3'=[-i\ i\ -1\ -1\ -1\ -i\ -1\ i\ -i\ 1\ -i\ i\ -1\ -1\ -1\ i\ 1\ -i\ i\ -1\\ \qquad -i\ i\ -1\ -1\ -1\ -i\ -1\ i\ -i\ 1\ i\ -i\ 1\ 1\ 1\ -i\ -1\ i\ -i\ 1]\\ B_3'=[-i\ i\ -1\ -1\ -1\ -i\ -1\ i\ -i\ 1\ -i\ i\ -1\ -1\ -1\ i\ 1\ -i\\ \qquad i\ -1\ i\ -i\ 1\ 1\ 1\ i\ 1\ -i\ i\ -1\ -i\ i\ -1\ -1\ -1\ i\ 1\ -i\ i\ -1]\end{cases}$$

$\{A_3,B_3\}$的非周期相关函数，对应式(3.14)，如图3.2所示。

$\{A_3',B_3'\}$的非周期相关函数，对应式(3.15)，如图3.3所示。

$\{A_3,B_3\}$和$\{A_3',B_3'\}$的非周期相关函数，对应式(3.16)，如图3.4所示。

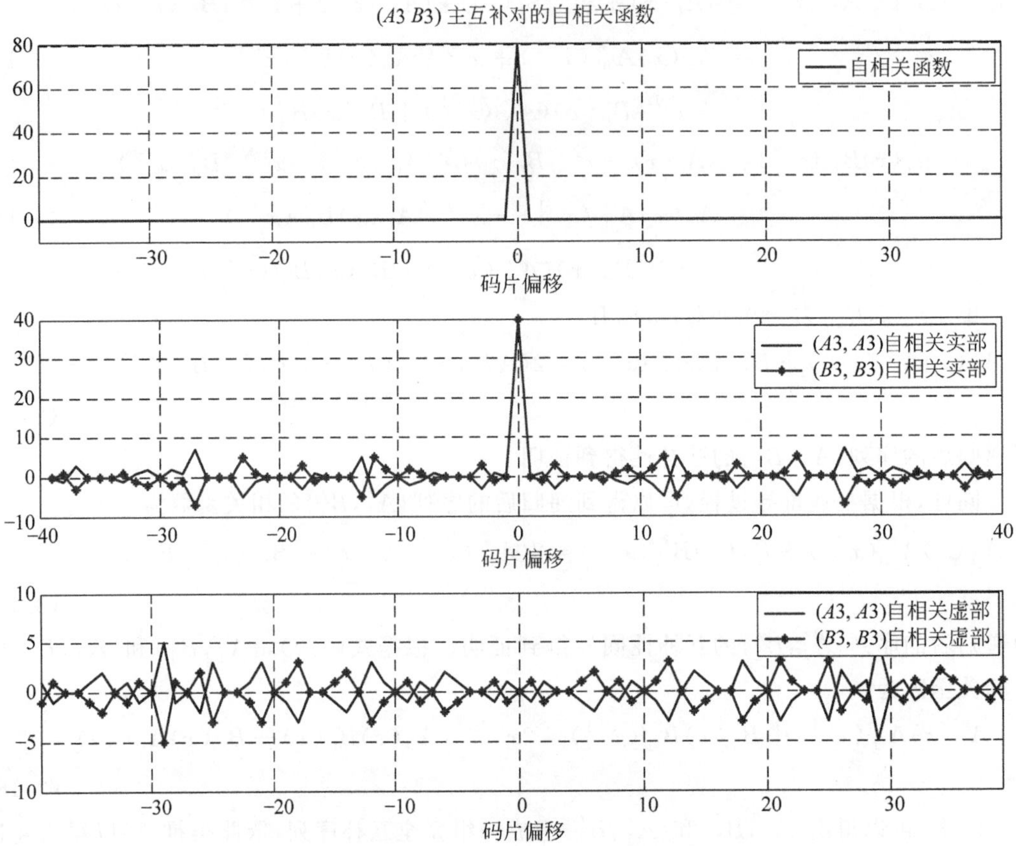

图 3.2 互补序列对$\{A_3, B_3\}$的自相关和互相关函数

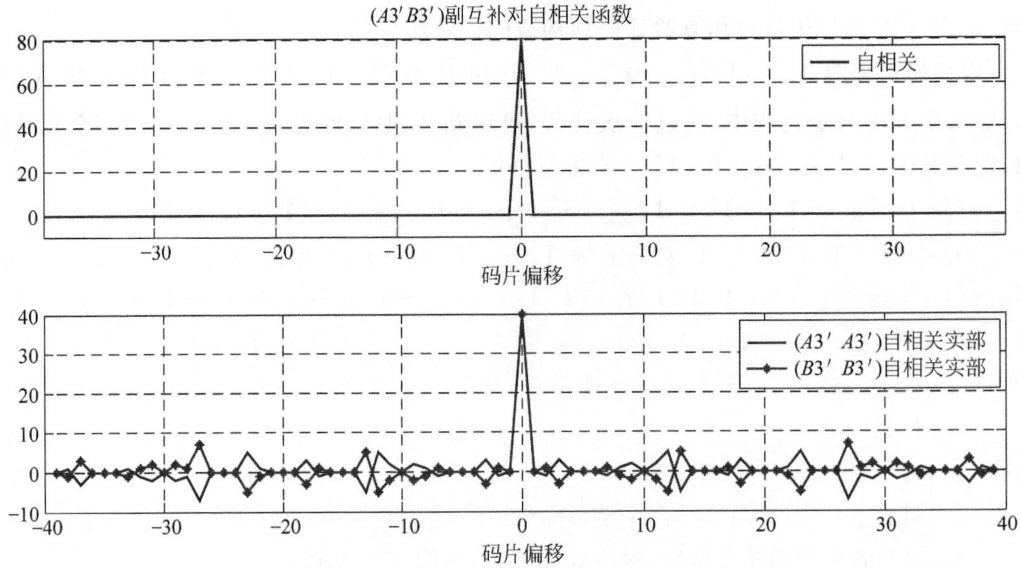

图 3.3 互补序列对$\{A_3', B_3'\}$的自相关和互相关函数

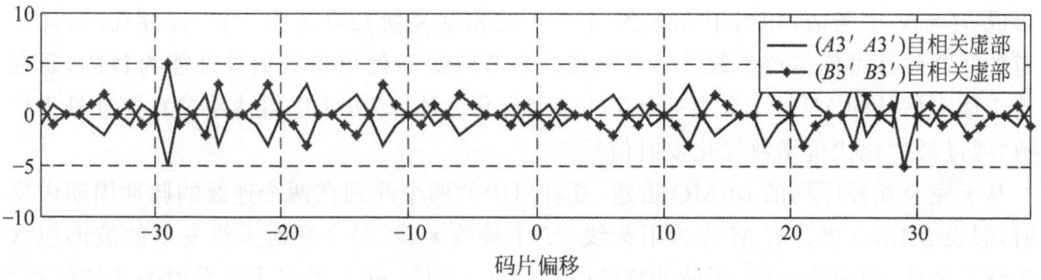

图 3.3 （续）

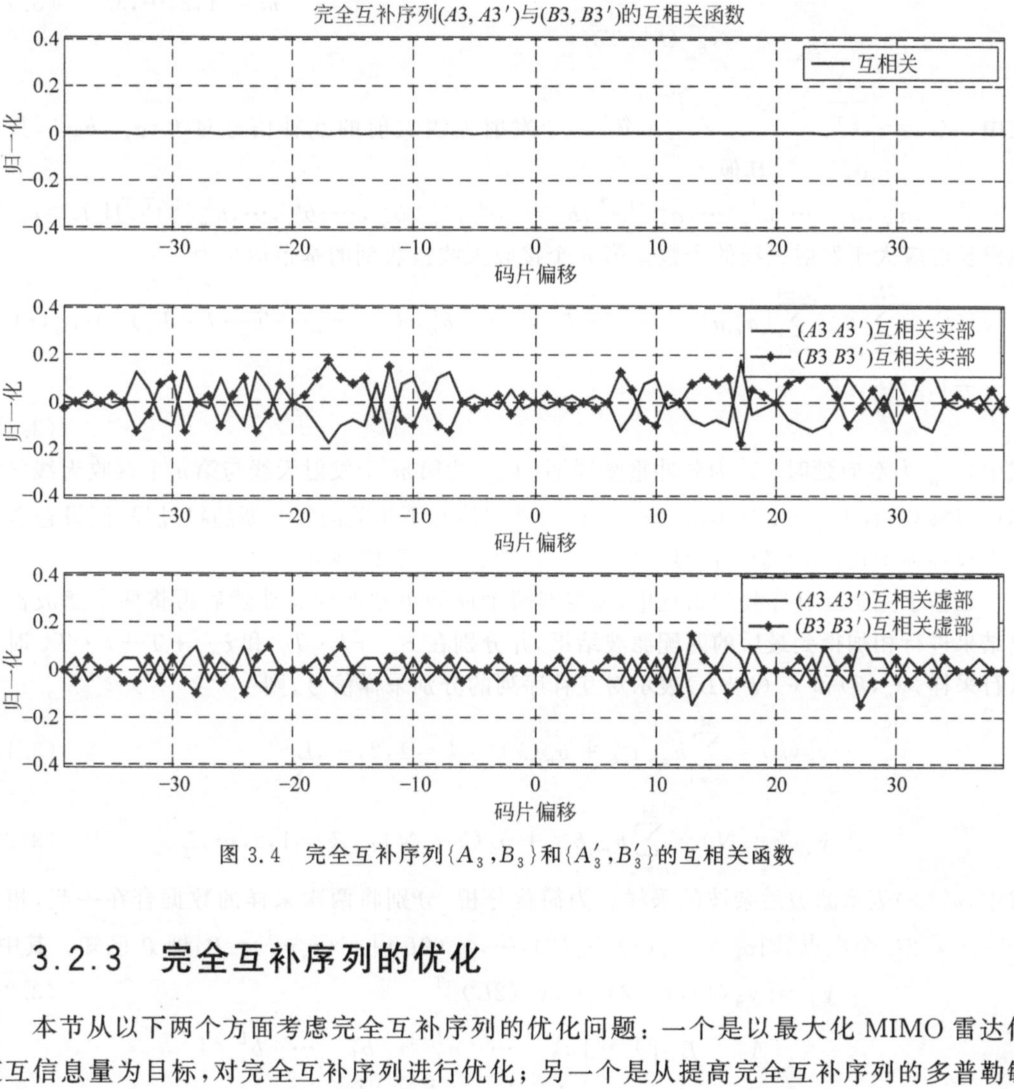

图 3.4　完全互补序列$\{A_3, B_3\}$和$\{A_3', B_3'\}$的互相关函数

3.2.3　完全互补序列的优化

本节从以下两个方面考虑完全互补序列的优化问题：一个是以最大化 MIMO 雷达信道互信息量为目标，对完全互补序列进行优化；另一个是从提高完全互补序列的多普勒敏感性对完全互补序列进行优化，以提高 MIMO 雷达对高速运动目标的分析能力。

1. 基于最大化互信息量的优化

假设 MIMO 雷达有 M 个发射天线，N 个接收天线，由第 2 章所述可知，MIMO 雷达可

以形成 $M\times N$ 个通道，相当于 $M\times N$ 个单天线雷达系统独立工作，当目标存在时，通过各信道的联合估计可使信道参数估计更精确。本节以提高信道参数估计性能为目的，研究一种基于信道估计的 MIMO 雷达完全互补序列优化方法，该方法以雷达系统互信息量为代价函数，通过最大化代价函数优化发射信号。

基于完全互补序列的 MIMO 雷达，互补对中的两个序列在两个连续的脉冲周期内交替发射，假设 MIMO 雷达有 M 个发射天线，N 个接收天线，每个发射天线发射的波形包含 L 个连续子脉冲，即编码长度，子脉冲持续时间为 T_c，则第 m 个发射天线发射的基带信号为

$$\begin{aligned} s_m(t) &= \sum_{l=0}^{L-1}[a_m^l u(t-l\cdot T_c)+b_m^l u(t-T-l\cdot T_c)] \\ &= s_{A_m}(t)+s_{B_m}(t-T) \end{aligned} \qquad m=1,2,\cdots,M \tag{3.17}$$

式中，$u(t)=\begin{cases}\dfrac{1}{\sqrt{T_c}}, & 0\leqslant t\leqslant T_c \\ 0, & \text{其他}\end{cases}$；第 m 个发射天线发射的互补信号对为 $\{\boldsymbol{\alpha}_m,\boldsymbol{b}_m\}$，其中 $\boldsymbol{\alpha}_m=[a_m^0,a_m^1,a_m^2,\cdots,a_m^l,\cdots,a_m^{L-1}]^{\mathrm{T}}$，$\boldsymbol{b}_m=[b_m^0,b_m^1,b_m^2,\cdots,b_m^l,\cdots,b_m^{L-1}]^{\mathrm{T}}$，且 $L>m$，即编码长度应大于发射天线的个数。第 n 个接收天线接收到的基带信号为

$$y_n(t)=\sum_{m=1}^{M}h_{nm}\sum_{l=0}^{L-1}[a_m^l u(t-\tau_{nm}-l\cdot T_c)+b_m^l u(t-\tau_{nm}-T-l\cdot T_c)]+v_n(t) \quad n=1,2,\cdots,N \tag{3.18}$$

式中，τ_{nm} 为双向延时；T 为脉冲重复周期；h_{nm} 为第 m 个发射天线与第 n 个接收天线之间的信道参数，且 $h_{nm}\sim CN(0,\delta_h^2)$；$v_n(t)$ 为零均值互不相关的复高斯随机过程，假设包含了噪声和各种干扰，称为杂波信号，并且统计特性服从 AR 模型分布。

在基于完全互补序列的雷达中，需要对每个序列单独匹配滤波然后再将两个滤波器输出结果进行相加得到最后的匹配滤波结果，并分别在 $\tau_{nm}+l\cdot T_c$ 和 $\tau_{nm}+T+l\cdot T_c$ 时刻进行采样，$y_n(k)$ 和 $y_n(k+L)$ 表示对互补序列的分别采样信号，则

$$y_n(k)=\sum_{m=1}^{M}h_{nm}a_{nk}+v_n(k), \quad k=1,2,\cdots,L \tag{3.19}$$

$$y_n(k+N)=\sum_{m=1}^{M}h_{nm}b_{nk}+v_n(k+N), \quad k=1,2,\cdots,L \tag{3.20}$$

式中，$v_n(k)$ 表示滤波后杂波的采样。为简化分析，分别将两次采样的数据合在一起，相当于一次采 $2L$ 个次点，则 $\boldsymbol{v}_n=[v_n(1),v_n(2),\cdots,v_n(2L)]$，$E(\boldsymbol{v}_i\boldsymbol{v}_i^{\mathrm{H}})=\boldsymbol{P}$，即 $\boldsymbol{P}$ 已知。其中，

$$\boldsymbol{y}_n=[\boldsymbol{y}_n(1),\boldsymbol{y}_n(2),\cdots,\boldsymbol{y}_n(2L)]^{\mathrm{T}} \tag{3.21}$$

$$\boldsymbol{S}=\begin{bmatrix} A_1 & B_1 \\ \vdots & \vdots \\ A_m & B_m \\ \vdots & \vdots \\ A_M & B_M \end{bmatrix}^{\mathrm{T}}=\begin{bmatrix} a_1^0 & \cdots & a_1^{L-1} & b_1^0 & \cdots & b_1^{L-1} \\ \vdots & \ddots & \vdots & \vdots & \ddots & \vdots \\ a_m^0 & \cdots & a_m^{L-1} & b_m^0 & \cdots & b_m^{L-1} \\ \vdots & \ddots & \vdots & \vdots & \ddots & \vdots \\ a_M^0 & \cdots & a_M^{L-1} & b_M^0 & \cdots & b_M^{L-1} \end{bmatrix}^{\mathrm{T}} \tag{3.22}$$

$$\boldsymbol{h}_n=[h_{n1},h_{n2},\cdots,h_{nM}]^{\mathrm{T}} \tag{3.23}$$

写成矩阵形式为

$$\boldsymbol{y}_n=\boldsymbol{S}\boldsymbol{h}_n+\boldsymbol{v},\quad n=1,2,\cdots,N \tag{3.24}$$

若

$$\boldsymbol{y}=[\boldsymbol{y}_1^{\mathrm{T}},\boldsymbol{y}_2^{\mathrm{T}},\cdots,\boldsymbol{y}_n^{\mathrm{T}},\cdots,\boldsymbol{y}_N^{\mathrm{T}}]^{\mathrm{T}} \tag{3.25}$$

$$\boldsymbol{X}=\boldsymbol{I}_N\otimes\boldsymbol{S} \tag{3.26}$$

式中，$\otimes$表示直积；$\boldsymbol{I}_N$ 为 n 阶单位阵。

$$\boldsymbol{h}=[\boldsymbol{h}_1^{\mathrm{T}},\boldsymbol{h}_2^{\mathrm{T}},\cdots,\boldsymbol{h}_n^{\mathrm{T}},\cdots,\boldsymbol{h}_N^{\mathrm{T}}]^{\mathrm{T}} \tag{3.27}$$

$$\boldsymbol{v}=[\boldsymbol{v}_1^{\mathrm{T}},\boldsymbol{v}_2^{\mathrm{T}},\cdots\ \boldsymbol{v}_n^{\mathrm{T}},\cdots,\boldsymbol{v}_N^{\mathrm{T}}]^{\mathrm{T}} \tag{3.28}$$

则式(3.24)可以写成

$$\boldsymbol{y}=\boldsymbol{X}\boldsymbol{h}+\boldsymbol{v} \tag{3.29}$$

定义 MIMO 雷达系统中，在 $\boldsymbol{X}$ 给定的条件下，$\boldsymbol{y}$ 与 $\boldsymbol{h}$ 的最大互信息量为

$$C=\max I(\boldsymbol{h},\boldsymbol{y})=\max\{H(\boldsymbol{y})-H(\boldsymbol{y}/\boldsymbol{h})\} \tag{3.30}$$

式中，$H(\boldsymbol{y})$为随机矩阵 $\boldsymbol{y}$ 的熵；$H(\boldsymbol{y}/\boldsymbol{h})$为给定 $\boldsymbol{h}$ 的情况下 $\boldsymbol{y}$ 的条件熵。因为 $\boldsymbol{h}$ 与$\boldsymbol{v}$ 统计独立，所以有

$$I(\boldsymbol{h},\boldsymbol{y})=H(\boldsymbol{y})-H(\boldsymbol{y}/\boldsymbol{h})=H(\boldsymbol{y})-H(\boldsymbol{v}) \tag{3.31}$$

$H(\boldsymbol{v})$是随机矩阵$\boldsymbol{v}$ 的熵，假设 $E(\boldsymbol{h})=0$ 为 $\boldsymbol{h}$ 的均值，$\mathrm{cov}(\boldsymbol{h})=\delta_h^2\boldsymbol{I}_{M\times N}$ 为 $\boldsymbol{h}$ 的协方差矩阵，$\mathrm{cov}(\boldsymbol{v})=\boldsymbol{I}_N\otimes\boldsymbol{P}\triangleq\boldsymbol{\sigma}$ 为$\boldsymbol{v}$ 的协方差矩阵。其中，$H(\boldsymbol{y})$和 $H(\boldsymbol{v})$分别可以写成

$$H(\boldsymbol{y})=\lg[\det(\delta_h^2\cdot\boldsymbol{X}\boldsymbol{X}^{\mathrm{H}}+\boldsymbol{\sigma})] \tag{3.32}$$

$$H(\boldsymbol{v})=\lg[\det(\boldsymbol{\sigma})] \tag{3.33}$$

则

$$I(\boldsymbol{h},\boldsymbol{y})=H(\boldsymbol{y})-H(\boldsymbol{v})=\lg[\det(\boldsymbol{I}_{2NL}+\delta_h^2\boldsymbol{\Sigma}^{-1}\boldsymbol{X}\boldsymbol{X}^{\mathrm{H}})] \tag{3.34}$$

目标是优化矩阵 $\boldsymbol{X}$(即发射的信号)以最大化信道容量，其中，$X=I_N\otimes S$，所以式(3.34)可以写成

$$\begin{aligned}I(\boldsymbol{h},\boldsymbol{y})&=N\cdot\lg[\det(\boldsymbol{I}_{2L}+\delta_h^2\boldsymbol{P}^{-\frac{1}{2}}\boldsymbol{S}\boldsymbol{S}^{\mathrm{H}}\boldsymbol{P}^{-\frac{1}{2}})]\\&=N\cdot\lg[\det(\boldsymbol{I}_M+\delta_h^2\boldsymbol{S}^{\mathrm{H}}\boldsymbol{P}^{-1}\boldsymbol{S})]\end{aligned} \tag{3.35}$$

上式当 $\boldsymbol{I}_M+\delta_h^2\boldsymbol{S}^{\mathrm{H}}\boldsymbol{P}^{-1}\boldsymbol{S}$ 为对角阵时，互信息量 $I(\boldsymbol{h},\boldsymbol{y})$取得最大值[78]。式(3.35)中用到了如下变换公式：

$$\det(\boldsymbol{I}_N+\boldsymbol{A}\boldsymbol{B})=\det(\boldsymbol{I}_M+\boldsymbol{B}\boldsymbol{A}) \tag{3.36}$$

式中，$\boldsymbol{A}$ 为 $N\times M$ 阶矩阵；$\boldsymbol{B}$ 为 $M\times N$ 阶矩阵。

当杂波为高斯白噪声时，$\boldsymbol{P}=\delta_n^2\boldsymbol{I}$，则

$$\boldsymbol{S}^{\mathrm{H}}\boldsymbol{P}^{-1}\boldsymbol{S}=(\boldsymbol{P}^{-1/2}\boldsymbol{S})^{\mathrm{H}}(\boldsymbol{P}^{-1/2}\boldsymbol{S})=\delta_n^2\boldsymbol{I}=\boldsymbol{\Lambda} \tag{3.37}$$

此时，$I(\boldsymbol{h},\boldsymbol{y})$取得最大值，原完全互补序列即为最优的序列。当杂波部分相关时，通过对 $\boldsymbol{S}$ 进行矩阵变换 $\boldsymbol{\psi}\boldsymbol{S}$，使得$(\boldsymbol{\psi}\boldsymbol{S})^{\mathrm{H}}\boldsymbol{P}^{-1}(\boldsymbol{\psi}\boldsymbol{S})$为对角阵，即

$$(\boldsymbol{\psi S})^{\mathrm{H}}\boldsymbol{P}^{-1}(\boldsymbol{\psi S})=\boldsymbol{S}^{\mathrm{H}}(\boldsymbol{\psi}^{\mathrm{H}}\boldsymbol{P}^{-1}\boldsymbol{\psi})\boldsymbol{S}=\boldsymbol{\Lambda} \tag{3.38}$$

式(3.38)表明，当杂波部分相关时，$\boldsymbol{\psi S}$ 为最优信号，且$\boldsymbol{\psi}^{\mathrm{H}}\boldsymbol{P}^{-1}\boldsymbol{\psi}=\delta_n^{-2}\boldsymbol{I}$。

在平均信杂比一定的条件下，信杂比(SCR)为[12]

$$\begin{aligned}\mathrm{SCR}&=\frac{1}{2LNM}E\left(\sum_{n=1}^{N}\boldsymbol{h}_n^{\mathrm{H}}\boldsymbol{S}^{\mathrm{H}}\boldsymbol{P}^{-1}\boldsymbol{S}\boldsymbol{h}_n^{\mathrm{H}}\right)\\&=\frac{\delta_h^2}{2LM}\mathrm{trace}(\boldsymbol{S}^{\mathrm{H}}\boldsymbol{P}^{-1}\boldsymbol{S})\end{aligned} \tag{3.39}$$

上式表明，基于完全互补序列的 MIMO 雷达信道容量与发射天线个数、接收天线个数以及完全互补序列码长度有关。对于杂波为高斯白噪声以及部分相关的情况作了相应的实验。

实验一：杂波为高斯白噪声

当杂波为高斯白噪声时，不同时刻的杂波是互不相关的，此时优化的信号即为完全互补序列本身。图 3.5 给出了在收发天线 $N=M=2$，编码信号长度 $L=40$ 时的仿真结果图。

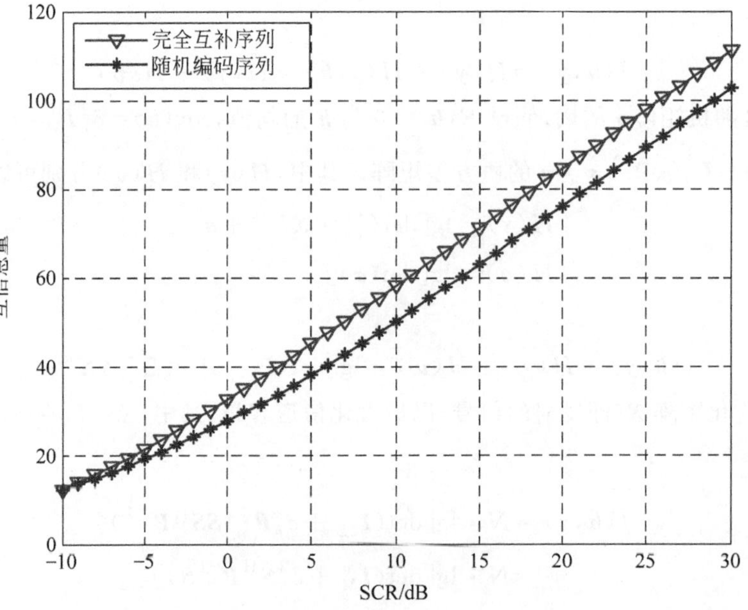

图 3.5　MI 随信杂比的分布(白噪声情况)

图 3.5 表明，当杂波为高斯白噪声时，基于完全互补序列的互信息量优于随机编码序列的情况。

针对杂波噪声为相关杂波的情况，进行了实验二。

实验二：杂波部分相关情况

若假设接收天线在不同时刻接收的杂波部分相关，设后延相关系数 $\gamma=0.4$，则杂波的协方差矩阵$(\boldsymbol{P})_{ij}=0.4^{|i-j|}$，在 $N=M=2$，编码信号长度 $L=40$ 时仿真结果如图 3.6 所示。

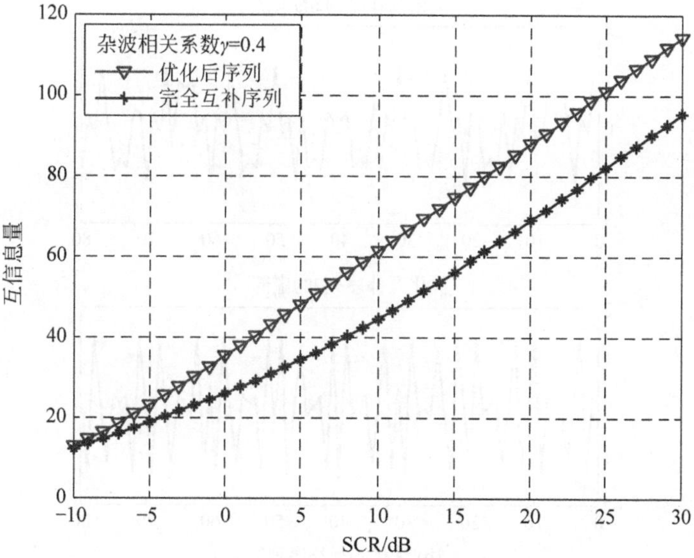

图 3.6　MI 随信杂比分布(杂波相关情况)

图 3.6 表明,在杂波相关情况下,优化后的序列比完全互补序列在性能上要好一些。由于在杂波相关情况下,当天线数目与编码长度变化时,MI 随 SCR 的变化与白噪声时类似,所以其仿真结果没有列出。

在杂波相关系数 $\gamma=0.4$ 的情况下,根据式(3.38)对原完全互补序列进行了优化,优化后的序列为图 3.7 所示。图 3.7(a)为序列对 1 优化后的实部和虚部,图 3.7(b)为序列对 2 优化后的实部和虚部。

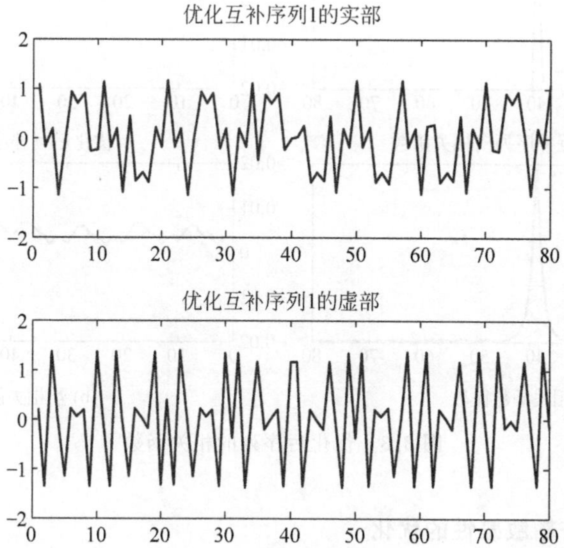

(a) 优化的互补序列1

图 3.7　优化后的序列值

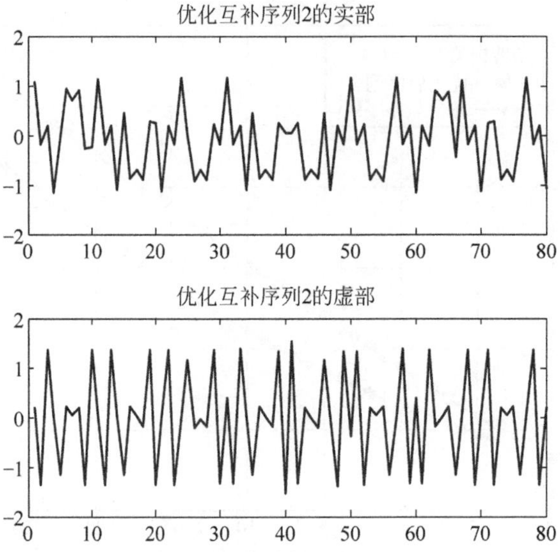

(b) 优化的互补序列2

图 3.7 （续）

需要对图 3.7 进行如下说明：在优化后的 80 个值中，前 40 个值和后 40 个值分别为原互补序列对的优化值。图 3.8 给出了优化后序列的相关函数值，图 3.8 表明，优化后序列在主瓣上有所展宽，同时抬高了旁瓣。

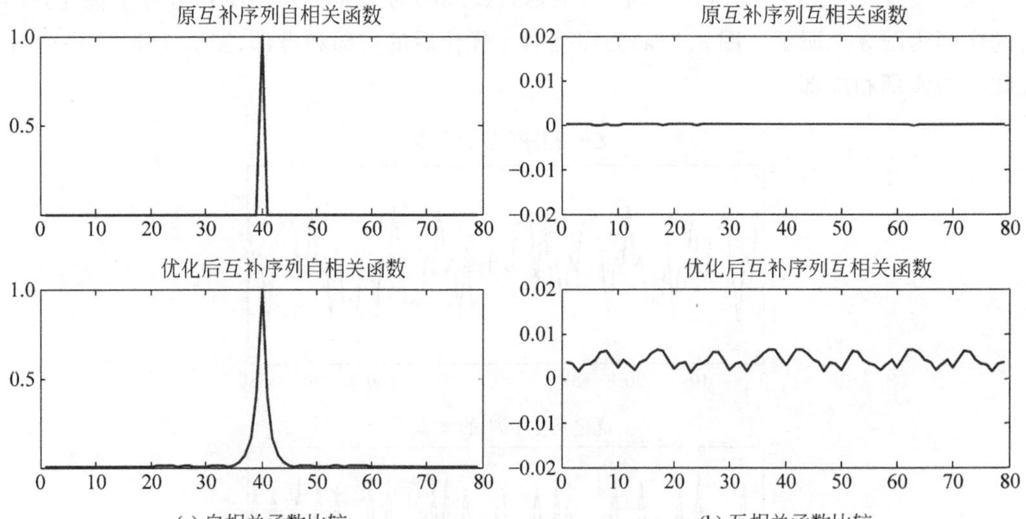

(a) 自相关函数比较　　(b) 互相关函数比较

图 3.8 优化后序列的相关函数

2. 基于提高多普勒敏感性的优化

多普勒效应分为脉间多普勒和脉内多普勒。脉间多普勒是指相隔脉冲重复间隔的两个发射脉冲在其“慢时间”间隔产生的多普勒频移；脉内多普勒是指单个脉冲从发射至接收其回波这一“快时间”内产生的多普勒频移。对于相位编码信号，较小的脉内多普勒频移将会造成匹配滤波器失谐，将这一现象称为“多普勒敏感性”[79]。相位编码信号对多普勒频率比较敏感，只适用于多普勒频率比较小的场合，不适合用于探测高速运动目标，因为高速运动的目标回波信号的多普勒频移要降低相位编码信号在雷达接收机中的压缩效果，不仅压缩脉冲旁瓣会增加，而且压缩脉冲主瓣也会恶化[80]。所以，在实际应用中，除探测低速目标外，均需要改善相位编码信号的多普勒敏感性。有两种思路可以改善多普勒敏感性：

第一种思路是扩大相位编码的多普勒容限，通过将相位编码序列与线性调频信号组合，用来探测高速目标并应用于低截获雷达系统中[81-83]。

另一种思路是对相位编码的多普勒进行补偿[84-86]，该技术已达到实际工程应用阶段，但该技术需要预先知道目标的多普勒速度。由于在星载SAR系统中，可以获得信号的多普勒速度，在后面章节中的目标成像时，可以采取完全互补序列进行多普勒补偿来解决多普勒容限问题。扩大多普勒容限的方法如下：

组合信号结合了相位编码信号和调频信号的优点，在相位编码信号的每个码元内再进行线性调频信号调制而形成一种新型适用于脉冲压缩雷达的信号。组合信号对多普勒信息基本不敏感，只是增益略有下降，也没有产生明显的频移现象，具有相位编码和线性调频两种信号的优点，又能弥补两种信号各自的不足[87]。

设线性调频信号的数学表达式为

$$u_{\mathrm{LFM}}(t)=\frac{1}{\sqrt{T_c}}\mathrm{e}^{\mathrm{j}\pi k t^2}\cdot[\varepsilon(t)-\varepsilon(t-T_c)] \tag{3.40}$$

式中，T_c 为信号的脉冲宽度；$k=B/T_c$ 为线性调频信号调制斜率；B 为信号带宽；阶跃函数 $\varepsilon(t)$ 表示为

$$\varepsilon(t)=\begin{cases}1, & t\geqslant 0\\ 0, & \text{其他}\end{cases} \tag{3.41}$$

相位编码可以表示为

$$u_{\mathrm{phase}}(t)=\frac{1}{\sqrt{L}}\sum_{m=0}^{L-1}c_m\delta(t-mT'_c) \tag{3.42}$$

式中，T'_c 为相位编码子脉冲宽度；L 为码长；c_m 为相位编码序列，二相时，取$\{c_m=\pm 1\}$，四相时取$\{c_m=\pm 1,\pm i\}$；$\delta(t)$ 为冲激函数。组合信号为子脉冲 T_c 内线性调频与相位编码信号的卷积形式，即

$$\begin{aligned}u(t)&=u_{\mathrm{LFM}}(t)\otimes u_{\mathrm{phase}}(t)\\&=\frac{1}{\sqrt{LT_c}}\sum_{m=0}^{L-1}c_m\mathrm{e}^{\mathrm{j}\pi k(t-mT_c)^2}[\varepsilon(t-mT_c)-\varepsilon(t-mT_c-T_c)]\end{aligned} \tag{3.43}$$

其中，LFM信号的宽度和相位编码信号的子脉冲宽度相同，即 $T_c=T'_c$，即组合编码信号的宽度为 $T=L\cdot T_c$。根据驻定相位原理[88]和傅里叶变换卷积规则，组合码的频谱为[89]

$$U(f)=U_{\mathrm{LFM}}(f)\cdot U_{\mathrm{phase}}(f)=\sqrt{\frac{1}{2LkT_c}}\mathrm{e}^{-\mathrm{j}\pi f^2/k}\int_{-U_2}^{U_1}\mathrm{e}^{\mathrm{j}\frac{\pi}{2}x^2}\mathrm{d}x\sum_{m=1}^{L-1}q_m\mathrm{e}^{-\mathrm{j}2\pi f\cdot mT_c} \tag{3.44}$$

其中，积分上、下限分别为

$$U_1=\sqrt{2k}\left(\frac{T}{2}-\frac{f}{k}\right) \tag{3.45}$$

$$U_2=\sqrt{2k}\left(\frac{T}{2}+\frac{f}{k}\right) \tag{3.46}$$

$$U_{\mathrm{LFM}}(f)=\frac{1}{\sqrt{2kT_c}}\mathrm{e}^{-\mathrm{j}\pi f^2/k}\int_{-U_2}^{U_1}\mathrm{e}^{\mathrm{j}\frac{\pi}{2}x^2}\mathrm{d}x \tag{3.47}$$

$$U_{\mathrm{phase}}(f)=\sqrt{\frac{1}{L}}\sum_{m=1}^{L-1}q_m\mathrm{e}^{-\mathrm{j}2\pi f\cdot mT_c} \tag{3.48}$$

对组合信号进行脉冲压缩处理时，需要分两步进行：第一步是处理线性调频信号，第二步是处理相位编码信号。在产生脉压系数时，也要分两步：首先利用一个阵元，产生出所需要的线性调频脉压产生系数；其次利用理论的组合信号进行线性脉压处理，然后再利用得到的理论线性调频脉压处理结果产生所需要的相位码脉压系数，最后利用相位码脉压系数完成第二次脉压处理。

组合信号的匹配滤波器脉冲响应为

$$g(t)=u^*(LT-t)=\int_{-\infty}^{+\infty}u_{\mathrm{LFM}}^*(\tau)u_{\mathrm{phase}}^*(LT-t-\tau)\mathrm{d}\tau \tag{3.49}$$

令 $\tau=T-x$，代入上式可得

$$\begin{aligned}g(t)&=\int_{-\infty}^{+\infty}u_{\mathrm{LFM}}^*(T-x)u_{\mathrm{phase}}^*(LT-t-T+x)\mathrm{d}x\\&=u_{\mathrm{LFM}}^*(T-t)*u_{\mathrm{phase}}^*[(L-1)T-t]\end{aligned} \tag{3.50}$$

式中，$*$ 表示卷积；$()^*$ 表示共轭。

以 13 位 Barker 码为例，描述二相编码与线性调频信号的组合，Barker 码子脉冲宽度 $T_c=5\mu\mathrm{s}$，组合信号中线性调频信号带宽为 $B=40\mathrm{MHz}$，调频率为 8×10^{12}，图 3.9～图 3.11 描述了 Barker 码组合信号的匹配滤波和脉压结果。图 3.9 表明，组合信号的频谱在$[-B/2, B/2]$频率范围内近似为矩形，但带内波动比 LFM 信号的幅度谱大。

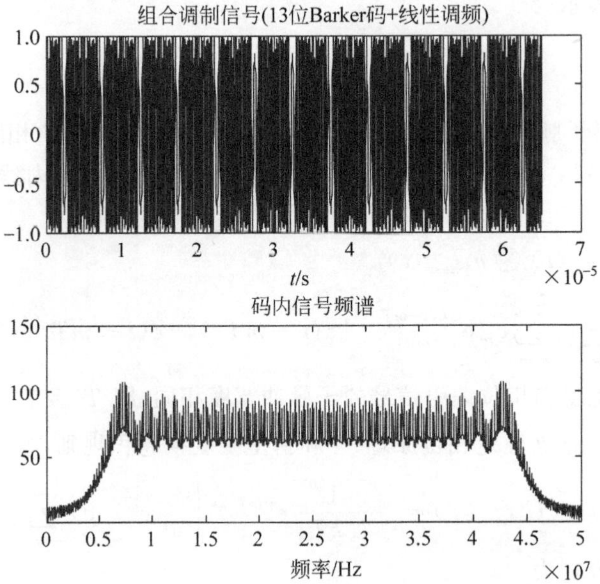

图 3.9 LFM-Barker 组合信号

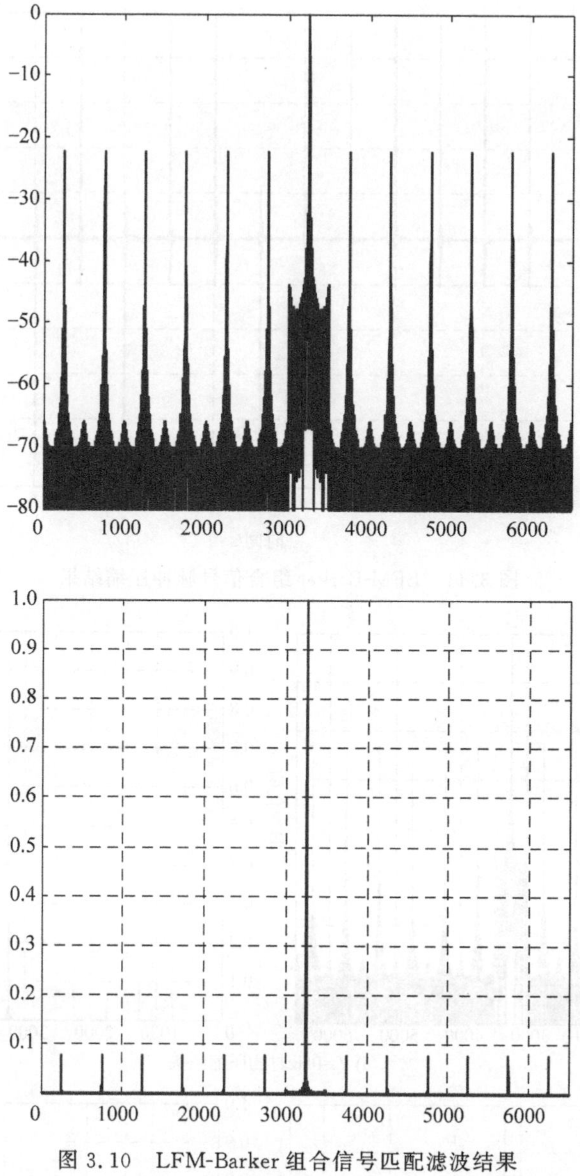

图 3.10 LFM-Barker 组合信号匹配滤波结果

图 3.10 表明，LFM-Barker 组合信号压缩后最大旁瓣电平出现在主瓣附近，约－13.2dB（线性调频信号最大旁瓣电平）；此外，还有离散型旁瓣，离散旁瓣电平为－22.27dB（13 位 Barker 码序列最大旁瓣电平）。图 3.11 为脉冲压缩后的 Barker 码型，13 位的 Barker 码为[1 1 1 1 1 －1 －1 1 1 －1 1 －1 1]。

为了表明组合信号在多普勒敏感性上的优势，图 3.12 还给出了组合信号在不同多普勒情况下的匹配滤波器输出结果。表 3-1 列出了不同多普勒频率时的脉压比较结果。

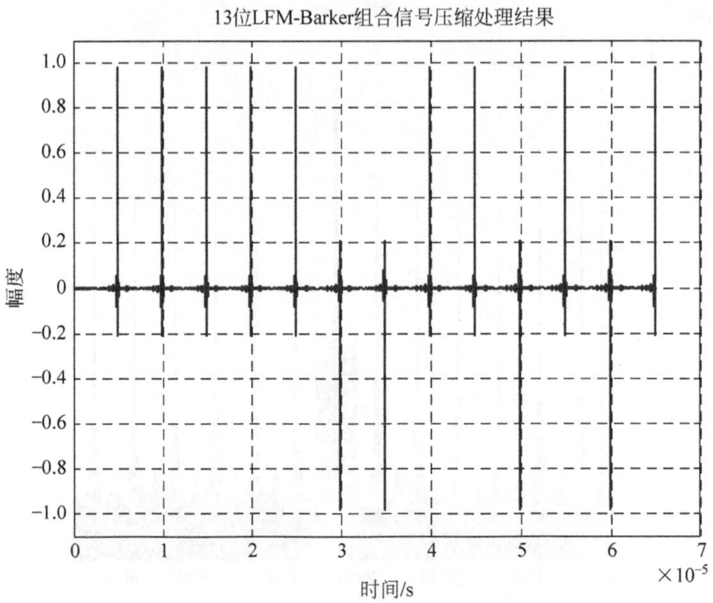

图 3.11　LFM-Barker 组合信号脉冲压缩结果

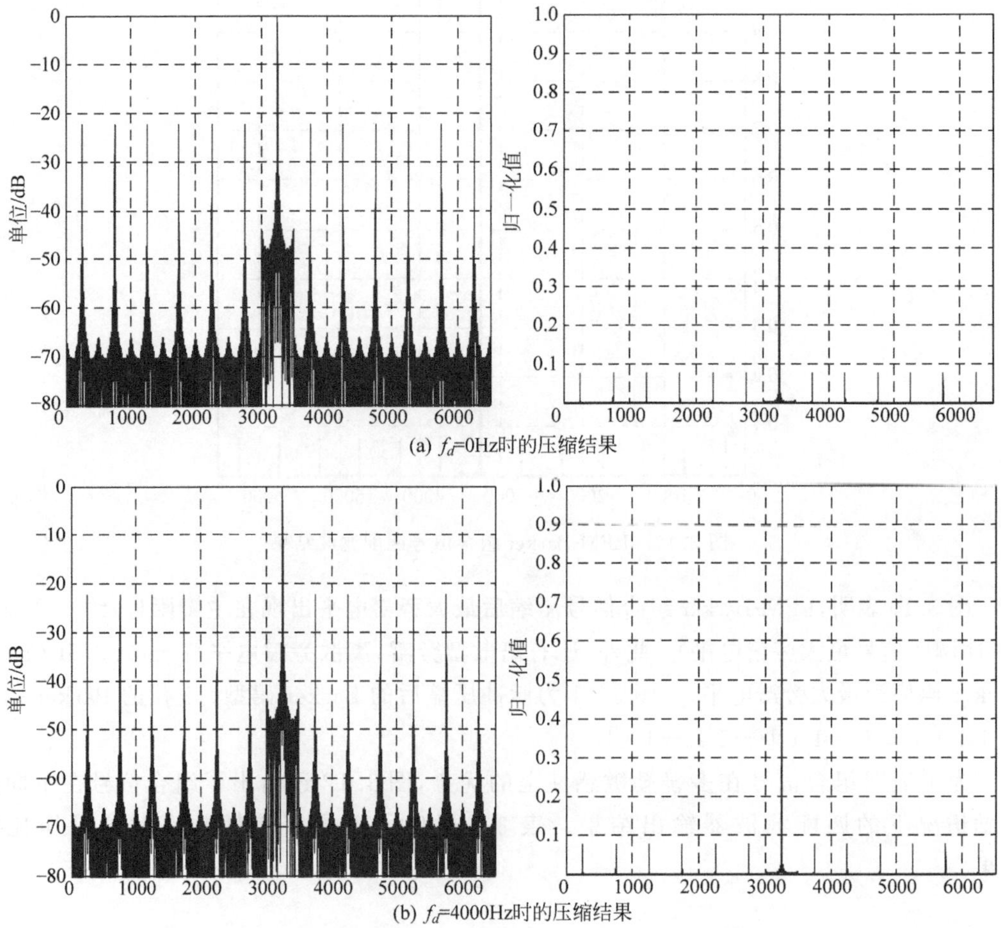

(a) f_d=0Hz时的压缩结果

(b) f_d=4000Hz时的压缩结果

图 3.12　组合信号不同多普勒频率下的脉冲压缩结果

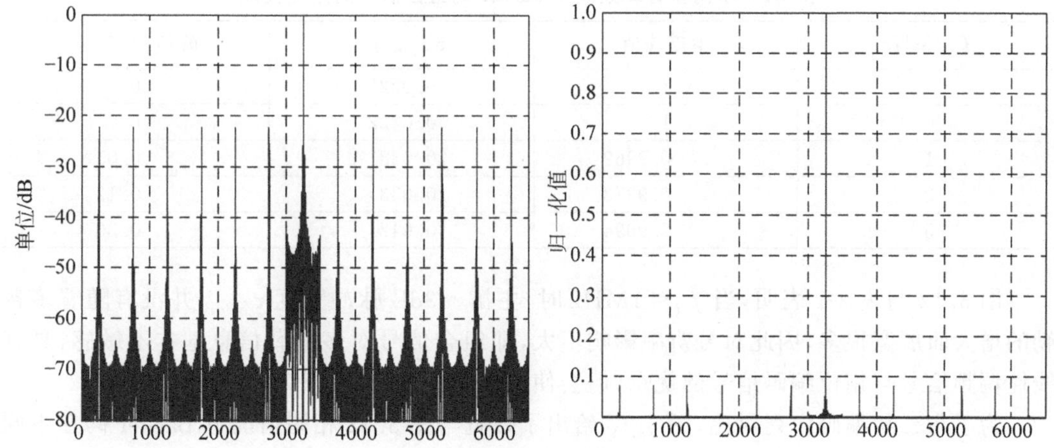

(c) f_d=1MHz时的压缩结果

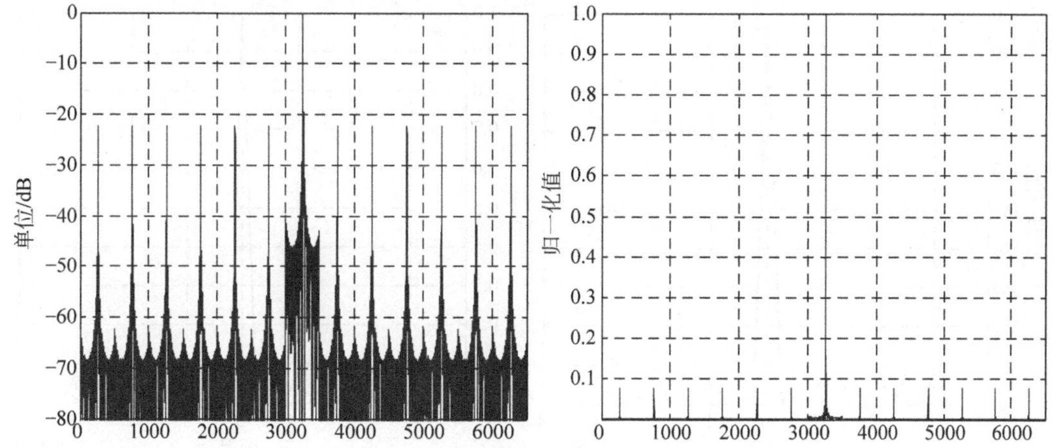

(d) f_d=2MHz时的压缩结果

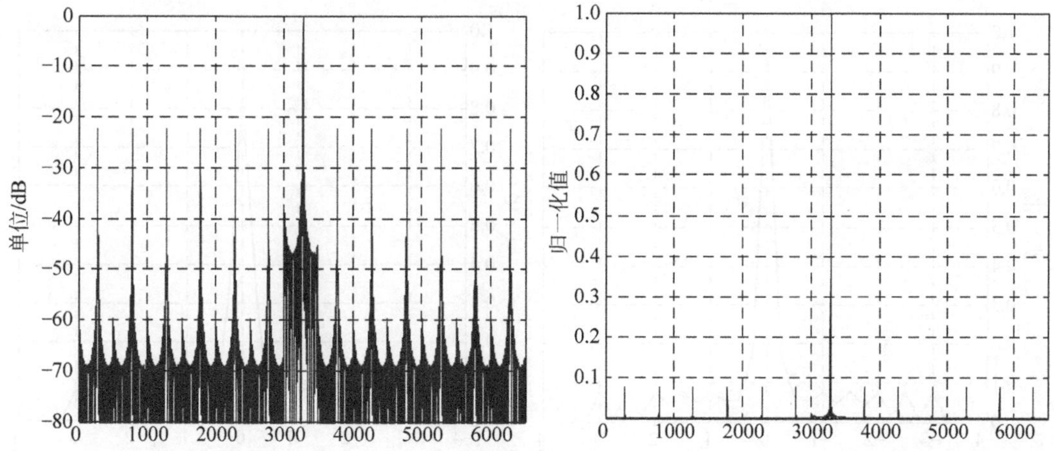

(e) f_d=5MHz时的压缩结果

图 3.12 （续）

表 3-1 不同多普勒频率下 Barker 码组合信号的压缩性能

f_d/MHz	主瓣峰值	$\tau_{-3dB}/\mu s$	峰值偏移/μs
0	1	0.0222	0
0.004	1	0.0222	0
1	0.9969	0.028	0.05
2	0.9973	0.033	0.12
5	0.9994	0.042	0.30

图 3.12 与表 3-1 表明，当 f_d<1MHz 时，主瓣－3dB 脉冲宽度 τ_{-3dB} 并没有随着多普勒的增大而展宽很多，因此对分辨率影响不大，即组合信号对多普勒信息基本不敏感，具有线性调频信号与相位编码信号的优点，但会使主瓣发生一定的偏移。

为了与二相编码序列对比，图 3.13 给出了带宽与图 3.12 相同情况下 Barker 码在不同多普勒频率下的匹配滤波结果，其中 Barker 码子脉冲宽度 T_c＝0.025μs，带宽 B＝40MHz。

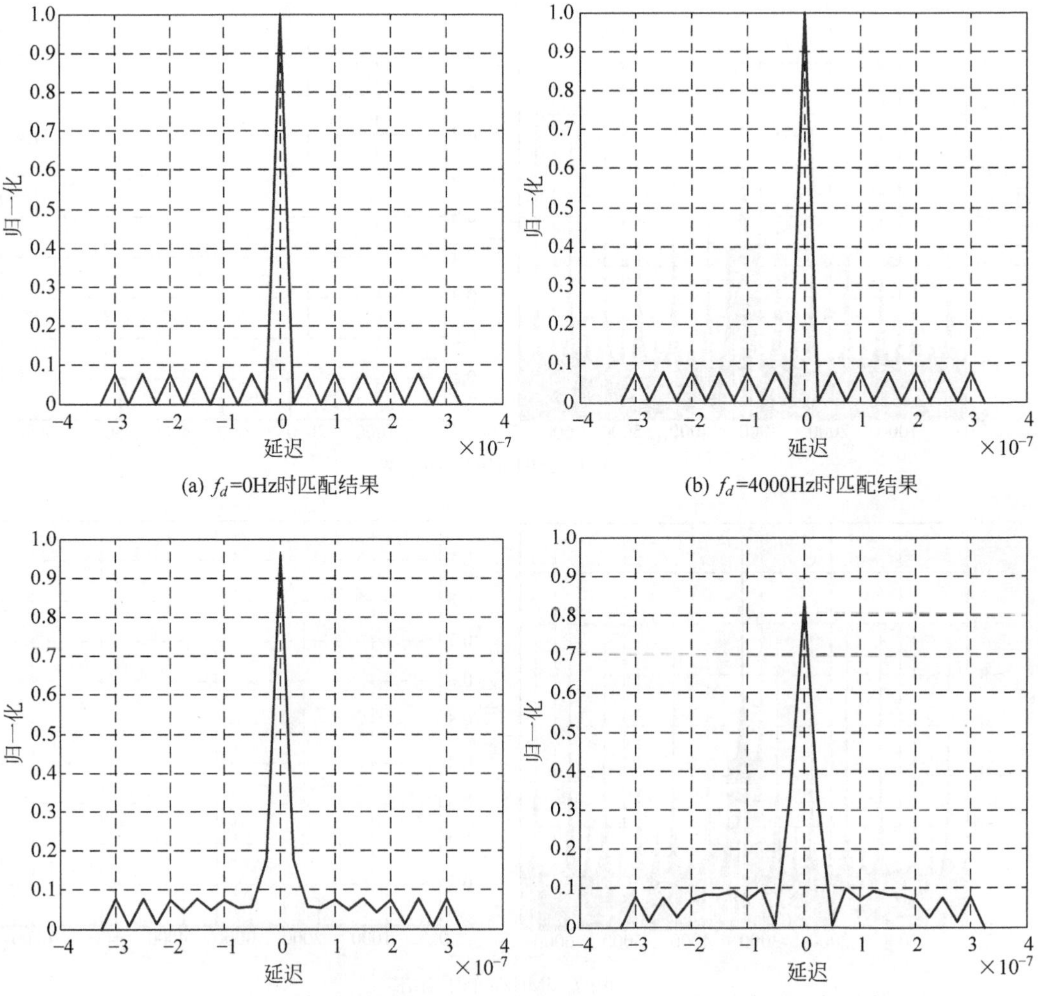

(a) f_d=0Hz时匹配结果 (b) f_d=4000Hz时匹配结果

(c) f_d=0.5MHz时匹配结果 (d) f_d=1MHz时匹配结果

图 3.13 二相编码信号在不同多普勒频率下的匹配结果(1)

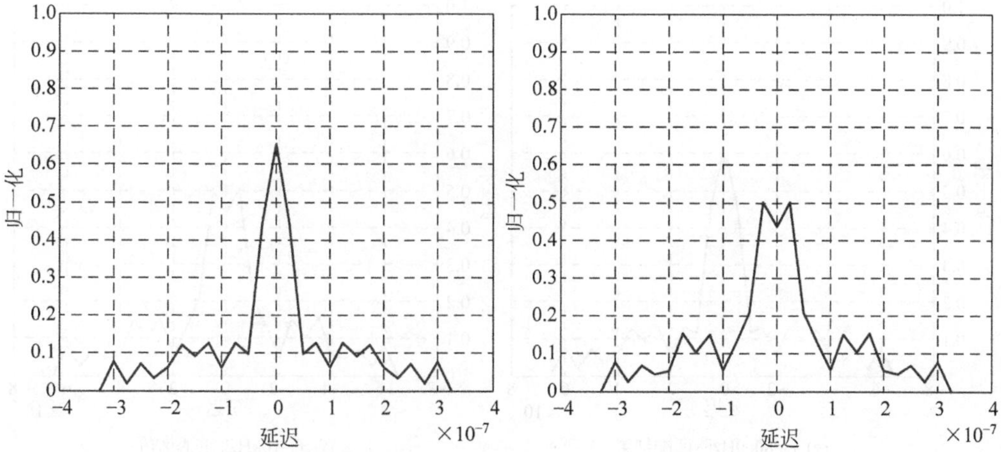

(e) f_d=1.5MHz时匹配结果　　(f) f_d=2MHz时匹配结果

图 3.13 （续）

图 3.14 给出了脉冲宽度与图 3.13 相同时，13 位 Barker 码不同多普勒频率下的匹配滤波结果，即 $T_c=5\mu s$。

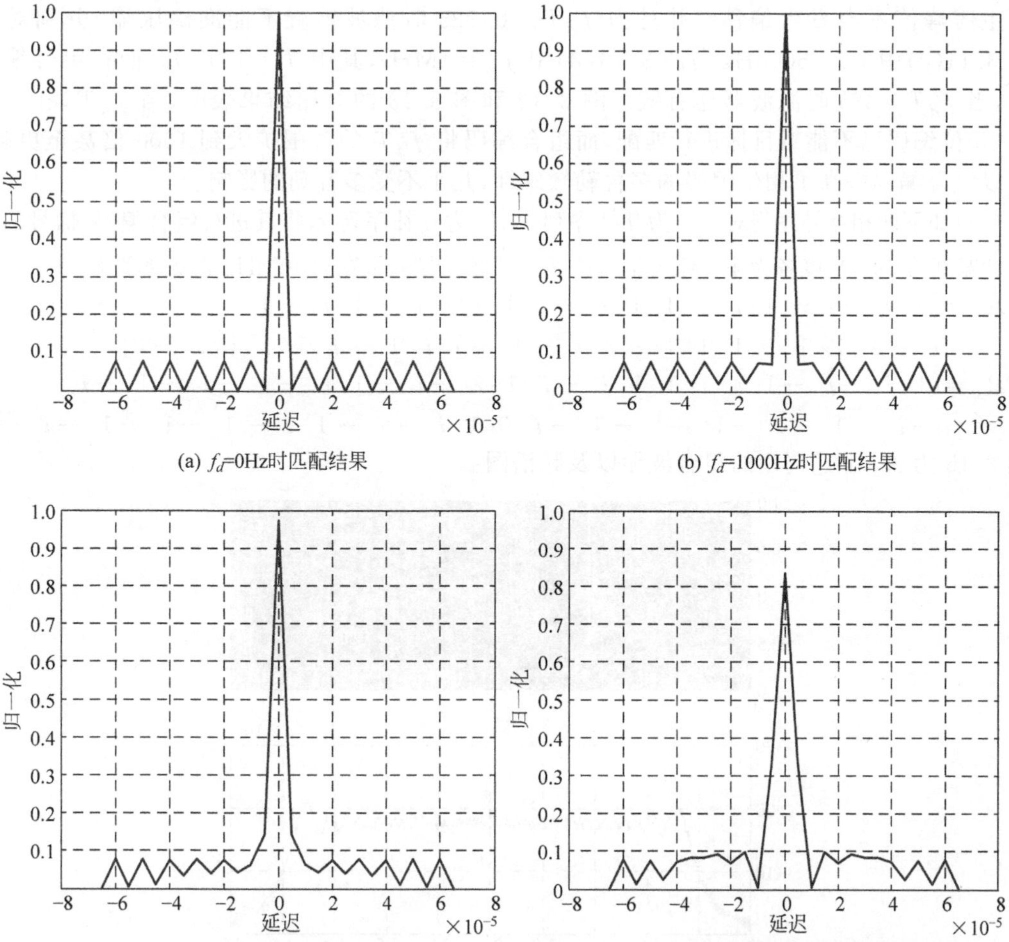

(a) f_d=0Hz时匹配结果　　(b) f_d=1000Hz时匹配结果

(c) f_d=2000Hz时匹配结果　　(d) f_d=4000Hz时匹配结果

图 3.14　二相编码信号在不同多普勒频率下的匹配结果(2)

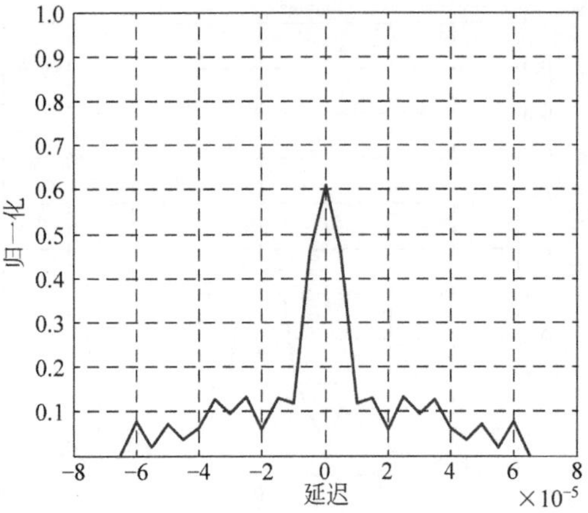

(e) f_d=8000Hz时匹配结果

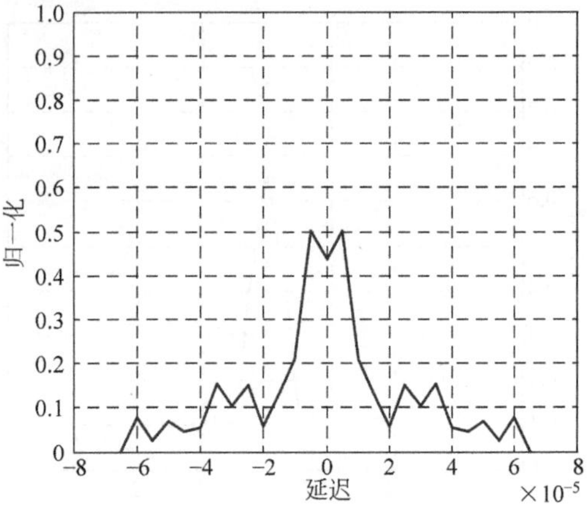

(f) f_d=10kHz时匹配结果

图 3.14 （续）

结合图 3.14 和图 3.13 发现：对于子脉冲宽度为 T_c 的 Barker 码在不同多普勒频率下的匹配结果，当多普勒频率为零时，主瓣和旁瓣底部宽度都为 $2T_c$，正好在主瓣的 $2T_c$ 的整数倍出现旁瓣，其主瓣幅度为旁瓣的 13 倍。随着 f_d 的增大，主瓣展宽的同时抬升了旁瓣，但主瓣峰值不会发生偏移。并且当 $f_dT>0.325$ 时滤波器就不能准确压缩（分别对应图 3.14(d)中 $f_d=5000\text{Hz}$ 与图 3.13(d)中 $f_d=1\text{MHz}$，其中 $T=13T_c$）。而在组合编码中，当 $f_dT>325$ 时滤波器还有效。图 3.12 和图 3.13 的对比结果表明，当 $f_dT>0.325$ 时，相位编码已不能对目标进行匹配，而组合编码将 f_dT 的范围扩大到 1000 倍甚至更高，所以组合编码提高了相位编码的多普勒敏感性，几乎不受多普勒的影响。

对如下四相互补序列对，A_3 为互补序列 1，B_3 为互补序列 2，将其进行组合编码，信号的子脉冲宽度为 5μs，长度各为 40；组合信号中线性调频信号的带宽为 40MHz，调频率为 8×10^{12}。

$$
\begin{cases}
A_3=[1\ \ i\ \ -i\ \ -1\ \ i\ \ 1\ \ 1\ \ 1\ \ i\ \ -i\ \ 1\ \ i\ \ -i\ \ -1\ \ i\ \ -1\ \ -1\ \ -1\ \ -i\ \ i\ \ 1 \\
\qquad i\ \ -i\ \ -1\ \ i\ \ 1\ \ 1\ \ 1\ \ i\ \ -i\ \ -1\ \ -i\ \ i\ \ 1\ \ -i\ \ 1\ \ 1\ \ 1\ \ i\ \ -i] \\
B_3=[1\ \ i\ \ -i\ \ -1\ \ i\ \ 1\ \ 1\ \ 1\ \ i\ \ -i\ \ 1\ \ i\ \ -i\ \ -1\ \ i\ \ -1\ \ -1\ \ -1\ \ -i\ \ i\ \ -1 \\
\qquad -i\ \ i\ \ 1\ \ -i\ \ -1\ \ -1\ \ -1\ \ -i\ \ i\ \ 1\ \ i\ \ -i\ \ -1\ \ i\ \ -1\ \ -1\ \ -1\ \ -i\ \ i]
\end{cases}
$$

图 3.15 为 A_3 上述码型的组合波形以及频谱图。

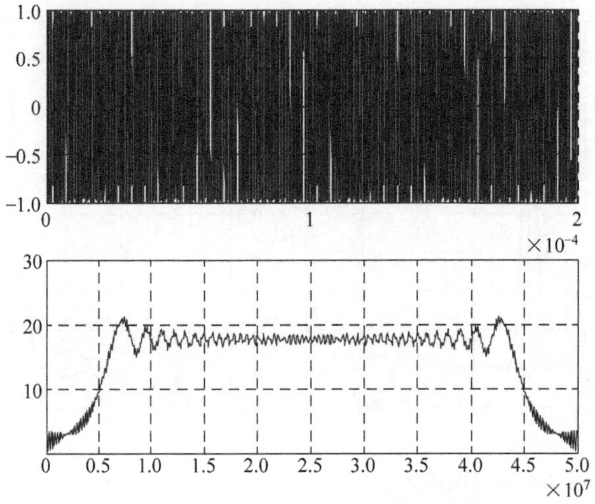

图 3.15 组合编码信号波形和频谱

图 3.16 分别给出了两个互补序列的脉冲压缩结果，图 3.16(a)的结果分别表示序列 A_3 的实部与虚部；图 3.16(b)的结果分别表示序列 B_3 的实部与虚部。

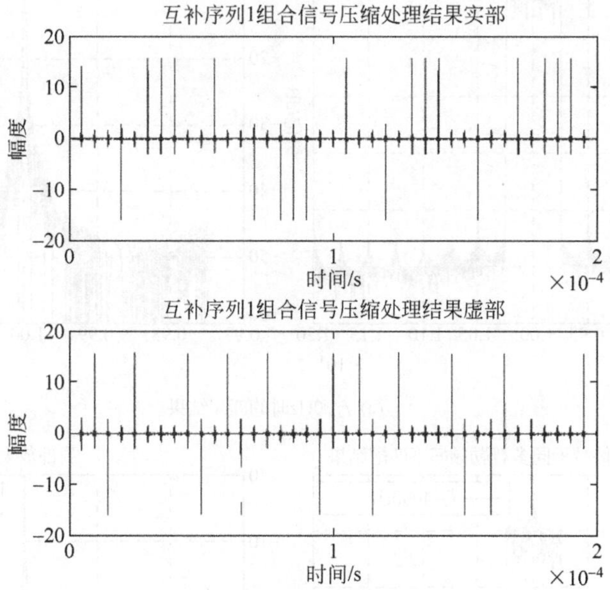

(a) 互补序列1脉冲压缩处理结果

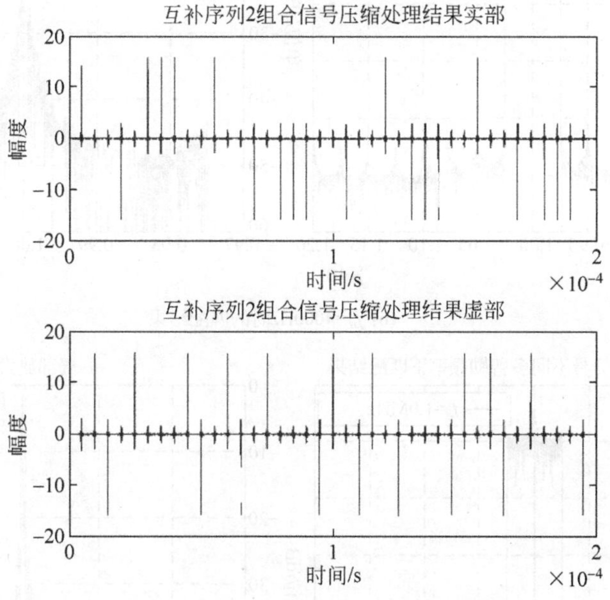

(b) 互补序列2脉冲压缩处理结果

图 3.16　完全互补序列的脉压结果

图 3.17 为组合完全互补序列匹配滤波结果，结论与表 3-1 相同。

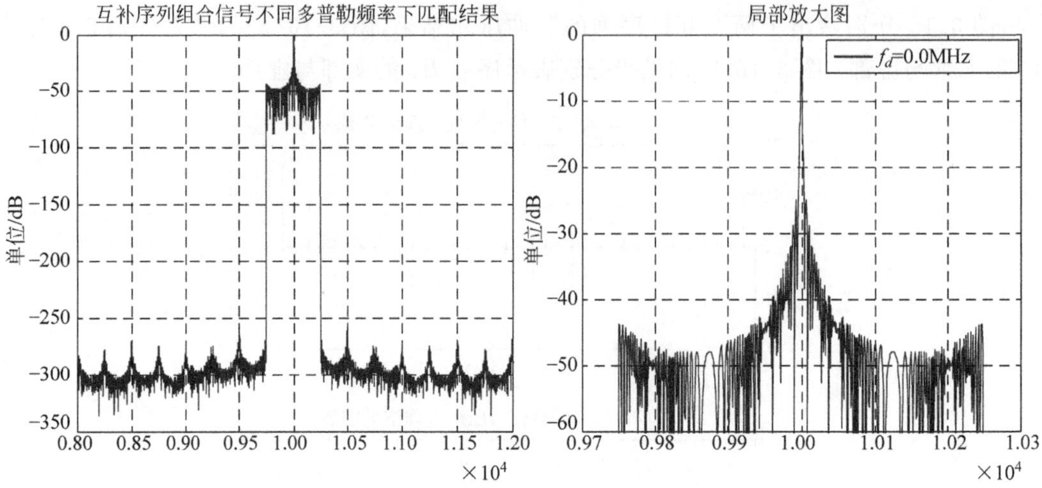

(a) f_d=0Hz时的匹配结果

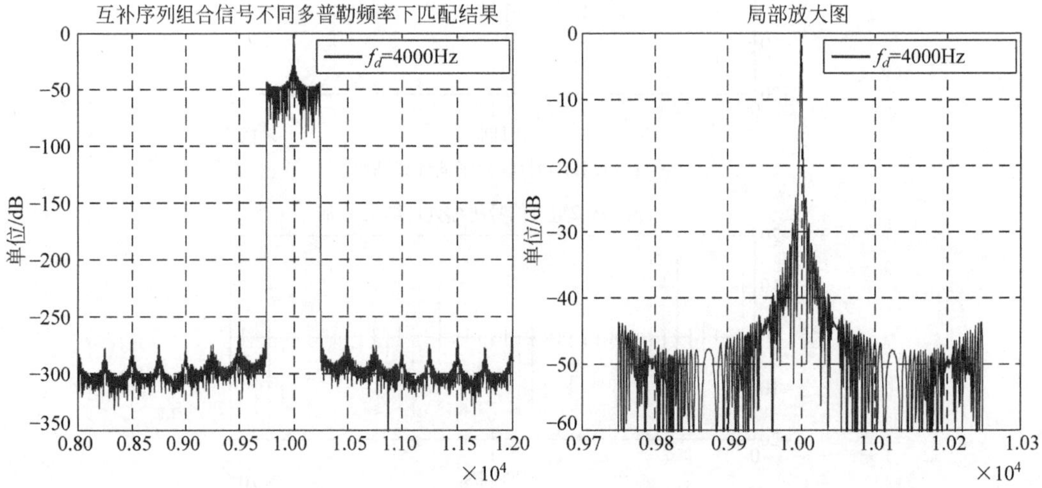

(b) f_d=4000Hz时的匹配结果

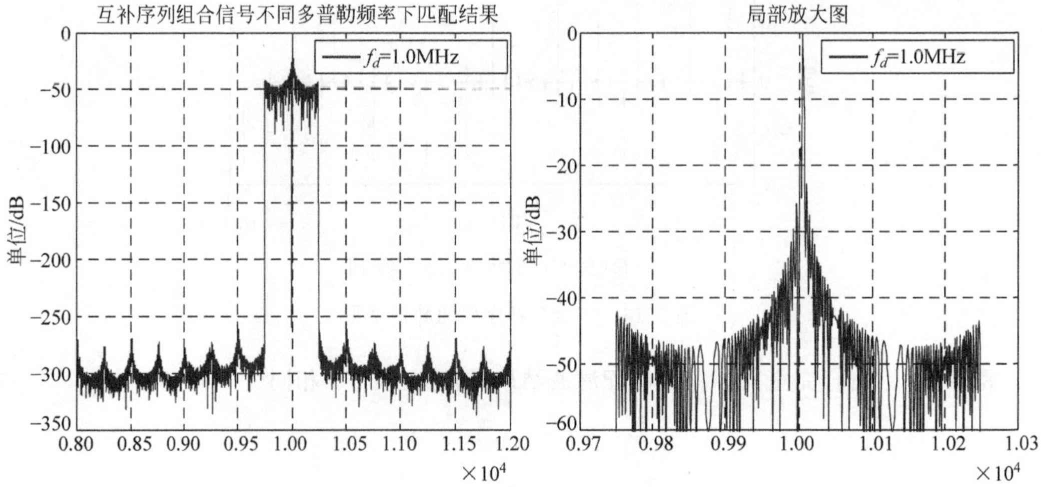

(c) f_d=1MHz时的匹配结果

图 3.17 完全互补序列的匹配结果

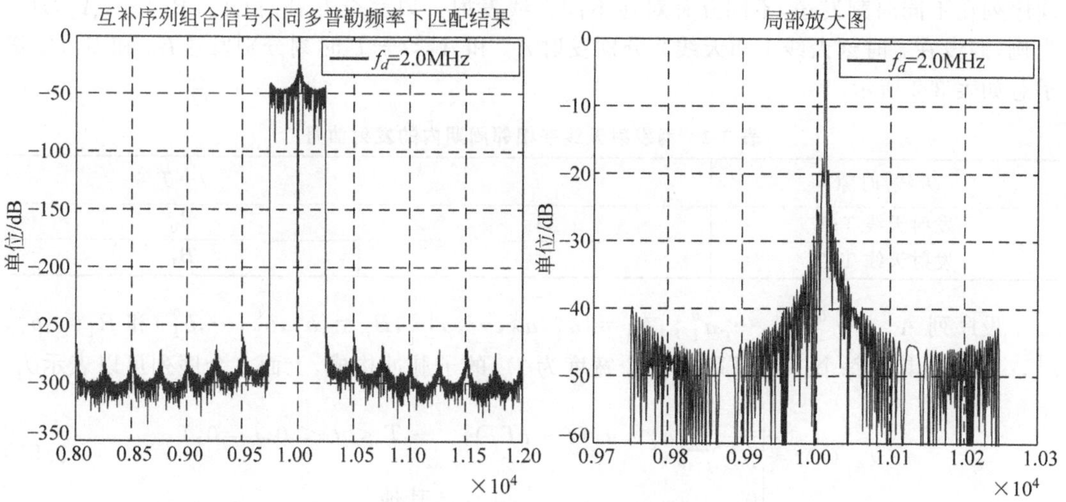

(d) f_d=2MHz时的匹配结果

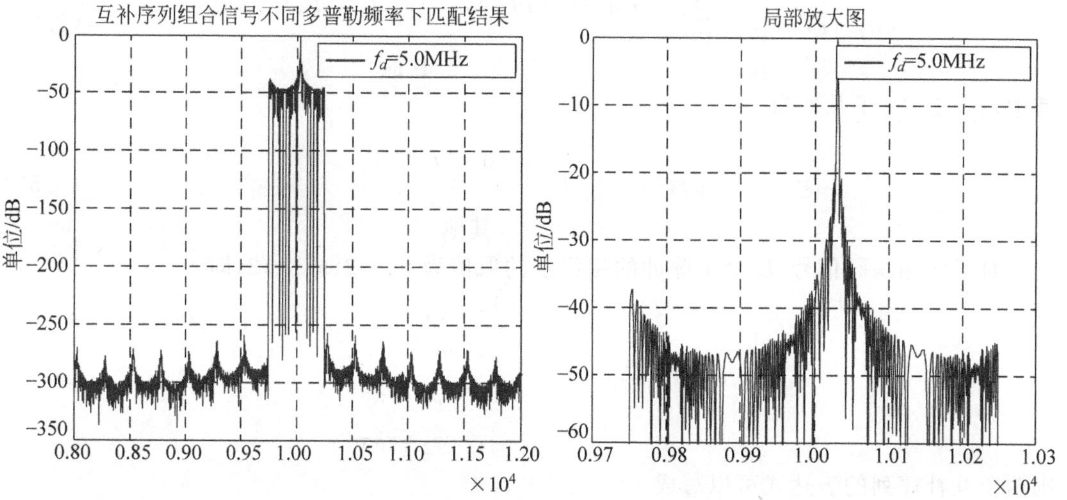

(e) f_d=5MHz时的匹配结果

图 3.17 （续）

3.3 完全互补序列的模糊函数

模糊函数是对雷达信号进行分析研究和波形设计的有效工具。模糊函数仅由发射波形决定，它回答了发射什么样的波形、在采用最优信号处理的条件下系统将具有什么样的分辨率、模糊度、测量精度和杂波抑制能力，因此，模糊函数是雷达系统分析和综合的重要工具。本节推导了完全互补序列的模糊函数，基于对完全互补序列和MIMO雷达的分析，提出了基于完全互补序列的MIMO雷达信号模型，证明了完全互补序列应用于MIMO雷达的可行性，为MIMO雷达信号的选择开辟了新的研究方向。

由于完全互补序列由互补序列对组成，为了将其应用到MIMO雷达中，互补对内的不同序列在不同时刻发送，不同互补对在不同天线发射。以完全互补对$\{A_0,B_0\}$和$\{A_1,B_1\}$为例，假设在t时刻天线1和天线2分别发射A_0和A_1，$t+T$时刻分别发送B_0和B_1，发送示意如表3-2所示。

表3-2　两发射天线在相邻周期内的发射信号

天线/时隙	t	$t+T$
发射天线 Tx1	A_0	B_0
发射天线 Tx2	A_1	B_1

设序列$A_0=\{a_1^0,a_2^0,\cdots,a_L^0\}$，$A_1=\{a_1^1,a_2^1,\cdots,a_L^1\}$，$B_0=\{b_1^0,b_2^0,\cdots,b_L^0\}$和$B_1=\{b_1^1,b_2^1,\cdots,b_L^1\}$，其中每个序列都是由$L$个宽度为$T_c$的子脉冲构成，上面4个序列可以表示为

$$u_{A_i}(t)=\begin{cases}\dfrac{1}{\sqrt{L}}\sum\limits_{l=0}^{L-1}a_l^i\cdot u_1(t-lT_c), & -T<t<0,i=0,1\\0, & \text{其他}\end{cases}\tag{3.51}$$

$$u_{B_i}(t)=\begin{cases}\dfrac{1}{\sqrt{L}}\sum\limits_{l=0}^{L-1}b_l^i\cdot u_1(t-lT_c), & 0<t<T,i=0,1\\0, & \text{其他}\end{cases}\tag{3.52}$$

其中，$T=LT_c$，子脉冲为

$$u_1(t)=\begin{cases}\dfrac{1}{\sqrt{T_c}}, & 0<t<T_c\\0, & \text{其他}\end{cases}\tag{3.53}$$

对于四相编码信号，L个子脉冲的相位φ的取值为0、$\pi/2$、π、$3\pi/2$，即

$$a_l^0,a_l^1,b_l^0,b_l^1=\begin{cases}1, & \varphi_l=0\\\mathrm{j}, & \varphi_l=\pi/2\\-1, & \varphi_l=\pi\\-\mathrm{j}, & \varphi_l=3\pi/2\end{cases}\tag{3.54}$$

则两个互补序列的表达式可以写成

$$u_{\{A_0,B_0\}}(t)=\begin{cases}u_{A_0}(t)+u_{B_0}(t), & -T<t<T\\0, & \text{其他}\end{cases}\tag{3.55}$$

$$u_{\{A_1,B_1\}}(t)=\begin{cases}u_{A_1}(t)+u_{B_1}(t), & -T<t<T\\0, & \text{其他}\end{cases}\tag{3.56}$$

根据模糊函数定义，则互补序列对$\{A_0,B_0\}$的模糊函数为

$$\begin{aligned}\chi_0(\tau,f_d)&=\int_{-\infty}^{\infty}[u_{A_0}(t)+u_{B_0}(t)]\cdot[u_{A_0}^*(t+\tau)+u_{B_0}^*(t+\tau)]\mathrm{e}^{\mathrm{j}2\pi f_d t}\mathrm{d}t\\&=\int_{-\infty}^{\infty}u_{A_0}(t)u_{A_0}^*(t+\tau)\mathrm{e}^{\mathrm{j}2\pi f_d t}\mathrm{d}t+\int_{-\infty}^{\infty}u_{B_0}(t)u_{B_0}^*(t+\tau)\mathrm{e}^{\mathrm{j}2\pi f_d t}\mathrm{d}t\\&\quad+\int_{-\infty}^{\infty}u_{A_0}(t)u_{B_0}^*(t+\tau)\mathrm{e}^{\mathrm{j}2\pi f_d t}\mathrm{d}t+\int_{-\infty}^{\infty}u_{B_0}(t)u_{A_0}^*(t+\tau)\mathrm{e}^{\mathrm{j}2\pi f_d t}\mathrm{d}t\\&=\chi_{A_0}(\tau,f_d)+\chi_{B_0}(\tau,f_d)+\chi_{A_0B_0}(\tau,f_d)+\chi_{B_0A_0}(\tau,f_d)\end{aligned}\tag{3.57}$$

同理，互补序列对$\{A_1,B_1\}$的模糊函数为

$$\begin{aligned}\chi_1(\tau,f_d)&=\int_{-\infty}^{\infty}[u_{A_1}(t)+u_{B_1}(t)]\cdot[u_{A_1}^*(t+\tau)+u_{B_1}^*(t+\tau)]\mathrm{e}^{\mathrm{j}2\pi f_d t}\mathrm{d}t\\&=\chi_{A_1}(\tau,f_d)+\chi_{B_1}(\tau,f_d)+\chi_{A_1B_1}(\tau,f_d)+\chi_{B_1A_1}(\tau,f_d)\end{aligned}\tag{3.58}$$

则完全互补对$\{A_0,B_0\}$和$\{A_1,B_1\}$的模糊函数为

$$\begin{aligned}\chi(\tau,f_d)&=\chi_0(\tau,f_d)+\chi_1(\tau,f_d)\\&=[\chi_{A_0}(\tau,f_d)+\chi_{B_0}(\tau,f_d)]+[\chi_{A_1}(\tau,f_d)+\chi_{B_1}(\tau,f_d)]\\&\quad+[\chi_{A_0B_0}(\tau,f_d)+\chi_{A_1B_1}(\tau,f_d)]\\&\quad+[\chi_{B_0A_0}(\tau,f_d)+\chi_{B_1A_1}(\tau,f_d)]\end{aligned}\tag{3.59}$$

由上式可以看出，完全互补序列模糊函数由4个自模糊函数和4个互模糊函数之和构成。其中，序列A_0的自相关模糊函数为

$$\begin{aligned}\chi_{A_0}(\tau,f_d)&=\int_{-\infty}^{\infty}u_{A_0}(t)u_{A_0}^*(t+\tau)\mathrm{e}^{\mathrm{j}2\pi f_d t}\mathrm{d}t\\&=\int_{-\infty}^{\infty}[u_{A_0}(t)\mathrm{e}^{\mathrm{j}2\pi f_d t}]u_{A_0}^*[\tau-(-t)]\mathrm{d}t\\&=[u_{A_0}(\tau)\mathrm{e}^{\mathrm{j}2\pi f_d \tau}]*[u_{A_0}(-\tau)]\end{aligned}\tag{3.60}$$

为了分析方便，将$u_{A_0}(t)$写成如下卷积形式：

$$u_{A_0}(t)=u_1(t)*\frac{1}{\sqrt{L}}\sum_{l=0}^{L-1}a_l^0\delta(t-lT_c)=u_1(t)*u_2(t)\tag{3.61}$$

将式(3.61)代入式(3.60)，可得

$$\begin{aligned}\chi_{A_0}(\tau,f_d)&=[u_1(\tau)\mathrm{e}^{\mathrm{j}2\pi f_d\tau}*u_1^*(-\tau)]*[u_2(\tau)\mathrm{e}^{\mathrm{j}2\pi f_d\tau}*u_2^*(-\tau)]\\&=\chi_1(\tau,f_d)*\chi_2(\tau,f_d)\\&=\sum_{m=-(L-1)}^{L-1}\chi_1(\tau-mT_c,f_d)\chi_2(mT_c,f_d)\end{aligned}\tag{3.62}$$

同理，

$$u_{B_0}(t)=u_1(t)*\frac{1}{\sqrt{L}}\sum_{l=0}^{L-1}b_l^0\delta(t-lT_c)=u_1(t)*u_3(t)\tag{3.63}$$

$$\begin{aligned}\chi_{B_0}(\tau,f_d)&=[u_1(\tau)\mathrm{e}^{\mathrm{j}2\pi f_d\tau}*u_1^*(-\tau)]*[u_3(\tau)\mathrm{e}^{\mathrm{j}2\pi f_d\tau}*u_3^*(-\tau)]\\&=\chi_1(\tau,f_d)*\chi_3(\tau,f_d)\\&=\sum_{m=-(L-1)}^{L-1}\chi_1(\tau-mT_c,f_d)\chi_3(mT_c,f_d)\end{aligned}\tag{3.64}$$

式中，$\chi_1(\tau,f_d)$为子脉冲$u_1(t)$的复合自相关函数；$\chi_2(\tau,f_d)$和$\chi_3(\tau,f_d)$分别为$u_2(t)$和$u_3(t)$的复合自相关函数，则

$$\begin{aligned}\chi_{A_0}(\tau,f_d)+\chi_{B_0}(\tau,f_d)=&\sum_{m=-(L-1)}^{L-1}\chi_1(\tau-mT_c,f_d)\\&\cdot[\chi_2(mT_c,f_d)+\chi_3(mT_c,f_d)]\end{aligned}\tag{3.65}$$

其中，

$$\chi_1(\tau-mT_c,f_d)=\begin{cases}\mathrm{e}^{\mathrm{j}\pi f_d[T_c-(\tau-mT_c)]}\dfrac{\sin[\pi f_d(T_c-|\tau-mT_c|)]}{\pi f_d T_c}, & |\tau-mT_c|<T_c\\ 0, & \text{其他}\end{cases}\tag{3.66}$$

$$\chi_2(mT_c,f_d)+\chi_3(mT_c,f_d)=\begin{cases}\dfrac{1}{L}\sum\limits_{K=0}^{L-1-m}[q_{A_0}(m)+q_{B_0}(m)]\cdot\mathrm{e}^{\mathrm{j}2\pi f_d KT_c}, & 0\leqslant m\leqslant(L-1)\\ \dfrac{1}{L}\sum\limits_{K=-m}^{L-1}[q_{A_0}(m)+q_{B_0}(m)]\cdot\mathrm{e}^{\mathrm{j}2\pi f_d KT_c}, & -(L-1)\leqslant m\leqslant 0\end{cases}\tag{3.67}$$

式中，$q_{A_0}(m)$和$q_{B_0}(m)$分别为序列A_0和B_0在mT_c移位处的自相关函数值。

由于A_0和B_0的互补性，式(3.67)在$m\neq0$时为零值，仅在$m=0$时才有非零值，所以当$|\tau|<T_c$，有

$$\chi_{A_0}(\tau,f_d)+\chi_{B_0}(\tau,f_d)=2\cdot\mathrm{e}^{\mathrm{j}\pi f_d(LT_c-\tau)}\cdot\frac{\sin(\pi f_d LT_c)}{\sin(\pi f_d T_c)}\cdot\frac{\sin[\pi f_d(T_c-\tau)]}{\pi f_d T_c}\tag{3.68}$$

上式表明，序列A_0的自模糊函数和序列B_0的自模糊函数之和仅在主瓣内有值，序列A_1的自模糊函数和序列B_1的自模糊函数之和为

$$\chi_{A_1}(\tau,f_d)+\chi_{B_1}(\tau,f_d)=2\cdot\mathrm{e}^{\mathrm{j}\pi f_d(LT_c-\tau)}\cdot\frac{\sin(\pi f_d LT_c)}{\sin(\pi f_d T_c)}\cdot\frac{\sin[\pi f_d(T_c-\tau)]}{\pi f_d T_c}\tag{3.69}$$

由于互补序列同时也满足

$$\begin{cases}A_0*B_0^*+A_1*B_1^*=0\\ B_0*A_0^*+B_1*A_1^*=0\end{cases}\tag{3.70}$$

称上式为互补序列的互相关内互补条件，对应式(3.3)为互补序列的互相关外互补条件，由于互补序列对的互相关函数之和在m为任何值时都为零，所以，

$$\chi_{A_0B_0}(\tau,f_d)+\chi_{A_1B_1}(\tau,f_d)+\chi_{B_0A_0}(\tau,f_d)+\chi_{B_1A_1}(\tau,f_d)=0\tag{3.71}$$

联立式(3.68)～式(3.71)，完全互补序列对的模糊函数为

$$\chi(\tau,f_d)=4\cdot\mathrm{e}^{\mathrm{j}\pi f_d(LT_c-\tau)}\cdot\frac{\sin(\pi f_d LT_c)}{\sin(\pi f_d T_c)}\cdot\frac{\sin[\pi f_d(T_c-\tau)]}{\pi f_d T_c}\tag{3.72}$$

完全互补序列的速度分辨常数为

$$K_{f_d}=\frac{\int_{-\infty}^{+\infty}|\chi(0,f_d)|^2\mathrm{d}f_d}{|\chi(0,0)|^2}=\frac{(4L)^2\int_{-\infty}^{+\infty}\mathrm{sinc}^2(f_dLT_\varepsilon)\mathrm{d}\pi f_d LT_\varepsilon}{(4L)^2\cdot\pi LT_\varepsilon}=\frac{1}{LT_\varepsilon}\tag{3.73}$$

式(3.72)表明，完全互补序列的模糊函数在原点处的主瓣高度为传统单序列的4倍，并且在时间维方向相关函数没有旁瓣。式(3.73)表明，速度分辨常数与码长有关，码长度越长，速度分辨率越高。

图3.18为序列A_0的自相关模糊函数图，图3.19为互补序列对$\{A_0,B_0\}$和$\{A_1,B_1\}$的模糊函数，图3.20为互补对$\{A_0,B_0\}$和互补对$\{A_1,B_1\}$之间的相关模糊函数图。由

图 3.20 可知，完全互补序列的模糊函数满足 MIMO 雷达正交性。

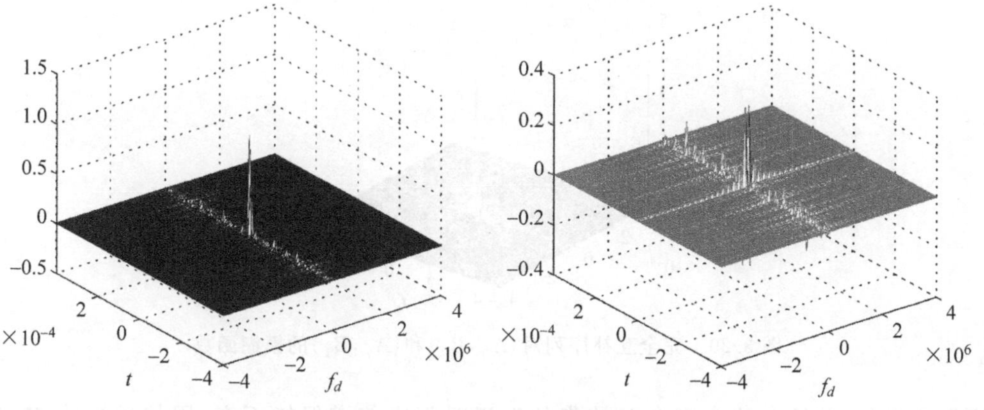

图 3.18　序列 A_0 的自相关模糊函数的实部和虚部

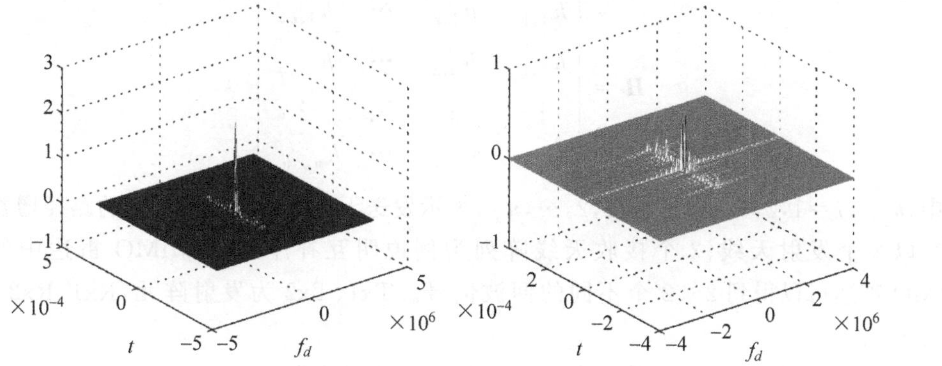

(a) 互补序列对$\{A_0, B_0\}$的模糊函数的实部和虚部

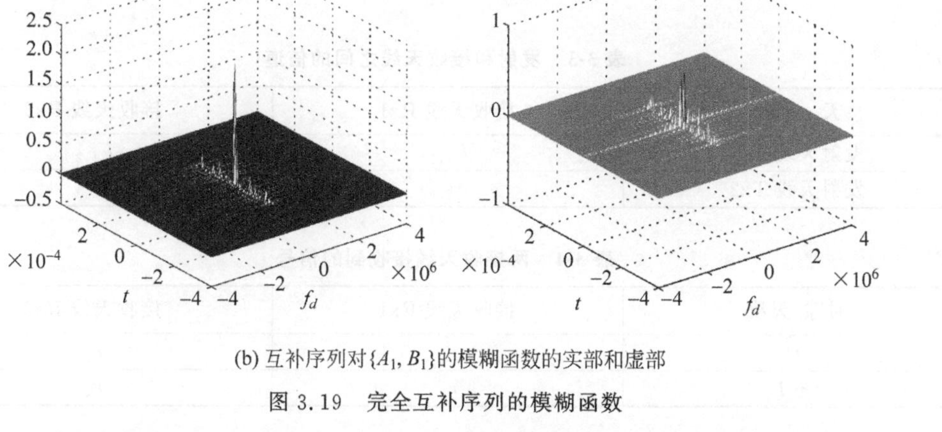

(b) 互补序列对$\{A_1, B_1\}$的模糊函数的实部和虚部

图 3.19　完全互补序列的模糊函数

根据完全互补序列集的概念，序列集内每对码之间为自互补码，每两对码之间为互补码，根据发射天线的要求，选择互补码的对数，每个发射天线阵列对应一对互补码。发送端 n_T 个天线和接收端 n_R 个天线之间的信道构成了一个 MIMO 信道，数据在空间(天线)和

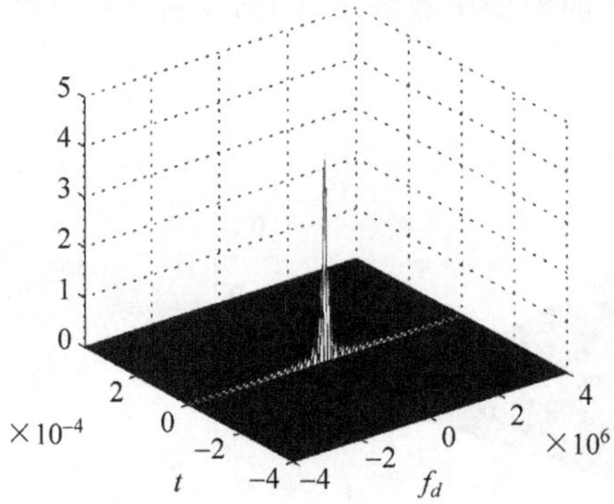

图 3.20 完全互补序列对$\{A_0,B_0\}$和$\{A_1,B_1\}$的模糊函数

时间两维发射，并且在整个完全互补集的发送时间内信道保持不变，用信道矩阵 $\boldsymbol{H}$ 表示 MIMO 信道，在整个完全互补集发送期间信道矩阵表示如下：

$$\boldsymbol{H}=\begin{bmatrix} h_{1,1} & h_{1,2} & \cdots & h_{1,n_T} \\ h_{2,1} & h_{2,2} & \cdots & h_{2,n_T} \\ \vdots & \vdots & \ddots & \vdots \\ h_{n_R,1} & h_{n_R,2} & \cdots & h_{n_R,n_T} \end{bmatrix} \tag{3.74}$$

式中，$h_{j,i}$，$j=1,2,\cdots,n_R$；$i=1,2,\cdots,n_T$，表示发送天线 i 到接收天线 j 的路径增益。

以 2 个发射天线、2 个接收天线阵列为例说明互补序列在 MIMO 雷达中的应用，MIMO 雷达可以得到 2×2 个不同的回波信号。Tx1、Tx2 为发射阵元，Rx1、Rx2 为接收阵元。

根据表 3-3 和表 3-4，可得 t 时刻 Rx1、Rx2 接收回波为

$$\begin{cases} r_1=A_0\cdot h_{1,1}+A_1\cdot h_{1,2} \\ r_2=A_0\cdot h_{2,1}+A_1\cdot h_{2,2} \end{cases} \tag{3.75}$$

表 3-3 发射和接收天线之间的信道

天　　线	接收天线 Rx1	接收天线 Rx2
发射天线 Tx1	$h_{1,1}$	$h_{1,2}$
发射天线 Tx2	$h_{2,1}$	$h_{2,2}$

表 3-4 两接收天线接收到的信号

时隙/天线	接收天线 Rx1	接收天线 Rx2
t	r_1	r_2
$t+T$	r_3	r_4

$t+T$ 时刻 Rx1、Rx2 接收的回波为

$$\begin{cases} r_3=B_0\cdot h_{1,1}+B_1\cdot h_{1,2} \\ r_4=B_0\cdot h_{2,1}+B_1\cdot h_{2,2} \end{cases} \tag{3.76}$$

写成矩阵形式为

$$\begin{bmatrix} r_1 \\ r_2 \\ r_3 \\ r_4 \end{bmatrix} = \begin{bmatrix} A_0 & \mathbf{0} & A_1 & \mathbf{0} \\ \mathbf{0} & A_0 & \mathbf{0} & A_1 \\ B_0 & \mathbf{0} & B_1 & \mathbf{0} \\ \mathbf{0} & B_0 & \mathbf{0} & B_1 \end{bmatrix} \cdot \begin{bmatrix} h_{1,1} \\ h_{1,2} \\ h_{2,1} \\ h_{2,2} \end{bmatrix}$$

即

$$\boldsymbol{R} = \boldsymbol{C} \cdot \boldsymbol{H}$$

上式表明,接收回波在时间域上存在混叠,需要经过互补序列的解调,才能将接收信号进行分离。

令 $\boldsymbol{C}^{\mathrm{H}}$ 表示 $\boldsymbol{C}$ 的复共轭,$\widetilde{\boldsymbol{R}}$ 表示解码后的回波矩阵,则

$$\begin{aligned} \widetilde{\boldsymbol{R}} = \boldsymbol{C}^{\mathrm{H}}\boldsymbol{C}\boldsymbol{H} &= \begin{bmatrix} A_0^* & \mathbf{0} & B_0^* & \mathbf{0} \\ \mathbf{0} & A_0^* & \mathbf{0} & B_0^* \\ A_1^* & \mathbf{0} & B_1^* & \mathbf{0} \\ \mathbf{0} & A_1^* & \mathbf{0} & B_1^* \end{bmatrix} \cdot \begin{bmatrix} A_0 & \mathbf{0} & A_1 & \mathbf{0} \\ \mathbf{0} & A_0 & \mathbf{0} & A_1 \\ B_0 & \mathbf{0} & B_1 & \mathbf{0} \\ \mathbf{0} & B_0 & \mathbf{0} & B_1 \end{bmatrix} \cdot \begin{bmatrix} h_{1,1} \\ h_{1,2} \\ h_{2,1} \\ h_{2,2} \end{bmatrix} \\ &= \begin{bmatrix} A_0^*A_0+B_0^*B_0 & \mathbf{0} & A_0^*A_1+B_0^*B_1 & \mathbf{0} \\ \mathbf{0} & A_0^*A_0+B_0^*B_0 & \mathbf{0} & A_0^*A_1+B_0^*B_1 \\ A_1^*A_0+B_1^*B_0 & \mathbf{0} & A_1^*A_1+B_1^*B_1 & \mathbf{0} \\ \mathbf{0} & A_1^*A_0+B_1^*B_0 & \mathbf{0} & A_1^*A_1+B_1^*B_1 \end{bmatrix} \cdot \begin{bmatrix} h_{1,1} \\ h_{1,2} \\ h_{2,1} \\ h_{2,2} \end{bmatrix} \\ &= \begin{bmatrix} A_0^*A_0+B_0^*B_0 & \mathbf{0} & \mathbf{0} & \mathbf{0} \\ \mathbf{0} & A_0^*A_0+B_0^*B_0 & \mathbf{0} & \mathbf{0} \\ \mathbf{0} & \mathbf{0} & A_1^*A_1+B_1^*B_1 & \mathbf{0} \\ \mathbf{0} & \mathbf{0} & \mathbf{0} & A_1^*A_1+B_1^*B_1 \end{bmatrix} \cdot \begin{bmatrix} h_{1,1} \\ h_{1,2} \\ h_{2,1} \\ h_{2,2} \end{bmatrix} \end{aligned} \tag{3.77}$$

式(3.77)表明,经过解调后,回波信号在时间域上完全分离,证明了完全互补序列的完全正交性,表明完全互补序列用于 MIMO 雷达进行信号处理的可行性。

为了表明完全互补序列在 MIMO 雷达中应用的可行性,做了如下仿真实验,分别是单点目标和多点目标的分辨情况。仿真参数如下:发射和接收天线分别为 2 个,每个发射天线选择一组互补序列,只考虑单个接收天线接收的回波信号,发射信号带宽 40MHz,则分辨率为 3.75m,单目标情况下的目标中心距离为 11180m(图 3.21)。

多数目标情况下,考虑 3 个目标,距离分别为 11176m、11180m 和 11184m,其匹配滤波结果如图 3.22 所示。从图中可以看出,能够分辨出 3 个目标。

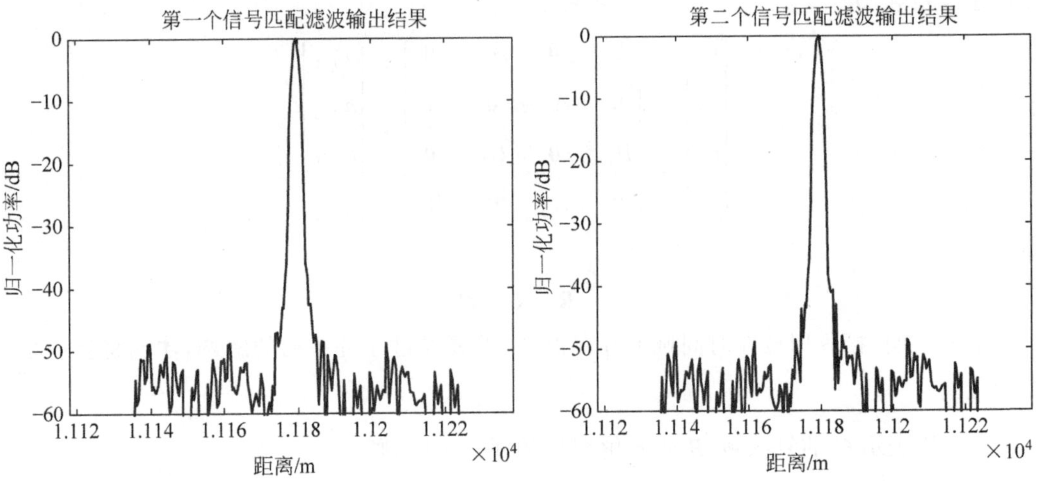

图 3.21 单点目标情况

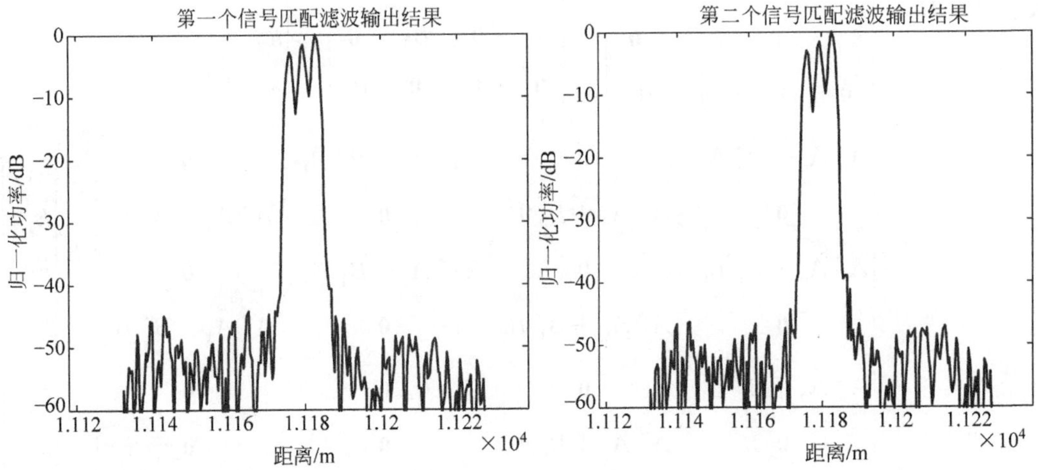

图 3.22 多点目标情况

3.4 本章小结

本章介绍了完全互补序列的概念，提出了一种构造完全互补序列的算法，该算法通过合理选择初始序列，能够构造出一定长度的完全互补序列。根据 MIMO 雷达对发射信号的要求，对完全互补序列从两方面进行了优化，首先基于 MIMO 雷达的信道特性的优化，得出如下结论：当杂波为白噪声时，完全互补序列即为最优序列，当杂波部分相关时，优化后的序列为最优序列；其次基于提高多普勒敏感性的优化，通过在完全互补序列脉内进行线性调频信号调制，得到一种组合信号，这种信号不仅能保证足够大的信号带宽，还能提高相位编码的多普勒敏感性；最后对完全互补序列的模糊函数进行了推导，证明了完全互补序列应用于 MIMO 雷达系统的可行性。

第4章 正交MIMO雷达DOA估计

4.1 引言

波达方向(DOA)估计是阵列信号处理的主要研究方向之一[90-92]，在雷达、声呐、通信等领域有着广阔的应用前景。最早的基于阵列的DOA估计算法为常规波束形成法[93]，但常规波束形成受阵列孔径的限制，天线孔径不可能做得很大；后来出现了多重信号分类算法[94]，利用信号子空间和噪声子空间正交的特点构造出图钉状空间谱峰，大大提高了算法的分辨能力，但前提是必须先知道要估计的信源数目。原有的阵列DOA估计算法都是只针对接收阵列进行的，而MIMO雷达接收数字波束形成加上发射数字波束形成，相当于增大了接收数字波束形成时的天线孔径，因此能够提高雷达的测角精度。最近已有文献对不同杂波背景下MIMO雷达DOA估计问题进行了研究。文献[95]给出了复合高斯杂波背景下MIMO雷达信号与杂波模型以及DOA估计的平均克拉默-拉奥下界。文献[96]提出了在冲击杂波下，基于分数低阶最小方差无畸变响应的MIMO雷达DOA估计算法和无穷范数归一化最小方差无畸变响应算法。针对低角跟踪环境，文献[97]提出了对数据进行双端处理，只需一维搜索的最大似然算法，降低了运算量。文献[98]提出了一种MIMO雷达最大似然DOA估计方法，得出MIMO雷达最大似然估计性能优于传统相控阵雷达。文献[99]采用发射阵列分布式布阵，接收阵列密布阵的收、发分置系统，提出了一种子阵优选算法，实现了多目标的超分辨能力。上述算法都是针对线性阵列，假设发射阵列正交情况下提出的。本章在上述文献的基础上，对线阵和面阵两种情况下的DOA估计算法进行推导，并给出在发射完全互补信号的前提下，线阵和面阵MUSIC算法的性能。

4.2 基于线性阵列的MIMO雷达参数估计算法

假定发射和接收阵列均为线性阵列，且放置在同一条直线上，线阵如图4.1所示，发射阵列由 M 个阵元组成，相邻阵元间距为 d_t；接收线阵由 N 个阵元排列而成，相邻阵元间距为 d_r。假定一个信号位于远场，即其信号到达各阵元的电波为平面波。

在实际环境中，到达波的空间角应在三维空间表示。为便于直观说明，将到达波向量限制在平面里，平面波与线阵法线夹角 θ 为波达方向。(若收、发不共阵，则目标相对于收发阵

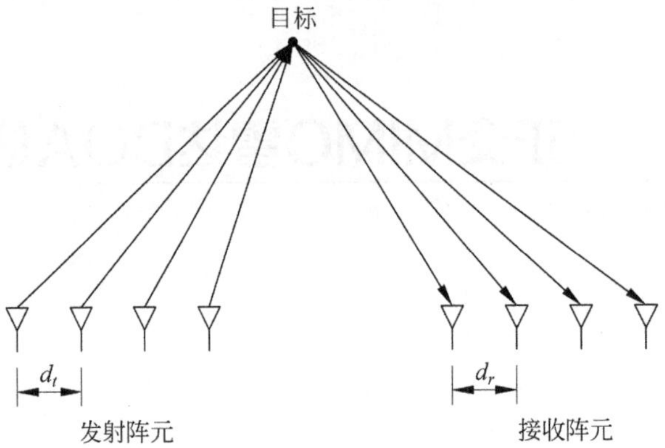

图 4.1 天线阵列模型

列的角度是不同的。为了简单起见,此处假定知道发射阵列和接收阵列的相对位置,故可认为目标到发射阵列和接收阵列的方位相同,夹角都为 θ。)

均匀线阵的发射方向向量可以表述为

$$\boldsymbol{a}(\theta)=[1,\mathrm{e}^{\mathrm{j}\frac{2\pi d_t}{\lambda}\sin\theta},\cdots,\mathrm{e}^{\mathrm{j}(M-1)\frac{2\pi d_t}{\lambda}\sin\theta}]^{\mathrm{T}} \tag{4.1}$$

接收方向向量可以表述为

$$\boldsymbol{b}(\theta)=[1,\mathrm{e}^{\mathrm{j}\frac{2\pi d_r}{\lambda}\sin\theta},\cdots,\mathrm{e}^{\mathrm{j}(N-1)\frac{2\pi d_r}{\lambda}\sin\theta}]^{\mathrm{T}} \tag{4.2}$$

MIMO 雷达的导向向量为

$$\boldsymbol{A}(\theta)=\boldsymbol{a}(\theta)\otimes\boldsymbol{b}(\theta) \tag{4.3}$$

式中,$\otimes$表示 Kronecker 积;$\boldsymbol{A}(\theta)$为 $MN\times 1$ 的向量。若有 P 个信源,其波达方向分别为 $\theta_i(i=1,2,\cdots,P)$,则导向向量为

$$\boldsymbol{A}_{\mathrm{MIMO}}=[\boldsymbol{A}(\theta_1),\boldsymbol{A}(\theta_2),\cdots,\boldsymbol{A}(\theta_P)] \tag{4.4}$$

在正交 MIMO 雷达系统中,阵列结构不允许其方向向量与空间角之间发生模糊,对等间距线阵而言,其阵元间距大于等于 $\lambda/2$,才能保证方向矩阵的各个列向量线性独立。

根据第 2 章的分析可知,在正交 MIMO 雷达中,接收矩阵可以写为

$$\boldsymbol{Y}=\boldsymbol{b}(\theta)\beta(\theta)\boldsymbol{a}^{\mathrm{H}}(\theta)\boldsymbol{S}+\boldsymbol{V} \tag{4.5}$$

式中,$\boldsymbol{Y}\in C^{N\times L}$ 表示接收的采样数据,$\boldsymbol{b}(\theta)\in C^{N\times 1}$ 为接收导向向量;$\beta(\theta)\in C$ 表示位于 θ 处的反射幅度,与雷达散射系数呈比例关系;$\boldsymbol{a}(\theta)\in C^{M\times 1}$ 为发射导向向量;$\boldsymbol{S}=[\boldsymbol{s}_1,\boldsymbol{s}_2,\cdots,\boldsymbol{s}_M]^{\mathrm{T}}$,$\boldsymbol{s}_m\in C^{L\times 1}(m=1,2,\cdots,M)$;$\boldsymbol{V}\in C^{N\times L}$ 表示噪声以及干扰项,假设信号与噪声不相关。

参数估计主要为对接收数据 $\boldsymbol{Y}$ 进行处理得出目标位置参数 θ 及幅度 $\beta(\theta)$,一种简单估计 $\beta(\theta)$的方法是最小二乘法(LS):

$$\hat{\beta}_{\mathrm{LS}}=\frac{\boldsymbol{b}^{\mathrm{H}}(\theta)\boldsymbol{Y}\boldsymbol{S}^{\mathrm{H}}\boldsymbol{a}(\theta)}{L\,\|\boldsymbol{b}(\theta)\|^2[\boldsymbol{a}^{\mathrm{T}}(\theta)\boldsymbol{R}_{ss}\boldsymbol{a}^*(\theta)]} \tag{4.6}$$

式中,$(\cdot)^{\mathrm{H}}$ 和$(\cdot)^*$ 分别表示共轭转置和复共轭;$\|\cdot\|$表示欧几里得范数,并且

$$\boldsymbol{R}_{ss}=\frac{1}{L}\boldsymbol{S}\boldsymbol{S}^{\mathrm{H}} \tag{4.7}$$

式中,$\boldsymbol{R}_{ss}$ 表示发射波形的相关矩阵。

对于任何一种数据独立的波束赋形算法，LS算法存在高旁瓣低分辨率的缺点，在干扰比较大的情况下，这种方法完全失效，下面介绍几种自适应波束形成算法。

4.2.1 Capon算法

Capon估计器包含两个步骤：第一步是Capon波束形成；第二步是LS估计。LS波束形成器可以表述为[100]

$$\min_{w} E\{|\boldsymbol{Y}|^2\} = \min_{w} \boldsymbol{w}^{\mathrm{H}}\boldsymbol{R}_{yy}\boldsymbol{w} \quad \text{s.t.} \quad \boldsymbol{w}^{\mathrm{H}}\boldsymbol{b}(\theta)=1 \tag{4.8}$$

式中，$\boldsymbol{w}\in C^{N\times 1}$ 表示能够保持信号无偏并使干扰达到最小的权值；$\boldsymbol{R}_{yy}$ 为采样的信号方差：

$$\boldsymbol{R}_{yy} = \frac{1}{L}\boldsymbol{Y}\boldsymbol{Y}^{\mathrm{H}} \tag{4.9}$$

根据式(4.8)，可得滤波器的权值为

$$\hat{\boldsymbol{w}}_{\text{capon}} = \frac{\boldsymbol{R}_{yy}^{-1}\boldsymbol{b}(\theta)}{\boldsymbol{b}^{\mathrm{H}}(\theta)\boldsymbol{R}_{yy}^{-1}\boldsymbol{b}(\theta)} \tag{4.10}$$

波束形成器的输出为

$$\frac{\boldsymbol{b}^{\mathrm{H}}(\theta)\boldsymbol{R}_{yy}^{-1}\boldsymbol{Y}}{\boldsymbol{b}^{\mathrm{H}}(\theta)\boldsymbol{R}_{yy}^{-1}\boldsymbol{b}(\theta)} \tag{4.11}$$

将式(4.5)代入式(4.11)得

$$\frac{\boldsymbol{b}^{\mathrm{H}}(\theta)\boldsymbol{R}_{yy}^{-1}\boldsymbol{Y}}{\boldsymbol{b}^{\mathrm{H}}(\theta)\boldsymbol{R}_{yy}^{-1}\boldsymbol{b}(\theta)} = \beta(\theta)\boldsymbol{a}^{\mathrm{H}}(\theta)\boldsymbol{S} + \frac{\boldsymbol{b}^{\mathrm{H}}(\theta)\boldsymbol{R}_{yy}^{-1}\boldsymbol{V}}{\boldsymbol{b}^{\mathrm{H}}(\theta)\boldsymbol{R}_{yy}^{-1}\boldsymbol{b}(\theta)} \tag{4.12}$$

对上式进行LS处理，得到在Capon方法处理下的幅度估计[41]

$$\hat{\beta}_{\text{capon}}(\theta) = \frac{\boldsymbol{b}^{\mathrm{H}}(\theta)\boldsymbol{R}_{yy}^{-1}\boldsymbol{Y}\boldsymbol{S}^{\mathrm{H}}\boldsymbol{a}^{*}(\theta)}{L\,\|\boldsymbol{b}^{\mathrm{H}}(\theta)\boldsymbol{R}_{yy}^{-1}\boldsymbol{b}(\theta)\|^2[\boldsymbol{a}^{\mathrm{T}}(\theta)\boldsymbol{R}_{ss}\boldsymbol{a}^{*}(\theta)]} \tag{4.13}$$

$\boldsymbol{R}_{ss}$ 的定义见式(4.7)。式(4.13)中的幅度估计 $\hat{\beta}_{\text{capon}}(\theta)$ 为 θ 的函数，通过空间谱搜索即可找到幅度值，对应的角度即为估计器估计的角度。

4.2.2 APES算法

幅度相位估计(APES)算法是通过近似的最大似然方法推导获得的，并应用于解决合成孔径雷达(SAR)成像问题中的复正弦信号的谱估计[101]。后来，Stoica等给出了APES的另一种推导[102]，证明了APES技术具有比较高的估计准确性[103]。文献[104]提出了一种稳健性的APES算法，APES算法可以表述成如下优化问题：

$$\min_{w,\beta}\{J(\boldsymbol{w},\beta) = \|\boldsymbol{w}^{\mathrm{H}}\boldsymbol{Y} - \beta\boldsymbol{a}^{\mathrm{T}}(\theta)\boldsymbol{S}\|^2\} \quad \text{s.t.} \quad \boldsymbol{w}^{\mathrm{H}}\boldsymbol{b}(\theta)=1 \tag{4.14}$$

式中，$\boldsymbol{w}\in C^{N\times 1}$ 为滤波器权向量。将目标函数 $J(\boldsymbol{w},\beta)$ 展开，有

$$\begin{aligned} J(\boldsymbol{w},\beta) &= \boldsymbol{w}^{\mathrm{H}}\boldsymbol{R}_{yy}\boldsymbol{w} - \beta^{*}\boldsymbol{w}^{\mathrm{H}}\boldsymbol{R}_{ys}\boldsymbol{a}^{*}(\theta) - \beta\boldsymbol{a}^{\mathrm{T}}(\theta)\boldsymbol{R}_{ys}^{\mathrm{H}}\boldsymbol{w} + |\beta|^2\boldsymbol{a}^{\mathrm{T}}(\theta)\boldsymbol{R}_{ss}\boldsymbol{a}^{*}(\theta) \\ &= \left(\beta - \frac{\boldsymbol{w}^{\mathrm{H}}\boldsymbol{R}_{ys}\boldsymbol{a}^{*}(\theta)}{\boldsymbol{a}^{\mathrm{T}}(\theta)\boldsymbol{R}_{ss}\boldsymbol{a}^{*}(\theta)}\right)\boldsymbol{a}^{\mathrm{T}}(\theta)\boldsymbol{R}_{ss}\boldsymbol{a}^{*}(\theta)\left(\beta - \frac{\boldsymbol{w}^{\mathrm{H}}\boldsymbol{R}_{ys}\boldsymbol{a}^{*}(\theta)}{\boldsymbol{a}^{\mathrm{T}}(\theta)\boldsymbol{R}_{ss}\boldsymbol{a}^{*}(\theta)}\right)^{*} \\ &\quad + \boldsymbol{w}^{\mathrm{H}}\left(\boldsymbol{R}_{yy} - \frac{\boldsymbol{R}_{ys}\boldsymbol{a}^{*}(\theta)\boldsymbol{a}^{\mathrm{T}}(\theta)\boldsymbol{R}_{ys}^{\mathrm{H}}}{\boldsymbol{a}^{\mathrm{T}}(\theta)\boldsymbol{R}_{ss}\boldsymbol{a}^{*}(\theta)}\right)\boldsymbol{w} \end{aligned} \tag{4.15}$$

其中，

$$\boldsymbol{R}_{ys}=\frac{1}{L}\boldsymbol{YS}^{\mathrm{H}} \tag{4.16}$$

使式(4.14)的代价函数最小的 $\beta(\theta)$ 为

$$\hat{\beta}_{\mathrm{APES}}(\theta)=\frac{\boldsymbol{w}^{\mathrm{H}}\boldsymbol{YS}^{\mathrm{H}}\boldsymbol{a}^{*}(\theta)}{L\boldsymbol{a}^{\mathrm{T}}(\theta)\boldsymbol{R}_{ss}\boldsymbol{a}^{*}(\theta)} \tag{4.17}$$

因此，式(4.14)的优化问题转化成[40]

$$\min_{\boldsymbol{w}}\boldsymbol{w}^{\mathrm{H}}\boldsymbol{Q}\boldsymbol{w}\quad \text{s.t.}\quad \boldsymbol{w}^{\mathrm{H}}\boldsymbol{b}(\theta)=1 \tag{4.18}$$

其中，$\boldsymbol{Q}$ 为[40]

$$\boldsymbol{Q}=\boldsymbol{R}_{yy}-\frac{\boldsymbol{YS}^{\mathrm{H}}\boldsymbol{a}^{*}(\theta)\boldsymbol{a}^{\mathrm{T}}(\theta)\boldsymbol{SY}^{\mathrm{H}}}{L^{2}\boldsymbol{a}^{\mathrm{T}}(\theta)\boldsymbol{R}_{ss}\boldsymbol{a}^{*}(\theta)} \tag{4.19}$$

解决式(4.18)中的优化问题所需的 APES 滤波器权向量为

$$\boldsymbol{w}_{\mathrm{APES}}=\frac{\boldsymbol{Q}^{-1}\boldsymbol{b}(\theta)}{\boldsymbol{b}^{\mathrm{H}}(\theta)\boldsymbol{Q}^{-1}\boldsymbol{b}(\theta)} \tag{4.20}$$

将式(4.20)代入式(4.17)，得到幅度估计值 $\beta(\theta)$ 为[40]

$$\hat{\beta}_{\mathrm{APES}}(\theta)=\frac{\boldsymbol{b}^{\mathrm{H}}(\theta)\boldsymbol{Q}^{-1}\boldsymbol{YS}^{\mathrm{H}}\boldsymbol{a}^{*}(\theta)}{L[\boldsymbol{b}^{\mathrm{H}}(\theta)\boldsymbol{Q}^{-1}\boldsymbol{b}(\theta)][\boldsymbol{a}^{\mathrm{T}}(\theta)\boldsymbol{R}_{ss}\boldsymbol{a}^{*}(\theta)]} \tag{4.21}$$

结合式(4.13)与式(4.21)可知，Capon 算法与 APES 算法的区别在于，式(4.13)中的采样方差矩阵 $\boldsymbol{R}$ 被式(4.21)中的残余方差估计 $\boldsymbol{Q}$ 代替，这一微小差别导致了 Capon 算法与 APES 算法在估计性能上的差异。

4.2.3 MUSIC-AML 算法

如果阵元个数大于信源个数，则阵列数据矩阵的信号分解构成一个子空间，这个子空间称为信号子空间；而与信号不相关的所张成的噪声子空间和信号子空间正交，利用这一正交特性可确定信号到达的方向。经典的子空间法包括 MUSIC 算法、ESPRIT 算法、GEESE 算法及其改进算法。

MUSIC(Multiple Signal Classification)是一种信号参数估计算法，其分辨率高。该算法是利用输入信号协方差矩阵特征结构而形成的一种多重信号分类技术。本节推导了 MIMO 雷达条件下求根 MUSIC 算法[105,106]。求根 MUSIC 算法是 MUSIC 算法的多项式求根形式，用多项式求根方法代替 MUSIC 算法中的谱搜索，提高了运算速度。

求根 MUSIC 算法需要先定义一个多项式如下：

$$f(z)=\boldsymbol{e}_{i}^{\mathrm{H}}\boldsymbol{p}(z),\quad i=P+1,P+2,\cdots,MN \tag{4.22}$$

式中，P 为信号源个数。由于在 MIMO 雷达中，接收端和发射端组成的导向向量为 $\boldsymbol{a}(\theta)\otimes\boldsymbol{b}(\theta)$，维数为 MN，M 和 N 分别为发射天线个数和接收天线个数。e_i 是数据协方差矩阵中小特征值对应的 $(MN-P)$ 个特征向量，其中，

$$\boldsymbol{p}(z)=[1\quad z\quad \cdots\quad z^{MN-1}]^{\mathrm{T}} \tag{4.23}$$

由以上的定义可知，当 $z=\exp(\mathrm{j}\omega)$ 时，即多项式的根正好位于单位圆上时，$p(\mathrm{e}^{\mathrm{j}\omega})$ 是一个空间频率为 ω 的导向向量，由特征结构类算法可知，$p(\mathrm{e}^{\mathrm{j}\omega_m})=p_m$ 就是信号的导向向量，

所以它与噪声子空间是正交的，因此，可将多项式定义修正为如下形式：

$$f(z)=\boldsymbol{p}^{\mathrm{H}}(z)\boldsymbol{U}_N\boldsymbol{U}_N^{\mathrm{H}}\boldsymbol{p}(z) \tag{4.24}$$

式中，$\boldsymbol{U}_N$ 表示噪声子空间张成的向量。上式的根即为可获得有关信号源到达角的信息，同时发现多项式存在共轭项 z^*，这就使得求零过程变得复杂，因此需对式(4.24)做如下修正[107]：

$$f(z)=z^{MN-1}\boldsymbol{p}^{\mathrm{H}}(z^{-1})\boldsymbol{U}_N\boldsymbol{U}_N^{\mathrm{H}}\boldsymbol{p}(z) \tag{4.25}$$

对上式进行求解可以得到$(MN-1)$个根，在这$(MN-1)$个根中，有 P 个根 $z_1,z_2,\cdots,z_p$ 正好分布在单位圆上，且

$$z_p=\mathrm{e}^{\mathrm{j}\omega_p},\quad 1\leqslant p\leqslant P \tag{4.26}$$

上式考虑的是数据协方差矩阵精确可知时的情况。在实际应用中，即当数据矩阵存在误差时，只需求式(4.25)的 P 个接近于单位圆的根，即对于等距均匀线阵，有[108]

$$\hat{\theta}_p=\arcsin\left(\frac{\lambda}{2\pi d}\arg\{\hat{z}_p\}\right) \tag{4.27}$$

通过 MUSIC 算法估计出的 $\hat{\theta}_p$ 值，可得发射信号向量和接收信号向量分别为

$$\boldsymbol{A}=[\boldsymbol{a}(\hat{\theta}_1),\boldsymbol{a}(\hat{\theta}_2),\cdots,\boldsymbol{a}(\hat{\theta}_p)] \tag{4.28}$$

$$\boldsymbol{B}=[\boldsymbol{b}(\hat{\theta}_1),\boldsymbol{b}(\hat{\theta}_2),\cdots,\boldsymbol{b}(\hat{\theta}_p)] \tag{4.29}$$

$$\boldsymbol{\beta}=[\beta(\hat{\theta}_1),\beta(\hat{\theta}_2),\cdots,\beta(\hat{\theta}_p)]^{\mathrm{T}} \tag{4.30}$$

所以，式(4.5)描述的 MIMO 雷达模型可以写为

$$\boldsymbol{Y}=\boldsymbol{B}\operatorname{diag}(\boldsymbol{\beta})(\boldsymbol{A}^{\mathrm{T}}\boldsymbol{S})+\hat{\boldsymbol{V}} \tag{4.31}$$

式中，$\operatorname{diag}(\boldsymbol{\beta})$中对角线元素为$\boldsymbol{\beta}$的每个值扩展而成；$\hat{\boldsymbol{V}}$ 为干扰噪声项，并且$\hat{\boldsymbol{V}}$ 的每列服从独立同分布、圆对称复高斯随机分布。

构造目标函数

$$f(\beta,\theta)=L\ln|[\boldsymbol{Y}-\boldsymbol{B}\operatorname{diag}(\boldsymbol{\beta})(\boldsymbol{A}^{\mathrm{T}}\boldsymbol{S})][\boldsymbol{Y}-\boldsymbol{B}\operatorname{diag}(\boldsymbol{\beta})(\boldsymbol{A}^{\mathrm{T}}\boldsymbol{S})]^{\mathrm{H}}| \tag{4.32}$$

由于 ML 算法不能得出式(4.32)的闭式解，所以此处用渐近最大似然估计(AML)算法估计 β：

$$\hat{\beta}_{\mathrm{AML}}=\frac{1}{L}[(\boldsymbol{B}^{\mathrm{H}}\boldsymbol{T}^{-1}\boldsymbol{B})\otimes(\boldsymbol{A}^{\mathrm{H}}\hat{\boldsymbol{R}}_{ss}^{*}\boldsymbol{A})]^{-1}\operatorname{vecd}(\boldsymbol{B}^{\mathrm{H}}\boldsymbol{T}^{-1}\boldsymbol{Y}\boldsymbol{S}^{\mathrm{H}}\boldsymbol{A}^{*}) \tag{4.33}$$

式中，⊗表示 Hadamard 积[109]；vecd(·)表示由一矩阵对角元素组成的向量，并且

$$\boldsymbol{T}=L\boldsymbol{R}-\frac{1}{L}\boldsymbol{Y}\boldsymbol{S}\boldsymbol{A}(\boldsymbol{A}^{\mathrm{T}}\boldsymbol{R}_{ss}\boldsymbol{A})^{-1}\boldsymbol{A}\boldsymbol{S}\boldsymbol{Y}^{\mathrm{H}} \tag{4.34}$$

上述三种算法可以在信号源个数已知情况下，通过对自相关矩阵 $\boldsymbol{R}_{ss}$ 进行特征值分解得到M 个特征值中，仅有 K 个 $\lambda_1,\lambda_2,\cdots,\lambda_K$ 与信号有关，其余都与噪声有关。然而实际上，由于使用的 $\boldsymbol{R}_{ss}$ 是一个估计值，对它进行特征值分解得到的特征值不会完全与理论分析一样，恰好出现若干个仅与噪声有关的相同的最小特征值。所以，仅根据特征值的大小很难准确估计出信号源个数 K，尤其在低信噪比情况下。因此，在信号源个数未知情况下，需要先估计出信号源个数 K，然后再对目标参数进行估计，文献[110]～文献[112]提出了两种估计信号源个数的算法。

4.2.4 仿真实验结果

为了检验上述三种算法的性能，做了如下仿真。假设发射阵元和接收阵元数为 $M=N=4$；阵元间距为 1/2 波长的均匀间隔，假设三个目标分别位于[−10° 30° 45°]，幅度分别为[2 1 1]。图 4.2 讨论了在不同信噪比(SNR)情况下，Capon 算法的分辨能力。图 4.3 讨论了在不同 SNR 情况下，APES 算法的分辨能力，图 4.4 讨论了在不同 SNR 情况下，MUSIC-AML 算法的分辨能力。

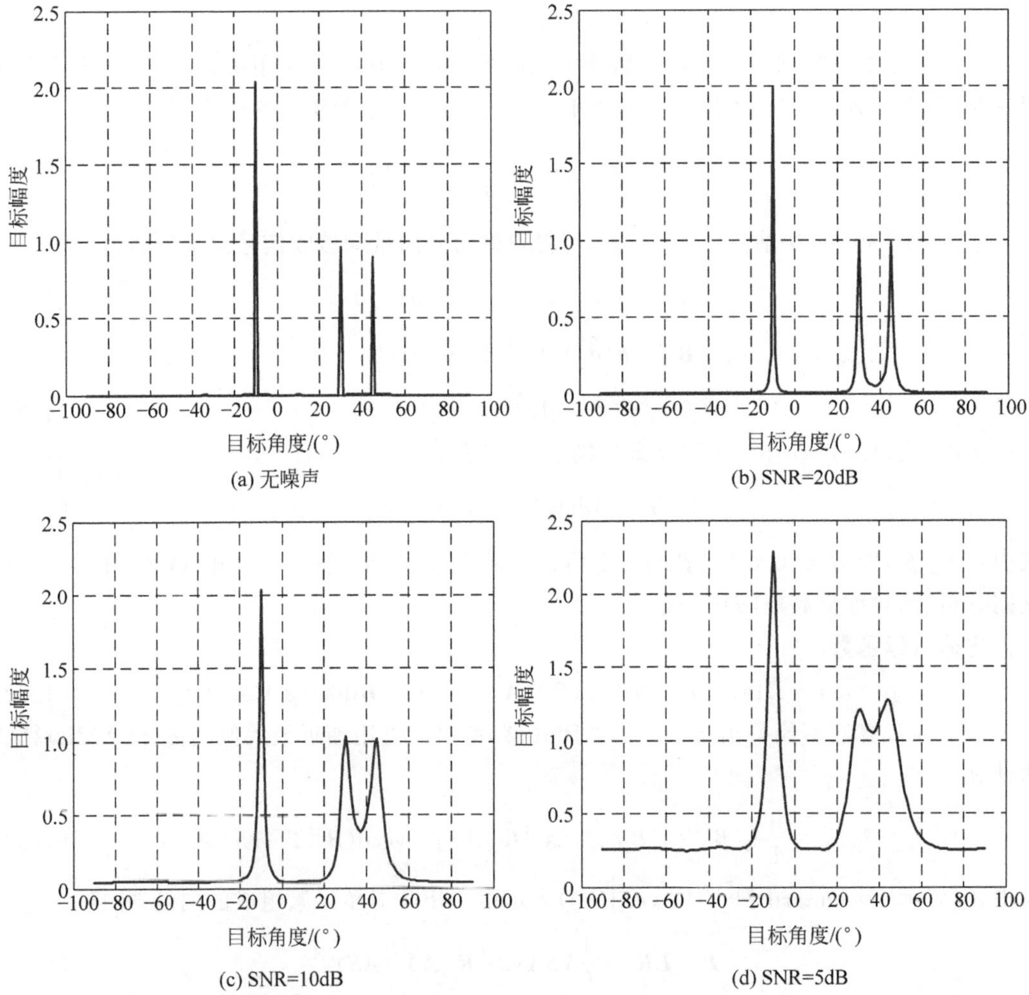

(a) 无噪声 (b) SNR=20dB (c) SNR=10dB (d) SNR=5dB

图 4.2 Capon 算法

图 4.2 和图 4.3 的结果表明，在无噪声情况下，两种算法都能准确估计目标角度和幅度。当存在噪声时，在相同信噪比情况下，Capon 算法的展宽比 APES 方法的大，降低了分辨能力。因此，APES 算法在抗干扰方面优于 Capon 算法。然后分析 MUSIC-AML 算法估计目标参数的性能。

图 4.4 为假定无噪声情况下，对自相关矩阵求出的特征值。从图 4.4 得出有 3 个较大特征值，首先判断出了目标数，然后再求目标角度。

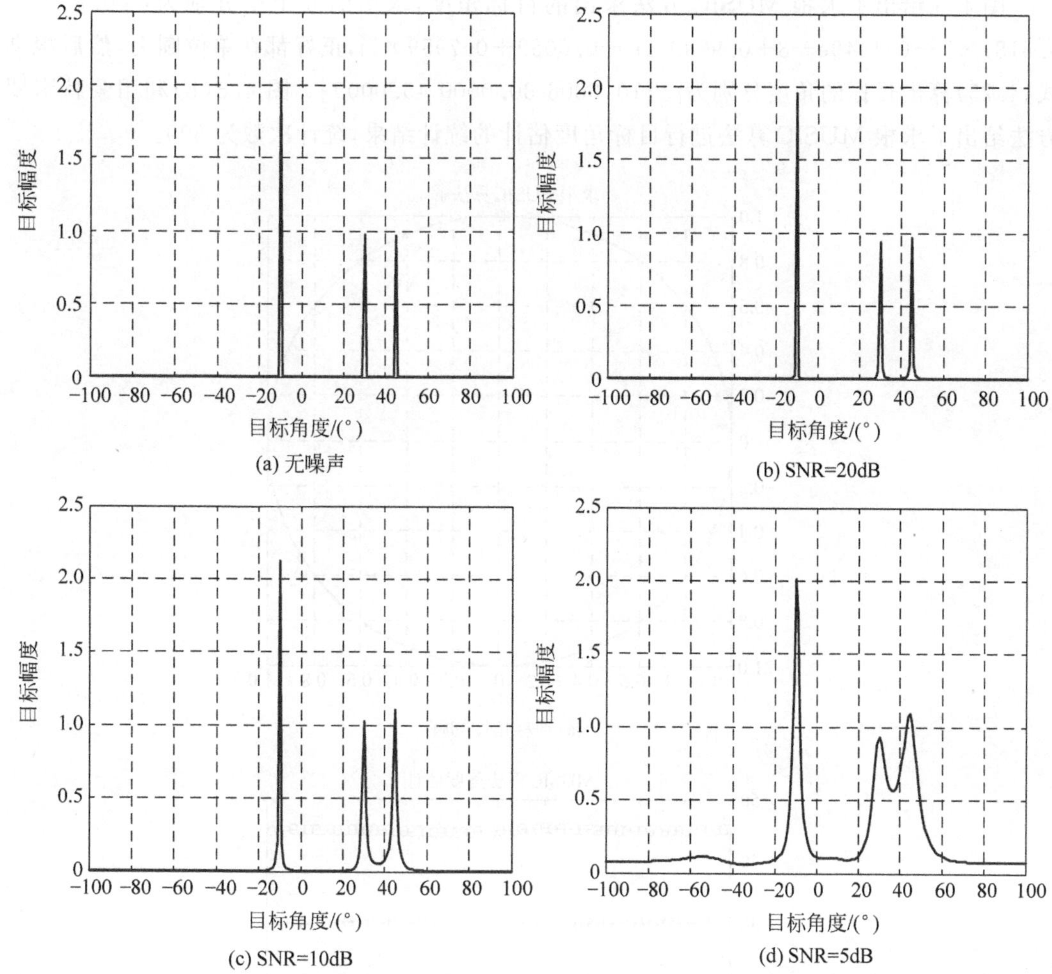

图 4.3　APES 算法

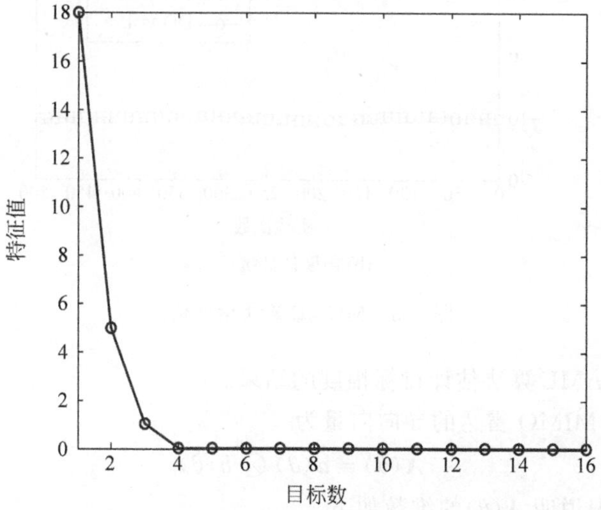

图 4.4　无噪声情况下的目标个数估计

图 4.5 给出了求根 MUSIC 方法求出的目标角度，求出的 3 个根分别为：[0.8545－0.5187×i －0.1449e－8＋0.9999×i －0.6059＋0.7959×i]，正好都在单位圆上，然后根据式(4.25)算出目标的角度分别为[－10.0006 30.0000 45.0009]。图 4.5(b)利用蒙特卡罗方法给出了求根 MUSIC 算法进行目标角度估计的统计结果，统计次数为 500。

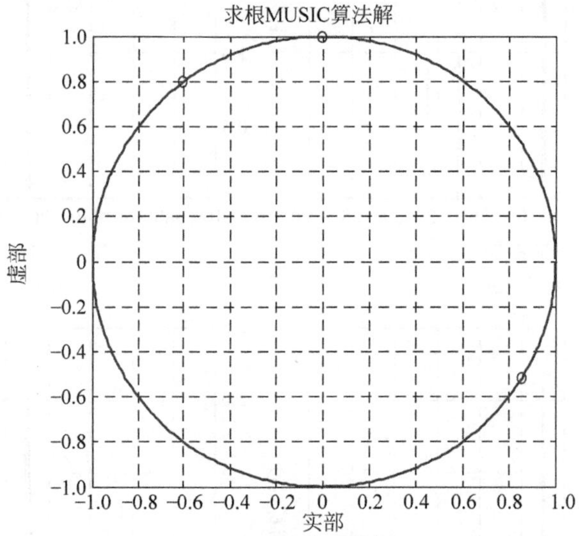

(a) 目标角度的解

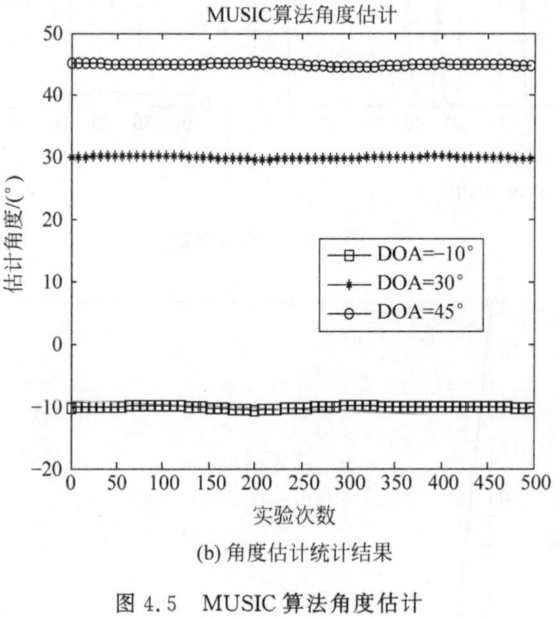

(b) 角度估计统计结果

图 4.5 MUSIC 算法角度估计

图 4.6 给出了 AML 算法估计目标幅度的结果。

由 4.2 节可知，MIMO 雷达的导向向量为

$$\boldsymbol{A}(\theta)=\boldsymbol{a}(\theta)\otimes\boldsymbol{b}(\theta) \tag{4.35}$$

由两种极端情况说明 $\boldsymbol{A}(\theta)$的维数如下。

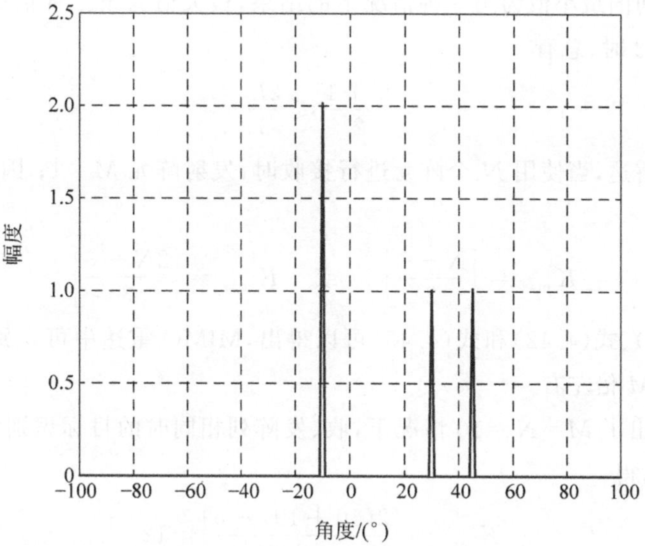

图 4.6　AML 估计结果

(1) 当发射阵列就是接收阵列时，$M=N$，$\boldsymbol{a}(\theta)=\boldsymbol{b}(\theta)$，导向向量 $\boldsymbol{A}(\theta)$ 为 $M^2\times1$ 维向量，对于发射和接收阵列为均匀等间距线阵时，$d_r=d_t=d$，所以 $\boldsymbol{A}(\theta)$ 仅有 $(M+N-1)$ 个不同元素，即

$$\boldsymbol{A}(\theta)=[1\quad \mathrm{e}^{\mathrm{j}\frac{2\pi}{\lambda}d\sin\theta}\quad \cdots\quad \mathrm{e}^{\mathrm{j}(M+N-1)\frac{2\pi}{\lambda}d\sin\theta}] \tag{4.36}$$

(2) 发射阵列和接收阵列不同，且间距 $d_t=Nd_r$ 或者 $d_r=Md_t$，$\boldsymbol{A}(\theta)$ 有 MN 个不同元素，即

$$\boldsymbol{A}(\theta)=[1\quad \mathrm{e}^{\mathrm{j}\frac{2\pi}{\lambda}d\sin\theta}\quad \cdots\quad \mathrm{e}^{\mathrm{j}(MN-1)\frac{2\pi}{\lambda}d\sin\theta}] \tag{4.37}$$

由上述分析可知，$\boldsymbol{A}(\theta)$ 的维数 L 为

$$L\in[M+N-1,MN) \tag{4.38}$$

假设 MIMO 雷达可识别的目标数为 K，由于每个目标有两个参数幅度和角度需要估计，K 与 L 的关系为[113]

$$L+1>2K,\quad 即\ K_{\max}=\left\lceil\frac{L-1}{2}\right\rceil \tag{4.39}$$

其中，$\lceil\cdot\rceil$ 表示大于括号内的最小整数。将式(4.38)代入式(4.30)，得

$$K_{\max}=\left\lceil\frac{M+N-2}{2},\frac{MN}{2}\right) \tag{4.40}$$

由式(4.40)可知，MIMO 雷达可估计的目标数取决于发射阵元与接收阵元数以及构型等条件。

文献[114]给出了雷达可估计目标数的一个更严格的条件：

$$L>\frac{3}{2}K,\quad 即\ K_{\max}=\left\lceil\frac{2L}{3}-1\right\rceil \tag{4.41}$$

将式(4.38)代入式(4.41)，得

$$K_{\max}=\left\lceil\frac{2(M+N)-5}{3},\frac{2MN-3}{3}\right) \tag{4.42}$$

上述取值区间的最小值为第一种情况下的结果，最大值为第二种情况下的结果。值得注意的是，当 $L\geqslant 3$ 时，总有

$$\frac{L+1}{2}\leqslant\frac{2L}{3}\tag{4.43}$$

对于相控阵雷达，当使用 N 个阵元进行接收时，发射阵元 $M=1$；因此相控阵情况下，可估计目标数为

$$K_{\max}=\left\lfloor\frac{N-1}{2}\right\rfloor \quad 或 \quad K_{\max}=\left\lfloor\frac{2N-3}{3}\right\rfloor\tag{4.44}$$

比较式(4.40)、式(4.42)和式(4.43)可以得出，MIMO 雷达中可识别目标的最大数目是相控阵雷达的 M 倍左右。

图 4.7(a)给出了 $M=N=10$ 情况下，收、发阵列相同时的目标识别结果，将 $M=N=10$ 代入式(4.42)，得

$$K_{\max}=\left\lfloor\frac{2(10+10)-5}{3}\right\rfloor=12\tag{4.45}$$

实验设置 K 个目标的角度间隔为 10°，分别为 $\theta_1=-55°,\theta_2=-45°,\cdots,\theta_{12}=55°$，幅度都为 1，仿真结果如图 4.7(a)所示。

同理，图 4.7(b)给出了 $M=N=5$ 情况下，接收阵列间距 $d_r=5d_t=2.5\lambda$ 时的目标识别数目，将 $M=N=5$ 代入式(4.42)，由于

$$K_{\max}=\left\lfloor\frac{2(5\times 5)-3}{3}\right\rfloor=16\tag{4.46}$$

实验设置 K 个目标的角度间隔为 8°，分别为 $\theta_1=-60°,\theta_2=-52°,\cdots,\theta_{12}=60°$，幅度都为 1，仿真结果如图 4.7 所示。

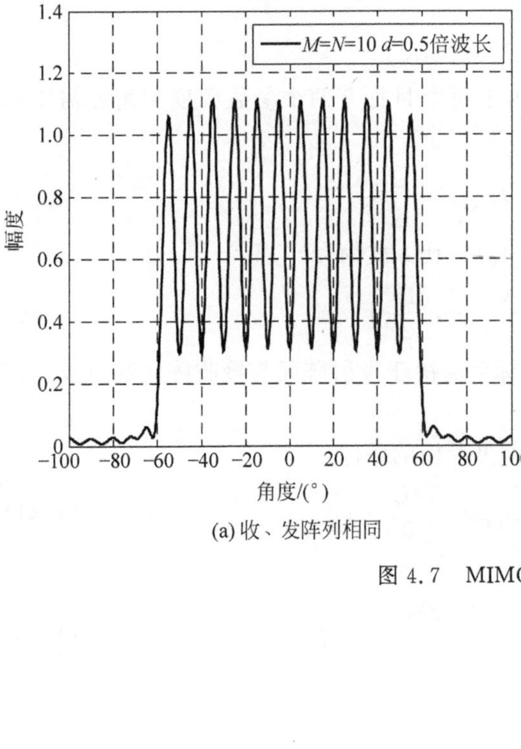

(a) 收、发阵列相同

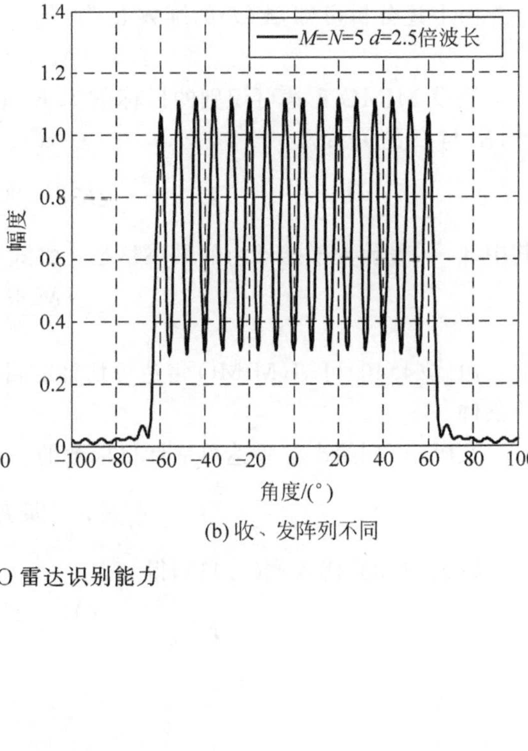

(b) 收、发阵列不同

图 4.7 MIMO 雷达识别能力

4.3 基于面阵的MIMO雷达二维波达方向估计算法

4.3.1 圆形阵列

由于均匀线阵的阵列流形为范德蒙结构，为了便于理论分析，所以许多有效的算法都是基于线阵的。然而，在测向时均匀圆阵与均匀线阵相比有很多优点[45,115]，圆阵可提供360°的方位角信息，同时也可提供俯仰角信息；另外，由于均匀圆阵具有圆对称特性，其方向特性在方位角方向上近似各向同性。这些优良特性都意味着均匀圆阵将会有广阔的应用前景。

圆形阵列雷达用于二维角估计时，目标一般位于空间远场，且发射信号为窄带信号时，可将目标近似为点源目标，以发射和接收阵列均为水平放置的圆阵阵列为例，介绍MIMO体制的圆形阵列空间模型。假设阵列中有 M 个发射天线，N 个接收天线，以天线所在 xOy 平面建立坐标系，取阵列中心为坐标原点，发射阵列和接收阵列为同心圆且分开放置，且各阵元在圆周上等间距分布，发射阵列模型如图4.8所示。假设第 m 个发射阵元方位角为 φ_m，发射阵列半径为 r_1，则相应发射阵元坐标为

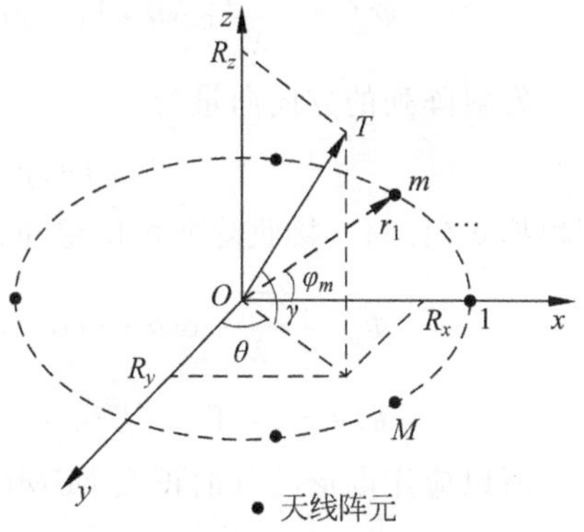

图4.8　圆形阵列图

$$\begin{cases} r_x = r_1 \cdot \cos\varphi_m \\ r_y = r_1 \cdot \sin\varphi_m \\ r_z = 0 \end{cases} \tag{4.47}$$

同理，假设第 n 个接收阵元方位角为 φ_n，接收阵列半径为 r_2，则接收阵元坐标为 $(r_2\cos\varphi_n, r_2\sin\varphi_n, 0)$。

信号从发射天线发射，通过传播媒介到达接收天线阵列，天线采集到空间信号的数据后，信号处理算法从数据中提取有关发射信号以及目标的信息。由于空间是三维的，目标相对于阵列的位置既可以用笛卡儿坐标 (R_x, R_y, R_z) 表示，也可以用球坐标 (R, θ, γ) 表示，如图4.8所示，两种坐标的转换关系为[116]

$$\begin{cases} R_x = R \cdot \cos\theta\sin\gamma \\ R_y = R \cdot \cos\theta\cos\gamma \\ R_z = R \cdot \sin\gamma \end{cases} \tag{4.48}$$

式中，θ 为方位角；γ 为俯仰角。

由于目标位于远场，入射波可以看作平面波，可以近似认为目标相对发射阵元和接收阵元的角度一致。发射天线阵元 m 与目标的距离为

$$\begin{aligned} |PE_m| &= \sqrt{(R_x - r_x)^2 + (R_y - r_y)^2 + (R_z - r_z)^2} \\ &\approx R - r_1\cos\theta \cdot \cos(\gamma - \varphi_m) \end{aligned} \tag{4.49}$$

根据圆形阵列发射模型，目标距天线阵元 m 与参考阵元的距离差为

$$|\Delta R_m| = r_1\cos\theta \cdot [\cos(\gamma-\varphi_0)-\cos(\gamma-\varphi_m)] \tag{4.50}$$

$$\tau_m = \frac{r_1}{c}\cos\theta \cdot [\cos\gamma(\cos\varphi_0-\cos\varphi_m)-\sin\gamma(\sin\varphi_0-\sin\varphi_m)] \tag{4.51}$$

式中，φ_0 为参考阵元初始方位角，为常量；φ_m 为第 m 个阵元方位角；c 为光速；r_1 为发射阵元半径。为简化分析将第一个阵元设为参考阵元，且设 $\varphi_0=0$，则

$$\varphi_m = \varphi_o + (m-1)\cdot\frac{2\pi}{M} \tag{4.52}$$

由于 $s_m(t)$的信号带宽一般比载波频率 f_c 小得多，所以

$$s_m(t-\tau_m) = s_m(t)\cdot \mathrm{e}^{-\mathrm{j}2\pi f_c\tau_m} = s_m(t)\mathrm{e}^{-\mathrm{j}\Psi_m} \tag{4.53}$$

$$\Psi_m = \frac{2\pi r_1}{\lambda}\cos\theta \cdot [\cos\gamma(\cos\varphi_0-\cos\varphi_m)-\sin\gamma(\sin\varphi_0-\sin\varphi_m)] \tag{4.54}$$

发射阵列的方向向量为

$$\boldsymbol{a}(\theta,\gamma) = [1,\mathrm{e}^{-\mathrm{j}\Psi_2},\cdots,\mathrm{e}^{-\mathrm{j}\Psi_M}]^{\mathrm{T}} \tag{4.55}$$

则根据式(4.54)，接收阵列相位差和方向向量为

$$\Phi_n = \frac{2\pi r_2}{\lambda}\cos\theta \cdot [\cos\gamma(\cos\varphi_0-\cos\varphi_n)-\sin\gamma(\sin\varphi_0-\sin\varphi_n)] \tag{4.56}$$

$$\boldsymbol{b}(\theta,\gamma) = [1,\mathrm{e}^{-\mathrm{j}\Phi_2},\cdots,\mathrm{e}^{-\mathrm{j}\Phi_N}]^{\mathrm{T}} \tag{4.57}$$

所以应用圆形阵列的正交 MIMO 雷达的方向向量为 $\boldsymbol{a}(\theta,\gamma)\otimes\boldsymbol{b}(\theta,\gamma)$。

4.3.2 L 型阵列

考虑一个具有 M_t 个发射阵元、M_r 个接收阵元的 L 型 MIMO 雷达系统[117,118]，且发射和接收阵列为均匀线阵，阵元间距 $d_t=d_r=d=\lambda/2$(λ 为载波波长)。假设在雷达系统的远场存在 N 个目标，其方位角和俯仰角分别为$(\theta_i,\phi_i)(i=1,2,\cdots,N)$，如图 4.9 所示(图中位于坐标原点的阵元为收、发共用阵元)。

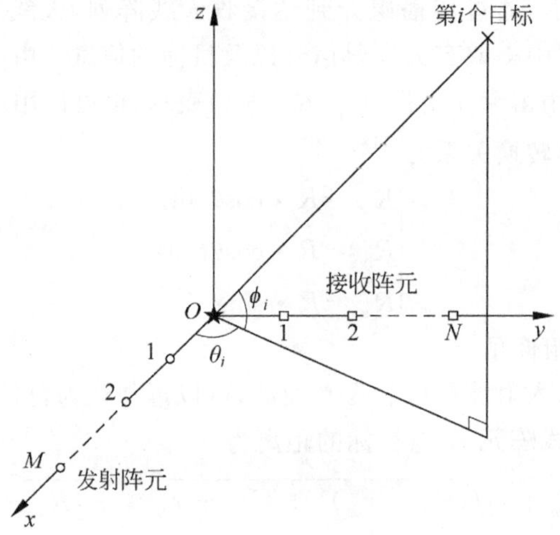

图 4.9　L 型阵列

经过推导可得发射阵列向量 $\boldsymbol{a}(\theta,\phi)$ 和接收阵列向量 $\boldsymbol{b}(\theta,\phi)$ 分别如式(4.58)和式(4.59)所示，推导过程与圆形阵列相似。

$$\boldsymbol{a}(\theta,\phi)=\left[1,\exp\left(-\mathrm{j}\frac{2\pi}{\lambda}d\cos\theta\cos\phi\right),\cdots,\exp\left(-\mathrm{j}\frac{2\pi}{\lambda}(M_T-1)d\cos\theta\cos\phi\right)\right]^{\mathrm{T}} \tag{4.58}$$

$$\boldsymbol{b}(\theta,\phi)=\left[1,\exp\left(-\mathrm{j}\frac{2\pi}{\lambda}d\sin\theta\cos\phi\right),\cdots,\exp\left(-\mathrm{j}\frac{2\pi}{\lambda}(M_R-1)d\sin\theta\cos\phi\right)\right]^{\mathrm{T}} \tag{4.59}$$

则 MIMO 条件下的 L 型阵列方向向量为 $\boldsymbol{a}(\theta,\phi)\otimes\boldsymbol{b}(\theta,\phi)$。

4.3.3 基于完全互补序列的 DOA 估计算法

图 4.10 示出了基于完全互补序列的正交 MIMO 雷达发射模型，A_m 和 $B_m(0\leqslant m\leqslant M)$ 为一对互补序列，T 表示延迟时间，f_c 为载波频率。定义 M 个长度为 L 的互补序列 A_m 和 B_m 为

$$\begin{cases}A_m=(a_m^0,a_m^1,\cdots,a_m^{L-1})\\B_m=(b_m^0,b_m^1,\cdots,b_m^{L-1})\end{cases} \tag{4.60}$$

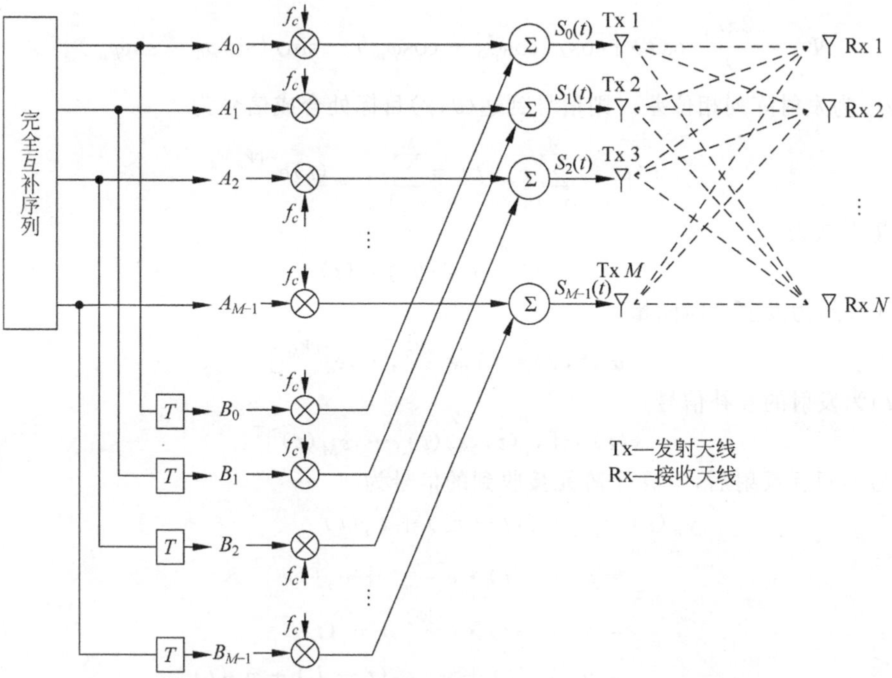

图 4-10　基于完全互补序列的正交 MIMO 雷达发射模型

其中，$\{(A_0,B_0),(A_1,B_1),\cdots,(A_M,B_M)\}$ 满足完全正交的特性，为完全互补序列集，则根据图 4.10 可得发射信号 $s_m(t)$ 为

$$\begin{aligned}s_m(t)&=\sum_{l=0}^{L-1}[a_m^l u(t-l\cdot T_c)+b_m^l u(t-T-l\cdot T_c)]\cdot \mathrm{e}^{\mathrm{j}\omega_c t}\\&=s_{A_m}(t)+s_{B_m}(t-T)\end{aligned} \tag{4.61}$$

式中，T_c 为子脉冲宽度；$u(t)$为阶跃函数。假设正交 MIMO 雷达共有 M 个发射阵元，N 个接收阵元，阵元之间间距为 $\lambda/2$，第 m 个阵元发射窄带信号为 $s_m(t)$，其中 $s_m(t)$由互补序列 $\{A_m, B_m\}$组成，A_m 和 B_m 交替发射，则第 m 个发射信号到达位于(θ,γ)的远场目标时信号为

$$x_m(t)=\rho_m s_m(t-\tau_m) \tag{4.62}$$

式中，ρ_m 为信号传输损耗，假设认为各信号传输损耗相同，即 $\rho_m=\rho_1$；τ_m 为目标第 m 个阵元到参考阵元的延时。根据圆形阵列发射模型，则目标距天线阵元 m 与参考阵元的距离差为

$$|\Delta R_m|=r_1\cos\theta\cdot[\cos(\gamma-\varphi_0)-\cos(\gamma-\varphi_m)] \tag{4.63}$$

$$\tau_m=\frac{r_1}{c}\cos\theta\cdot[\cos\gamma(\cos\varphi_0-\cos\varphi_m)-\sin\gamma(\sin\varphi_0-\sin\varphi_m)] \tag{4.64}$$

式中，φ_0 为参考阵元初始方位角，为常量；φ_m 为第 m 个阵元方位角；c 为光速；r_1 为发射阵元半径。为简化分析将第一个阵元设为参考阵元，且设 $\varphi_0=0$，则

$$\varphi_m=\varphi_0+(m-1)\cdot\frac{2\pi}{M} \tag{4.65}$$

由于 $s_m(t)$的信号带宽一般比载波频率 f_c 小得多，所以，

$$s_m(t-\tau_m)=s_m(t)\cdot e^{-j2\pi f_c\tau_m}=s_m(t)e^{-j\Psi_m} \tag{4.66}$$

$$\Psi_m=\frac{2\pi r_1}{\lambda}\cos\theta\cdot[\cos\gamma(\cos\varphi_0-\cos\varphi_m)-\sin\gamma(\sin\varphi_0-\sin\varphi_m)] \tag{4.67}$$

式中，Ψ_m 为发射阵列相位差。则信号到达(θ,γ)目标处合成信号为

$$x(t)=\sum_{m=1}^{M}x_m(t)=\sum_{m=1}^{M}\rho_1 s_m(t)e^{-j\Psi_m} \tag{4.68}$$

写成向量形式为

$$x(t)=\rho_1\boldsymbol{\alpha}(\theta,\gamma)s(t) \tag{4.69}$$

式中，$\boldsymbol{\alpha}(\theta,\gamma)$为发射方向向量：

$$\boldsymbol{\alpha}(\theta,\gamma)=[1,e^{-j\Psi_2},\cdots,e^{-j\Psi_M}] \tag{4.70}$$

$\boldsymbol{s}(t)$为发射的互补信号：

$$\boldsymbol{s}(t)=[s_1(t),s_2(t),\cdots,s_M(t)]^{\mathrm{T}} \tag{4.71}$$

信号经目标反射后，第 n 个阵元接收到的信号为

$$\begin{aligned}y_n(t)&=\rho_n\cdot x(t-\tau_n)+v_n(t)\\&=\rho_n\cdot x(t)\cdot c^{-j\omega_c\tau_n}+v_n(t)\\&=\rho_n\cdot x(t)\cdot e^{-j\Phi_n}+v_n(t)\\&=y_{n,A_m}(t)+y_{n,B_m}(t-T)+v_n(t)\end{aligned} \tag{4.72}$$

式中，ρ_n 为目标散射系数与传输损耗系数之和。假设每条通道都相同，$\rho_n=\rho_2$，设 $\rho=\rho_1\cdot\rho_2$，联立式(4.61)和式(4.68)可得

$$y_{n,A_m}(t)=\rho e^{-j\Phi_n}\sum_{m=1}^{M}s_{A_m}(t)e^{-j\Psi_m} \tag{4.73}$$

$$y_{n,B_m}(t)=\rho e^{-j\Phi_n}\sum_{m=1}^{M}s_{B_m}(t)e^{-j\Psi_m} \tag{4.74}$$

$v_n(t)$为第 n 个接收阵元的噪声，满足零均值平稳高斯随机的特性，接收阵列同样采用圆形

阵列，则根据式(4.67)，接收阵列相位差和方向向量分别为

$$\Phi_n = \frac{2\pi r_2}{c}\cos\theta \cdot [\cos\gamma(\cos\varphi_0 - \cos\varphi_n) - \sin\gamma(\sin\varphi_0 - \sin\varphi_n)] \tag{4.75}$$

$$\boldsymbol{\beta}(\theta,\gamma) = [1, \mathrm{e}^{-\mathrm{j}\Phi_2}, \cdots, \mathrm{e}^{-\mathrm{j}\Phi_N}] \tag{4.76}$$

式中，r_2 为接收阵列半径。则将式(4.72)写成向量形式为

$$\begin{bmatrix} y_1^{\mathrm{T}}(t) \\ y_2^{\mathrm{T}}(t) \\ \vdots \\ y_N^{\mathrm{T}}(t) \end{bmatrix} = \rho \cdot \begin{bmatrix} \boldsymbol{\alpha}(\theta,\gamma) \\ \mathrm{e}^{-\mathrm{j}\boldsymbol{\Phi}_2} \cdot \boldsymbol{\alpha}(\theta,\gamma) \\ \vdots \\ \mathrm{e}^{-\mathrm{j}\boldsymbol{\Phi}_N} \cdot \boldsymbol{\alpha}(\theta,\gamma) \end{bmatrix} \cdot \begin{bmatrix} s_1(t) \\ s_2(t) \\ \vdots \\ s_M(t) \end{bmatrix} + \begin{bmatrix} v_1(t) \\ v_2(t) \\ \vdots \\ v_N(t) \end{bmatrix} \tag{4.77}$$

即

$$\boldsymbol{Y}(t) = \rho \cdot [\boldsymbol{\beta}(\theta,\gamma) \otimes \boldsymbol{\alpha}^{\mathrm{T}}(\theta,\gamma)] \cdot \boldsymbol{S}(t) + \boldsymbol{V}(t) \tag{4.78}$$

若空间共有 P 个目标，则上式模型变为

$$\boldsymbol{Y}(t) = \rho \cdot \sum_{p=1}^{P} [\boldsymbol{\beta}(\theta_p,\gamma_p) \otimes \boldsymbol{\alpha}^{\mathrm{T}}(\theta_p,\gamma_p)] \cdot \boldsymbol{S}(t) + \boldsymbol{V}(t) \tag{4.79}$$

根据图 4.11 的处理流程，首先将接收到的 N 路数据进行去载频处理，然后对每路信号 $y_n(t)$ 后均接 M 个匹配滤波，以分离不同发射信号所对应的回波分量，共得到 $N \cdot M$ 个匹配滤波输出，然后再对 $N \cdot M$ 个输出信号波束形成进行二维 DOA 估计。

根据匹配滤波流程，可得第 n 个接收阵元的第 m 个匹配滤波器输出为

$$\begin{aligned} Z_{nm}(t) &= \rho \int_{t_i}^{t_i+T} y_n(t) \cdot s_m^*(t)\mathrm{d}t \\ &= \rho \mathrm{e}^{-\mathrm{j}\Phi_n} \int_{t_i}^{t_i+T} \sum_{i=1}^{M} \mathrm{e}^{-\mathrm{j}\Psi_m} s_{A_i}(t) \cdot s_{A_m}^*(t)\mathrm{d}t \\ &\quad + \rho \mathrm{e}^{-\mathrm{j}\Phi_n} \int_{t_i}^{t_i+T} \sum_{i=1}^{M} \mathrm{e}^{-\mathrm{j}\Psi_m} s_{B_i}(t) \cdot s_{B_m}^*(t)\mathrm{d}t + v_{nm}(t) \end{aligned} \tag{4.80}$$

由于 $\{s_{A_m}, s_{B_m}\}$ 为一组完全互补序列，所以满足正交的关系，则上式可以简化为

$$Z_{nm}(t) = \rho \mathrm{e}^{-\mathrm{j}\Phi_n} \mathrm{e}^{-\mathrm{j}\Psi_m} \cdot 2L + v_{nm}(t) \tag{4.81}$$

将式(4.81)进行离散采样变换之后为

$$Z_{nm}(n) = \rho \mathrm{e}^{-\mathrm{j}\Phi_n} \mathrm{e}^{-\mathrm{j}\Psi_m} \cdot 2L + v_{nm}(n) \tag{4.82}$$

从式(4.82)可以看出，由于发射信号之间的正交性，匹配后的输出仅为主瓣输出，在非正交发射信号情况下，匹配滤波输出会增加相邻信道之间的干扰，进而会影响波束形成的结果。为了使互补序列在相同时间内积累，在处理过程中需要将一路信号做延时处理。式(4.80)中，t_i 为第 i 个距离单元的起始时间，T 为脉冲处理周期（延迟时间），则第 n 个接收阵元匹配滤波后输出结果为

$$\begin{cases} z_{n1} = \rho \mathrm{e}^{-\mathrm{j}\Phi_n} \mathrm{e}^{-\mathrm{j}\Psi_1} \cdot 2L + v_{n1} \\ z_{n2} = \rho \mathrm{e}^{-\mathrm{j}\Phi_n} \mathrm{e}^{-\mathrm{j}\Psi_2} \cdot 2L + v_{n2} \\ \qquad \vdots \\ z_{nM} = \rho \mathrm{e}^{-\mathrm{j}\Phi_n} \mathrm{e}^{-\mathrm{j}\Psi_M} \cdot 2L + v_{nM} \end{cases} \tag{4.83}$$

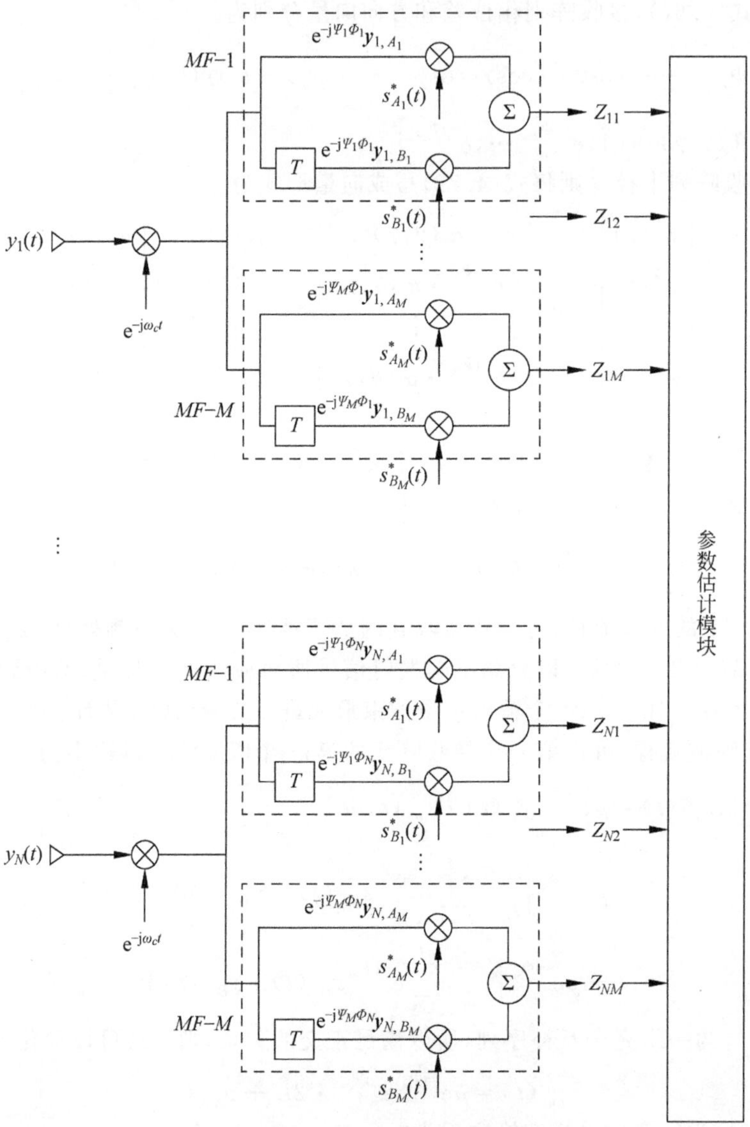

图 4.11 正交 MIMO 雷达信号处理流程

写成向量形式,即

$$\boldsymbol{z}_n = \rho \mathrm{e}^{-\mathrm{j}\Phi_n} 2L\boldsymbol{\alpha}^{\mathrm{T}}(\theta,\gamma) + \boldsymbol{v}_n \tag{4.84}$$

此时,N 个接收阵元匹配滤波输出 $\boldsymbol{z}_1, \boldsymbol{z}_2, \cdots, \boldsymbol{z}_N$ 为 $N \cdot M$ 维列向量,即

$$\boldsymbol{Z} = \begin{bmatrix} \boldsymbol{z}_1 \\ \boldsymbol{z}_2 \\ \vdots \\ \boldsymbol{z}_N \end{bmatrix} = \rho \begin{bmatrix} \mathrm{e}^{-\mathrm{j}\Phi_1} \boldsymbol{\alpha}^{\mathrm{T}}(\theta,\gamma) \\ \mathrm{e}^{-\mathrm{j}\Phi_2} \boldsymbol{\alpha}^{\mathrm{T}}(\theta,\gamma) \\ \vdots \\ \mathrm{e}^{-\mathrm{j}\Phi_N} \boldsymbol{\alpha}^{\mathrm{T}}(\theta,\gamma) \end{bmatrix} \cdot 2L + \begin{bmatrix} v_1 \\ v_2 \\ \vdots \\ v_N \end{bmatrix} \tag{4.85}$$

写成向量形式为

$$\boldsymbol{Z} = \rho \boldsymbol{\beta}(\theta,\gamma) \otimes \boldsymbol{\alpha}^{\mathrm{T}}(\theta,\gamma) \cdot 2L + \mathbf{V} \tag{4.86}$$

且

$$A(\theta,\gamma)=\boldsymbol{\beta}(\theta,\gamma)\otimes\boldsymbol{\alpha}^{\mathrm{T}}(\theta,\gamma) \tag{4.87}$$

对匹配滤波后的数据 $\boldsymbol{Z}$ 进行波束综合可得

$$\begin{aligned}\boldsymbol{R}_{ZZ}&=E(\boldsymbol{ZZ}^{\mathrm{H}})=4\rho^2L^2\boldsymbol{A}(\theta,\gamma)\boldsymbol{A}^{\mathrm{H}}(\theta,\gamma)+E\{\boldsymbol{VV}^{\mathrm{H}}\}\\&=4\rho^2L^2\boldsymbol{A}(\theta,\gamma)\boldsymbol{A}^{\mathrm{H}}(\theta,\gamma)+\sigma_N^2\boldsymbol{I}\end{aligned} \tag{4.88}$$

式中，$E\{\cdot\}$表示数学期望；$(\cdot)^{\mathrm{H}}$ 表示向量或矩阵的共轭转置运算；σ_N^2 为噪声功率；$\boldsymbol{A}(\theta,\gamma)$为 $NM\times1$ 维向量。

正交 MIMO 雷达通过发射端和接收端采用多个天线发射和接收，在一定意义上增加了虚拟阵元数量，提高了雷达系统探测目标源的个数。式(4.88)是在发射信号为互补信号下推导的，因此仅在发射信号完全正交的条件下才成立。

由式(4.88)可知，匹配后的数据包含 $M\cdot N$ 个独立方程，也就是 MIMO 雷达的自由度，它决定了 MIMO 雷达能够检测目标的个数。由文献[6]可知，在阵元发射和接收阵元分置情况下的最大可检测目标个数为：$K_{\max}=\left\lfloor\dfrac{M\cdot N+1}{2}\right\rfloor$，而相控阵雷达发射天线发射相同的信号，因此相控阵雷达可检测目标个数只与接收天线个数有关，为 $\left\lfloor\dfrac{N+1}{2}\right\rfloor$，所以 MIMO 雷达在检测目标个数上比相控阵雷达提高了将近 M 倍。

根据式(4.88)，估计协方差矩阵的特征值为

$$\boldsymbol{R}_{ZZ}=\sum_{i=1}^{P}\lambda_iq_iq_i^{\mathrm{H}}+\sum_{i=P+1}^{MN}\lambda_iq_iq_i^{\mathrm{H}} \tag{4.89}$$

式中，P 为目标源个数；$\{\lambda_i;\ i=1,2,\cdots,MN;\ \lambda_i>\lambda_{i+1}\}$和$\{q_i;\ i=1,2,\cdots,MN\}$为按降序排列的 $\boldsymbol{R}_{ZZ}$ 的特征值和特征向量；$\boldsymbol{q}_i$ 为矩阵 $\boldsymbol{R}_{ZZ}$ 的信号子空间的特征向量，$i=1,2,\cdots,P$。因为相应于信号阵列方向向量与噪声子空间特征向量正交，即

$$\boldsymbol{A}^{\mathrm{H}}(\theta,\gamma)\boldsymbol{E}_n\boldsymbol{E}_n^{\mathrm{H}}\boldsymbol{A}(\theta,\gamma)=0 \tag{4.90}$$

所以多个目标的角度估计可通过确定 MUSIC 空间谱的峰值而做出估计，其中噪声子空间为

$$\boldsymbol{E}_n=[\boldsymbol{q}_{P+1},\boldsymbol{q}_{P+2},\cdots,\boldsymbol{q}_{MN}] \tag{4.91}$$

式中，$\boldsymbol{q}_{P+1},\boldsymbol{q}_{P+2},\cdots,\boldsymbol{q}_{MN}$ 为噪声子空间特征向量。根据文献[119]得

$$P_{\mathrm{MUSIC}}(\theta,\gamma)=\frac{\boldsymbol{A}^{\mathrm{H}}(\theta,\gamma)\boldsymbol{A}(\theta,\gamma)}{\boldsymbol{A}^{\mathrm{H}}(\theta,\gamma)\boldsymbol{V}_n\boldsymbol{V}_n^{\mathrm{H}}\boldsymbol{A}(\theta,\gamma)} \tag{4.92}$$

4.3.4 仿真实验

实验一：验证完全互补序列的性能

为了验证完全互补序列应用到正交 MIMO 雷达中的可行性，做了如下仿真实验。假设发射阵列和接收阵列相同，都是阵元数 $M=N=4$ 的均匀圆形阵列，发射信号采用编码长度 $L=40$ 的 4 组互补序列[120]，脉冲宽度 8×10^{-6}s，采样频率 20MHz，阵元间距是半波长，则

$r_1=r_2\geqslant\frac{\lambda/2}{2\sin\left(\frac{\pi}{M}\right)}=\frac{\sqrt{2}}{4}\lambda$，$\lambda$ 为波长，$\lambda=2\text{m}$，目标距阵列中心的距离为 120km，信噪比为 10dB。假设空间有 3 个目标，方位角和俯仰角分别为(45°，45°)、(45.4°，40.4°)和(44.6°，39.6°)，通过图 4.12 很清楚地得出这 3 个目标的波达方向。

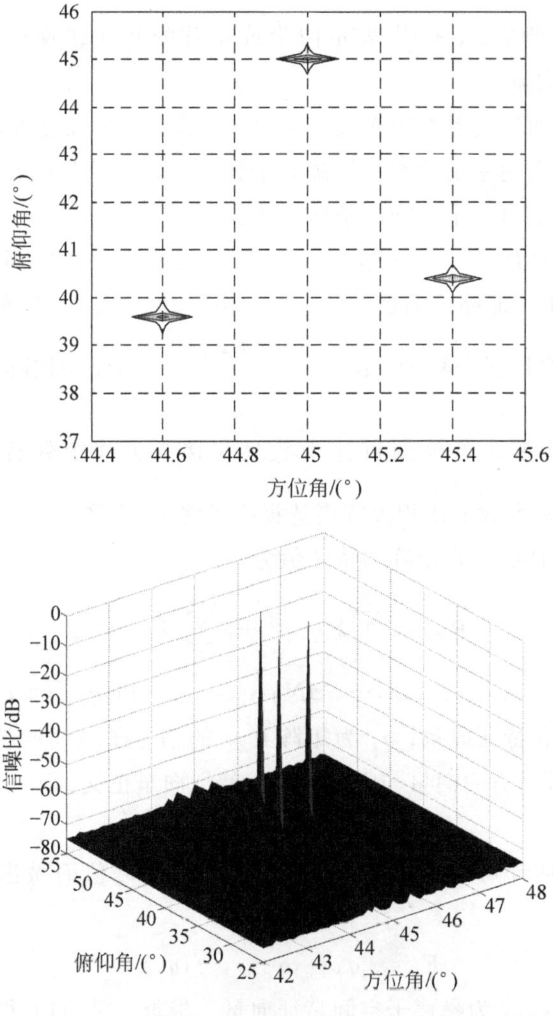

图 4.12 发射完全互补序列时 DOA 估计结果

实验二：验证 *m* 序列的性能

将编码长度为 127 的 m 序列作为发射信号进行仿真。为了保证与互补序列信号的带宽相同，脉冲宽度取 25.4×10^{-6}s，其他参数配置与实验一相同，将其用到正交 MIMO 雷达系统中进行上述实验，因为 m 序列不是完全正交序列，所以在匹配滤波输出时会有一些互道干扰的出现，表现在式(4.88)中会增加由于相关函数旁瓣引起的干扰。图 4.13 表示了 m 序列应用于系统中测量到达角的结果。可以看出，采用 m 序列，也能对二维到达角进行准确估计，但是由于 m 序列的非正交性带来一定的干扰，在一定程度上造成了估计结果旁瓣的抬升，降低了分辨能力。

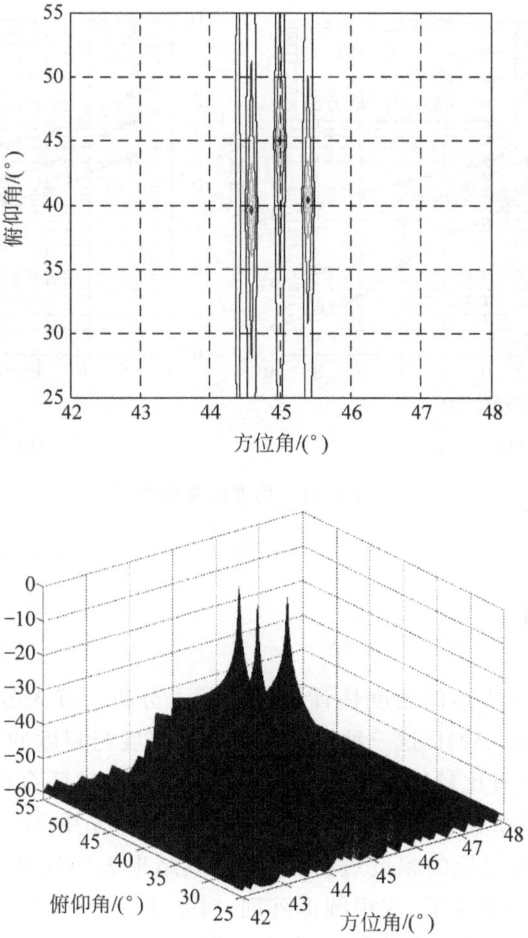

图 4.13　发射 m 序列时 DOA 估计结果

实验三：互补序列和 m 序列估计性能的比较

为了比较两种序列的测角精度，针对方位角和俯仰角为(45°，45°)的目标点做如下统计实验，定义方位角和俯仰角的均方误差(MSE)为

$$\begin{cases}\mathrm{MSE}(\hat{\theta})\triangleq\dfrac{1}{K}\sum\limits_{k=1}^{K}\left(\left|\dfrac{\hat{\theta}_k-\theta_k}{\theta_k}\right|\right)^2\\ \mathrm{MSE}(\hat{\gamma})\triangleq\dfrac{1}{K}\sum\limits_{k=1}^{K}\left(\left|\dfrac{\hat{\gamma}_k-\gamma_k}{\gamma_k}\right|\right)^2\end{cases}\tag{4.93}$$

式中，$K=10000$ 为蒙特卡罗仿真次数；$\hat{\theta}_k$ 和 θ_k 分别为在第 k 次蒙特卡罗仿真中估计方位角和真实方位角值；$\hat{\gamma}_k$ 和 γ_k 分别为在第 k 次蒙特卡罗仿真中估计俯仰角和真实俯仰角值。图 4.14 为信噪比变化时方位角和俯仰角的均方误差曲线。

由图 4.14 可知，由于完全互补序列的正交性，使得各个发射信道之间没有互道干扰，在相同信噪比条件下，天线发射互补序列时的 DOA 估计精度优于发射 m 序列时的 DOA 估计精度。

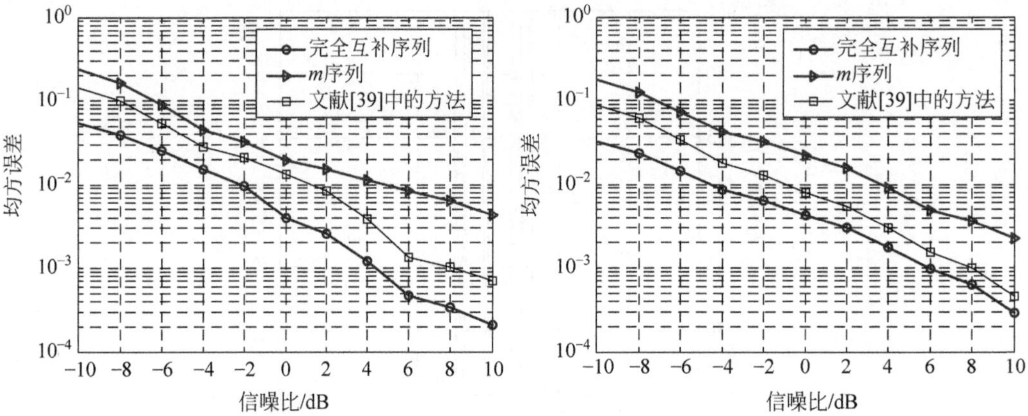

(a) 俯仰角估计误差

(b) 方位角估计误差

图 4.14 均方误差曲线

4.4 本章小结

本章对正交 MIMO 雷达的角度估计问题进行了分析。首先分析了线性阵列条件下，Capon、APES 及 MUSIC-AML 这三种算法估计目标幅度与角度的性能。在单独估计目标角度时，MUSIC 算法具有比较好的优势；当目标幅度与角度联合估计时，APES 算法具有比较好的性能。于是本章在联合估计目标幅度和角度时，先用 MUSIC 算法估计出目标角度，再利用 AML 算法对目标的幅度进行估计，仿真结果表明这种结合是可行性与稳定性的。其次，分析了在面阵条件下，应用圆形阵列，对基于完全互补序列的 MUSIC 算法估计二维到达角的性能进行分析。结果表明，由于完全互补序列的正交性，在角度估计时，其性能优于 m 序列。

第5章 MIMO雷达成像技术研究

5.1 引言

合成孔径雷达(SAR)由于可以全天候、全天时以及远距离工作,因此在成像雷达中具有非常重要的作用。近年,随着 MIMO 雷达的发展,利用 MIMO 雷达对目标成像也成为 MIMO 雷达的研究热点[121,122]。本章主要探讨 MIMO SAR 对地面目标的成像研究,由于 MIMO SAR 系统要求发射信号之间满足正交的性能,所以探索适合 MIMO SAR 应用的正交信号成为 MIMO SAR 实际应用的关键问题。目前高分辨率宽测绘带一直是星载 SAR 所追求的目标。传统单通道星载 SAR 的方位分辨率和测绘带宽度这两个指标相互矛盾并相互制约,为克服这一制约关系,多通道技术应运而生,目前单发/多收模型已在某些卫星中得到实际应用,例如,加拿大的 Radarsat-2 以及德国的 TerraSAR-X 中相继采用了该技术。

5.2 MIMO SAR 成像分析

5.2.1 等效相位中心补偿

为了解决常规星载 SAR 模式中方位分辨率和测绘带宽度不能同时提高的问题,文献[123]提出了一种发射端采用一个发射机,接收端采用多个接收机实现方位向多波束,它的基本思想是以方位向空间维采样的增加换取时间维采样的减少,在保持方位向分辨率的同时提高了测绘带宽度。文献[124]给出了方位向的单发/多收合成孔径雷达模式,即在方位向采用多个子孔径发射,只有一个子孔径发射,多个子孔径接收回波信号。随后多发/多收合成孔径雷达(MIMO SAR)应运而生[125],使得空间维采样率更为增加,系统所能达到的测绘带更宽,所能实现的方位分辨率更高。但是,这种方法存在方位向非均匀采样造成多普勒模糊的问题,针对这一问题,目前已有相对比较成熟的解模糊方法,本节仅就均匀采样进行分析。

MIMO SAR 与常规单发/多收系统的基本原理相同,雷达天线沿方位向包含多个子天线,每个子天线的尺寸都相同,波束宽度也相同,照射目标也都是来自同一区域的目标,工作原理如图 5.1 所示。

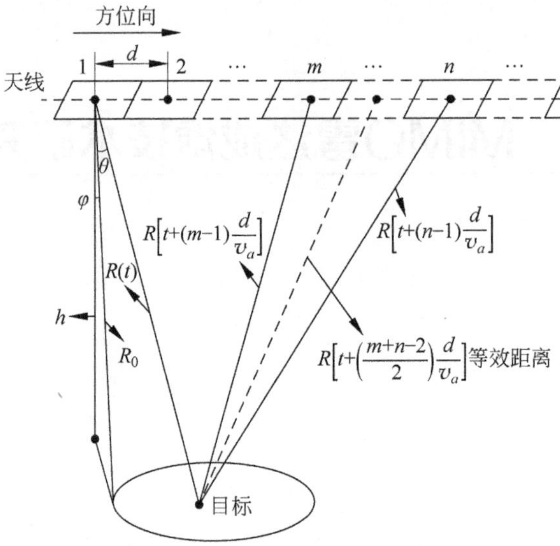

图 5.1　天线阵列模型

图 5.1 中，M 为天线总个数；d 为相邻天线之间的距离；$R(t)$为 t 时刻天线 1 对应的斜距；$R(t+(m-1)d/v_a)$和 $R(t+(n-1)d/v_a)$分别为天线 m 和天线 n 在 t 时刻对应的斜距；$R[t+(m+n-2)d/2v_a]$为天线 m 和天线 n 对应的等效斜距；θ 为参考斜距 $R(t)$与天线法线方向的夹角；v_a 为卫星速度。

每个发射天线发射不同的信号，经目标反射后，每个接收机能接收所有发射机发射的信号回波，将不同的回波信号进行分离，沿方位向进行排列，空间采样率获得了很大提高。另外，由于空间采样换取时间采样时应用等效相位中心处理，会引入相位中心误差，所以需要对等效相位中心误差进行补偿，此时系统可以等效为单发/单收工作方式，数据组合根据阵列配置情况将数据按慢时间顺序排列[126]。此时，M 个子孔径的 MIMO SAR 系统在一个脉冲重复周期(PRT)内会产生 M^2 个采样点，方位位置重合时采样点算作一个，根据天线的不同配置，可以产生不同的有效采样点。

图 5.2 示出了发射阵元间距与接收阵元间距不同时的阵列配置，当阵列配置 $d_t=Nd_r$ 或者 $d_r=Md_t$ 时(其中 d_t 为发射阵元间距，d_r 为接收阵元间距)，配置可使 MIMO SAR 一次收发内等效虚拟阵元数达到 MN 个。

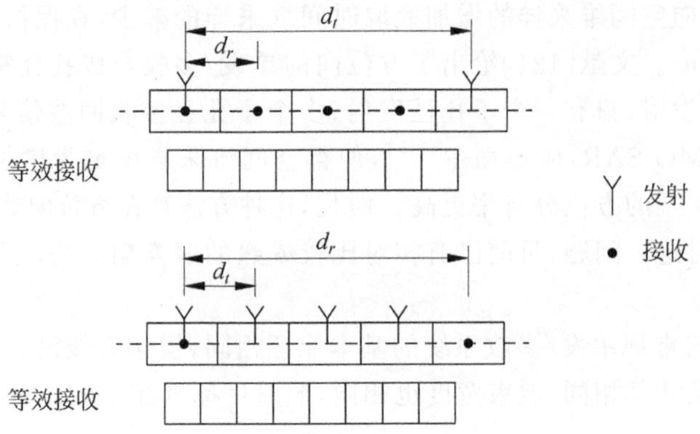

图 5.2　收发分置配置

当天线阵列配置如图 5.3 所示时，发射天线和接收天线收发同置，此时当孔径间距均匀时产生$(2M-1)$个有效采样点，这样其采样点数提高为单发/单收系统的$(2M-1)$倍，既保证了方位分辨率又展宽了测绘带。除了收发天线同置以外，不同的天线配置可以得到不同的采样点个数。

图 5.3 以 4 个收发同置天线为例说明了等效相位中心原理。

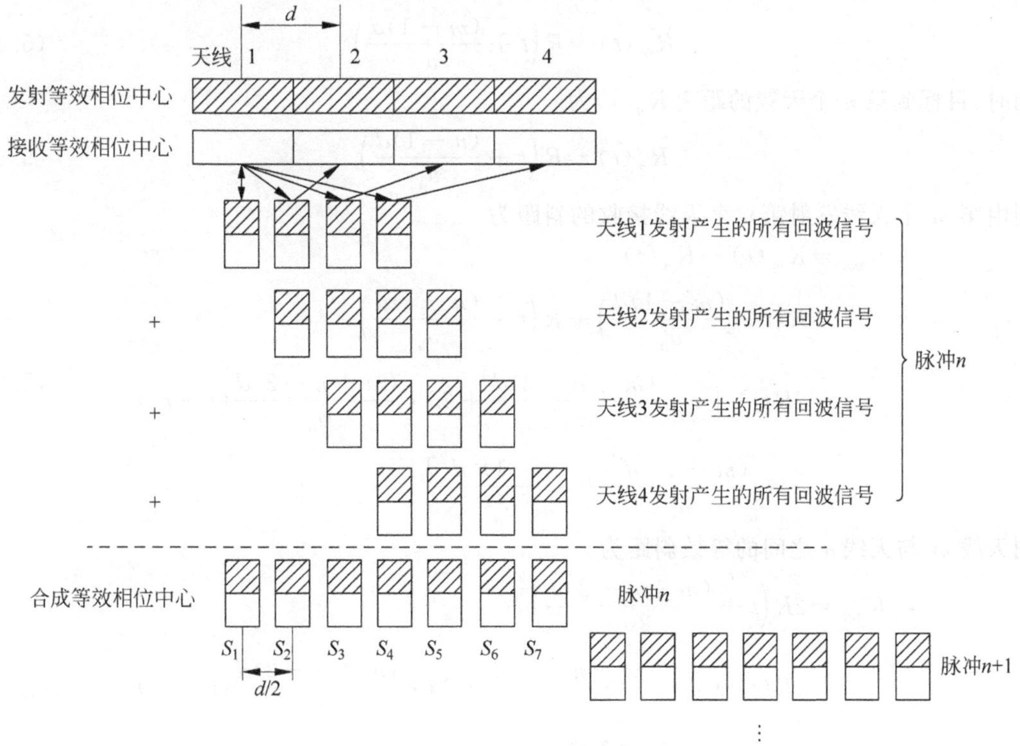

图 5.3 MIMO SAR 等效相位中心

假设收发双向相位中心定义为发射相位中心和接收相位中心连线的中点，则如图 5.3 所示，4 个子天线均发射信号和接收回波，在每个 PRT 内对目标进行 7 次空间采样，在每个 PRT 内，卫星飞行的距离满足

$$v_a \cdot \mathrm{PRT} = (2M-1)d/2 \tag{5.1}$$

即

$$\mathrm{PRF} = \frac{v_a}{(2M-1)\dfrac{d}{2}} \tag{5.2}$$

采用相同位置等效相位中心方法虽然使得等效相位中心的位置保持不变，但是由于等效相位中心来自不同发射天线和接收天线组合，所以两次回波存在一定的相位差，按照单发/多收相位差的推导方式参见文献[127]。

如图 5.1 所示，以第一个发射天线为例，其相位中心到地面目标的斜距为$R(t)$，按泰勒级数展开可得

$$R(t) \approx R_0 + \alpha(t-t_0) + \beta(t-t_0)^2, \quad (t-t_0) \in [-T_s/2, T_s/2] \tag{5.3}$$

式中，$\alpha=-v_a\sin\theta$；$\beta=\dfrac{v_a^2\cos^2\theta}{2R_0}$；$R_0$ 为参考时刻 t_0 位置所对应的斜距，$R_0=h/\cos\varphi$，h 为卫星高度，φ 为俯仰角；T_s 为合成孔径时间。

以第一个天线的斜距为参考斜距，对回波的相位历程进行推导，其自发自收的相位历程为 $\phi_1=\dfrac{2\pi}{\lambda}\cdot 2R(t)$，$\lambda$ 为载波波长。在 t 时刻，第 m 个天线到目标的距离 $R_m(t)$ 为

$$R_m(t)=R\left(t+\frac{(m-1)d}{v_a}\right) \tag{5.4}$$

同时，目标到第 n 个天线的距离 $R_n(t)$ 为

$$R_n(t)=R\left(t+\frac{(n-1)d}{v_a}\right) \tag{5.5}$$

则由第 m 个天线发射第 n 个天线接收的斜距为

$$\begin{aligned}R_{mn}&=R_m(t)+R_n(t)\\&=R\left(t+\frac{(m-1)d}{v_a}\right)+R\left(t+\frac{(n-1)d}{v_a}\right)\\&=2R(t)+\alpha\cdot\frac{(m+n-2)d}{v_a}+2\beta\cdot\frac{(m+n-2)d}{v_a}(t-t_0)\\&\quad+\beta\left[\frac{(m-1)^2d^2}{v_a^2}+\frac{(n-1)^2d^2}{v_a^2}\right]\end{aligned} \tag{5.6}$$

则天线 m 与天线 n 之间的等效斜距为

$$\begin{aligned}R_{mn}^{\mathrm{eq}}&=2R\left(t+\frac{(m+n-2)d}{2v_a}\right)\\&=2R(t)+\alpha\cdot\frac{(m+n-2)d}{v_a}+2\beta\cdot\frac{(m+n-2)d}{v_a}(t-t_0)\\&\quad+\beta\frac{(m+n-2)^2d^2}{2v_a^2}\end{aligned} \tag{5.7}$$

式(5.6)与式(5.7)仅最后一项有差异，所以等效相位中心差为

$$\Delta\omega_{mn}=\frac{2\pi(R_{mn}^{\mathrm{eq}}-R_{mn})}{\lambda}=\beta\frac{2\pi}{\lambda}\frac{(m-n)^2d^2}{2v_a^2} \tag{5.8}$$

由上述推导可知，任意天线 m 和 n 之间引入的相位差为 $\Delta\omega_{mn}$，且 $\Delta\omega_{mn}=\Delta\omega_{nm}$，在正侧视条件下，$\theta$ 即为半波束宽度角。图 5.4 示出了正侧视条件下相位误差随 θ 的变化，其中，$\lambda=0.018\mathrm{m}$，$d=4\mathrm{m}$，$v_a=7000\mathrm{m/s}$，$h=500\mathrm{km}$。

应用等效相位原理，根据式(5.8)，令 $\phi_{mn}=\exp(\mathrm{j}\Delta\omega_{mn})$，$\phi_{mn}=\phi_{nm}$。对于 M 个天线的 MIMO SAR 系统，定义 $y_{n,m}$ 为等效的接收信号，则进行相位补偿后的信号为 $E_{mn}=y_{n,m}\cdot\phi_{mn}$。将 E_{mn} 按照如下方式进行方位向排列，其中 $m,n\in 1,2,\cdots,M$，则一个 PRT 内的回波信号可以表述为

$$\boldsymbol{P}=\begin{bmatrix}E_{1,1} & E_{1,2} & \cdots & E_{1,M} & 0 & \cdots & 0\\ 0 & E_{2,1} & E_{2,2} & \cdots & E_{2,M-1} & 0 & \vdots\\ \vdots & \ddots & \ddots & \ddots & \ddots & \ddots & \vdots\\ 0 & 0 & 0 & E_{M,1} & \cdots & E_{M,M-1} & E_{M,M}\end{bmatrix}_{M\times(2M-1)} \tag{5.9}$$

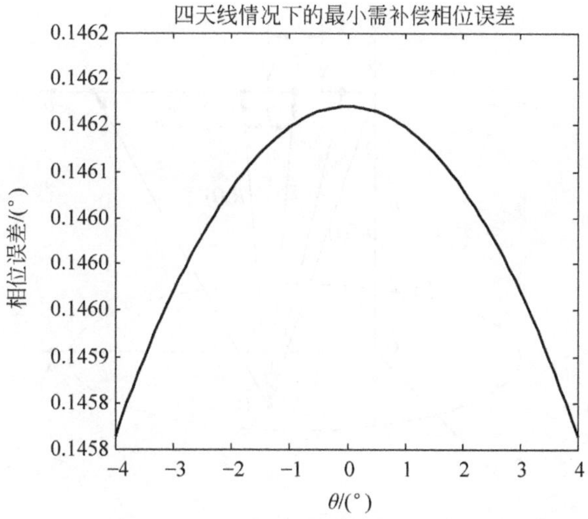

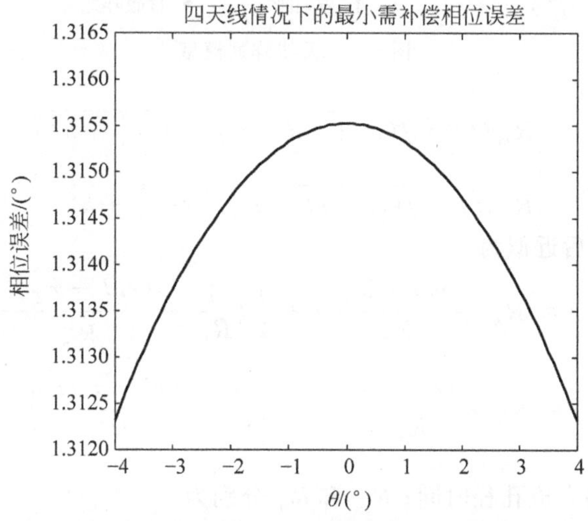

图 5.4 等效相位中心误差随 θ 的变化

通过上述分析，将回波信号分离后进行排列，然后再进行相位误差补偿叠加后取平均，即可等效为单天线系统的回波相位历程，之后进行方位向 FFT 处理，然后进行距离摄动校正，通过方位向参考函数之后进行 IFFT 运算，即可得到点目标图像。

5.2.2 完全互补序列信号模型

本节研究的基于完全互补序列的 MIMO SAR 模型如图 5.5 所示。为论述方便，定义载机平台的飞行航线方向为 x 轴，与之垂直的方向为 y 轴，设飞行速度为 v，飞行高度为 h，发射阵列和接收阵列为均匀线性阵列，分别有 M 个和 N 个天线，接收天线间距为 l，发射天线间距为 d，阵列沿飞行方向放置。θ 为第一个发射天线对应的天线斜视角，γ 为俯仰角，(x_T, y_T)为目标点坐标，$R_m(t)$和 $R_n(t)$分别表示发射天线 m 和接收天线 n 到目标的实时斜距。

由图中几何关系可知，t 时刻发射天线 m 和接收天线 n 到场景内任一目标 $P(x_T, y_T, 0)$ 的距离为

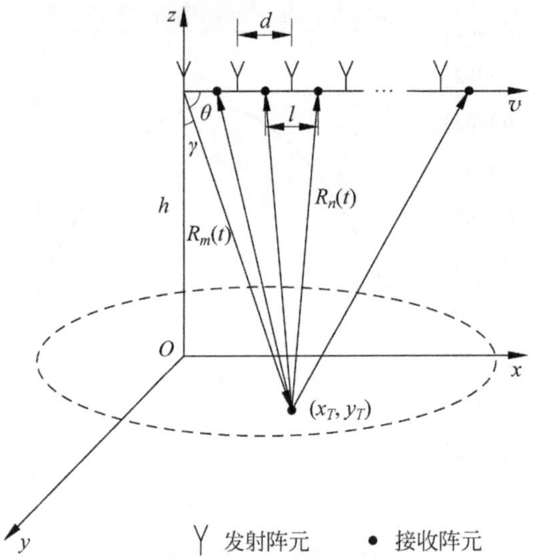

图 5.5 天线阵列模型

$$\begin{cases} R_m(t) = \sqrt{(vt + md - x_T)^2 + y_T^2 + h^2} \\ R_n(t) = \sqrt{(vt + nl - x_T)^2 + y_T^2 + h^2} \end{cases} \tag{5.10}$$

式(5.10)经泰勒展开后近似为

$$\begin{cases} R_m(t) \approx R_m + \dfrac{md - x_T}{R_m} vt + \dfrac{1}{2}\left(\dfrac{1}{R_m} - \dfrac{(md - x_T)^2}{R_m^3}\right) v^2 t^2 \\ R_n(t) \approx R_n + \dfrac{nl - x_T}{R_n} vt + \dfrac{1}{2}\left(\dfrac{1}{R_n} - \dfrac{(nl - x_T)^2}{R_n^3}\right) v^2 t^2 \end{cases} \tag{5.11}$$

式中，$|t| \leqslant \dfrac{T_s}{2}$，$T_s$ 为合成孔径时间；R_m 和 R_n 分别为

$$\begin{cases} R_m = \sqrt{(md - x_T)^2 + y_T^2 + h^2} \approx R + \dfrac{m^2 d^2 - 2mdx_T}{2R} \\ R_n = \sqrt{(nl - x_T)^2 + y_T^2 + h^2} \approx R + \dfrac{n^2 l^2 - 2nlx_T}{2R} \end{cases} \tag{5.12}$$

由于远场条件下，天线的宽度远小于天线到目标的距离，所以式(5.11)可以近似为

$$\begin{cases} R_m(t) \approx R + \dfrac{m^2 d^2 - 2mdx_T}{2R} + \dfrac{md - x_T}{R} vt + \dfrac{1}{2}\left(\dfrac{1}{R} - \dfrac{(md - x_T)^2}{R^3}\right) v^2 t^2 \\ R_n(t) \approx R + \dfrac{n^2 l^2 - 2nlx_T}{2R} + \dfrac{nl - x_T}{R} vt + \dfrac{1}{2}\left(\dfrac{1}{R} - \dfrac{(nl - x_T)^2}{R^3}\right) v^2 t^2 \end{cases} \tag{5.13}$$

式中，$R = h/(\cos\gamma \cdot \cos\theta)$ 为参考阵元到目标的距离。在雷达运动过程中，由发射天线 m 和接收天线 n 产生的相位延迟为

$$\phi_{mn}(t) = -\frac{2\pi}{\lambda}[R_m(t) + R_n(t)] \tag{5.14}$$

由此引起的多普勒频率为

$$\begin{aligned} f_{d_{mn}}(t) &= \frac{1}{2\pi}\frac{\mathrm{d}\varphi_{mn}(t)}{\mathrm{d}t} \\ &= -\left(\frac{md-x_T}{\lambda R}+\frac{nl-x_T}{\lambda R}\right)v-\left[\frac{2}{R}-\frac{(md-x_T)^2+(nl-x_T)^2}{\lambda R^3}\right]v^2 t \\ &= f_{d_{mn}}+f_{r_{mn}}\cdot t \end{aligned} \tag{5.15}$$

其中，多普勒中心频率为

$$f_{d_{mn}}=f_{d_{mn}}(t)\Big|_{t=0}=-\left(\frac{md-x_T}{\lambda R}+\frac{nl-x_T}{\lambda R}\right)v \tag{5.16}$$

多普勒调频率为

$$f_{r_{mn}}=f'_{d_{mn}}(t)\Big|_{t=0}=-\left(\frac{2}{\lambda R}-\frac{(md-x_T)^2+(nl-x_T)^2}{\lambda R^3}\right)v^2 \tag{5.17}$$

假设各发射阵元发射 M 个同频段的正交信号，第 m 个信号为 $s_m(\tau)$，M 个信号满足如下条件：

$$\int s_m(\tau)s_n^*(\tau)\mathrm{d}\tau=\begin{cases}1, & m=n\\ c_{m,n}, & m\neq n\end{cases} \tag{5.18}$$

式中，τ 表示快时间；$c_{m,n}$ 表示不同信号间的互相关值。如果 $c_{m,n}\equiv 0(m\neq n)$，则信号称为理想正交信号。目前的单码领域内满足理想正交的信号是不存在的，由于完全互补序列符合理想正交的条件，在实际中的应用也需要多个通道，所以，本书利用这种特性将完全互补序列应用到 MIMO SAR 中，对基于完全互补序列的 MIMO SAR 成像问题进行初步分析。

基于完全互补序列的正交 MIMO 雷达发射模型如图 5.6 所示。

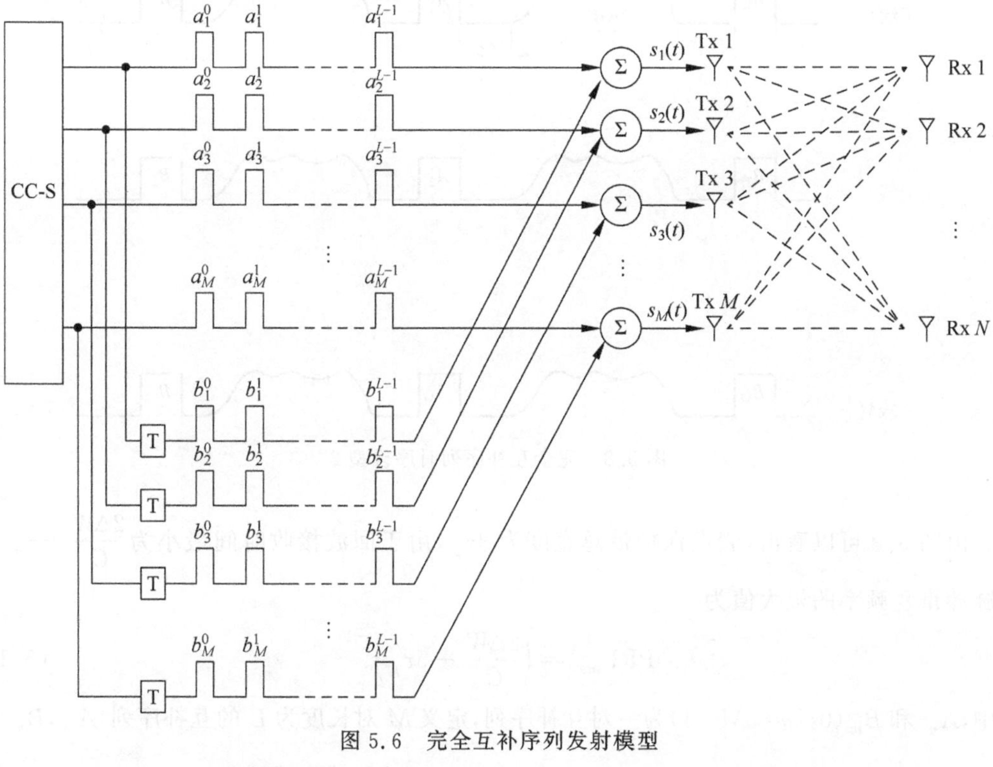

图 5.6　完全互补序列发射模型

对于完全互补序列的发送顺序有两种方法，一种是互补对在一个脉冲重复周期内连续发射，期间有一定延迟保护时间，如图 5.7 所示，文献[128]对这种方法进行了分析；另一种是互补对在两个脉冲重复周期内发射，如图 5.8 所示。本书采取第二种方法进行发射。

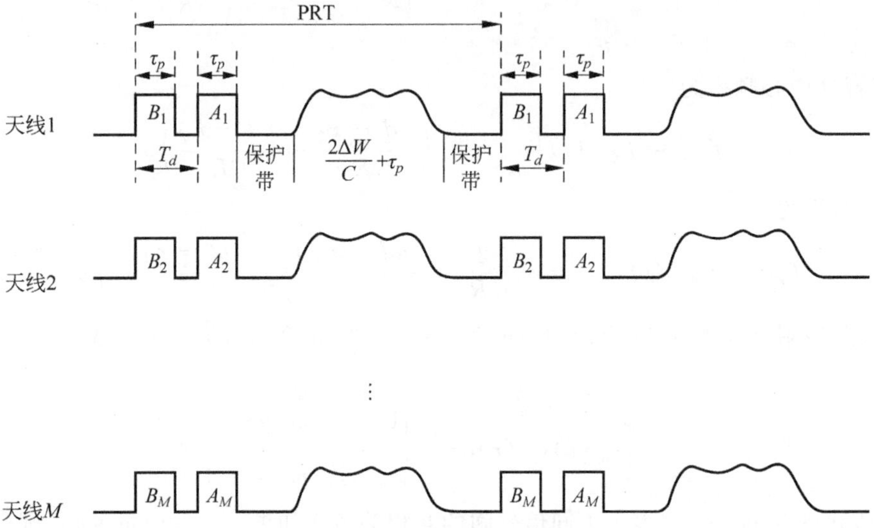

图 5.7 完全互补序列时序模型 1

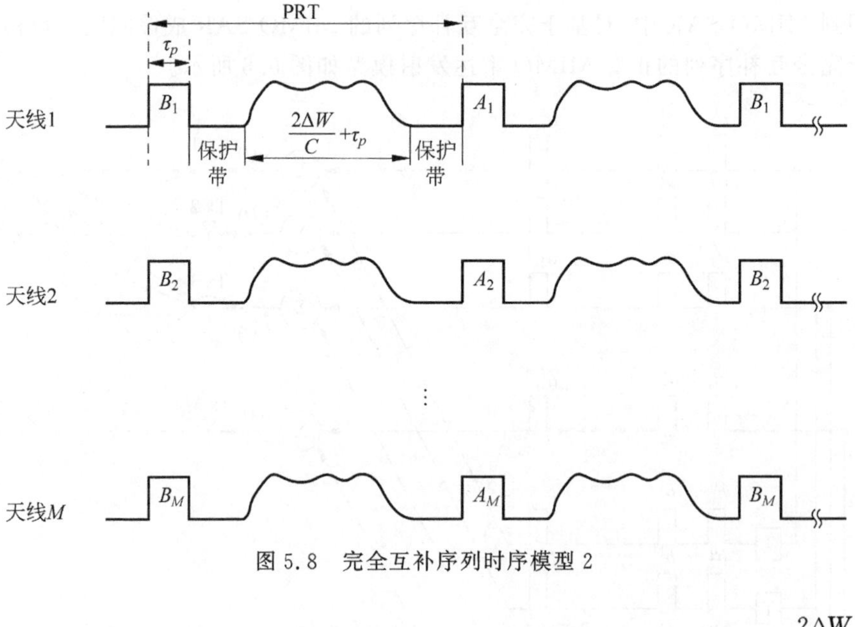

图 5.8 完全互补序列时序模型 2

由图 5.8 可以看出，假设保护带总宽度为 $3\tau_p$，由于回波接收时间最小为 $\frac{2\Delta W}{C}+\tau_p$，所以脉冲重复频率的最大值为

$$\mathrm{PRF}_{\max}=\left(\frac{2\Delta W}{C}+5\tau_p\right)^{-1} \tag{5.19}$$

其中，A_m 和 B_m $(0\leqslant m\leqslant M-1)$为一对互补序列，定义 M 对长度为 L 的互补序列$\{A_m,B_m\}$为

$$\begin{cases}A_m=(a_m^0,a_m^1,\cdots,a_m^{L-1})\\ B_m=(b_m^0,b_m^1,\cdots,b_m^{L-1})\end{cases}\tag{5.20}$$

式中，$\{(A_0,B_0),(A_1,B_1),\cdots,(A_{M-1},B_{M-1})\}$满足完全正交的特性，为完全互补序列集。则根据图5.6可知，信号A_m和B_m在第m个天线中交替发射，即第m个发射天线的发射信号$s_m(\tau)$为

$$\begin{aligned}s_m(\tau)&=\sum_{l=0}^{L-1}\left[a_m^l\cdot\mathrm{rect}\left(\frac{\tau-l\cdot T_c}{\tau_p}\right)+b_m^l\cdot\mathrm{rect}\left(\frac{\tau-T-l\cdot T_c}{\tau_p}\right)\right]\cdot \mathrm{e}^{\mathrm{j}2\pi f_c\tau}\\&=[s_{A_m}(\tau)+s_{B_m}(\tau-T)]\cdot\mathrm{e}^{\mathrm{j}2\pi f_c\tau}\end{aligned}\tag{5.21}$$

式中，T为脉冲重复周期；T_c为子脉冲宽度；$\tau_p=L\cdot T_c$为发射脉冲宽度；$\mathrm{rect}(t)$为矩形窗函数，其取值在$0\leqslant t\leqslant\tau_p$时为1，其余为0。

$$\mathrm{rect}(t)=\begin{cases}1, & 0\leqslant t\leqslant T_p\\ 0, & \text{其他}\end{cases}\tag{5.22}$$

由于采用了完全互补序列，满足完全正交的特性，使得距离维和方位维成像可以独立进行。

5.2.3 匹配滤波处理

信号经目标反射后，到达第n个接收机的回波信号为

$$\begin{aligned}y_n(\tau,t)&=\sum_{m=0}^{M-1}A_r\left[s_{A_m}\left(\tau-\frac{R_m(t)+R_n(t)}{c}\right)+s_{B_m}\left(\tau-\frac{R_m(t)+R_n(t)}{c}-T\right)\right]\\&\quad\cdot w_a(t-t_c)\cdot\mathrm{e}^{\mathrm{j}2\pi f_c\left[\tau-\frac{R_m(t)+R_n(t)}{c}\right]}\\&=y_{n,A_m}(\tau)+y_{n,B_m}(\tau-T)\end{aligned}\tag{5.23}$$

式中，$w_a(t)$为方位向包络；t_c为波束中心偏离时间。

接收机结构如图5.9所示，每个接收阵元有M路子接收通道，分别对应不同的发射信号，子接收通道通过匹配滤波后，区分并提取出各自对应的子发射信号的回波。

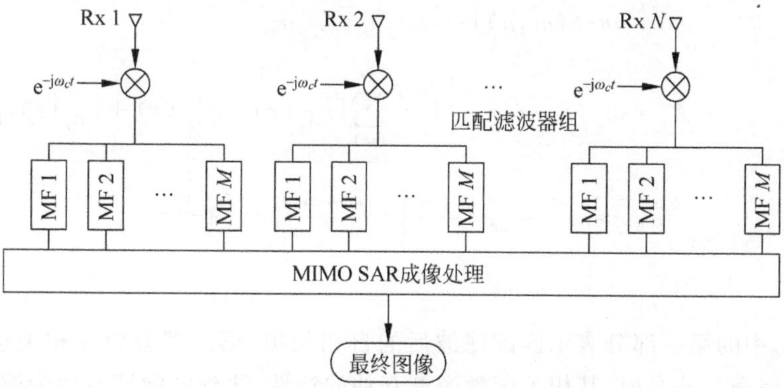

图5.9 接收机结构

针对互补序列的双码特性，图 5.9 中的子匹配滤波器结构如图 5.10 所示。

定义

$$\hat{R}(m,n)=\frac{m^2d^2+n^2l^2-2x_T(md+nl)}{2R} \tag{5.24}$$

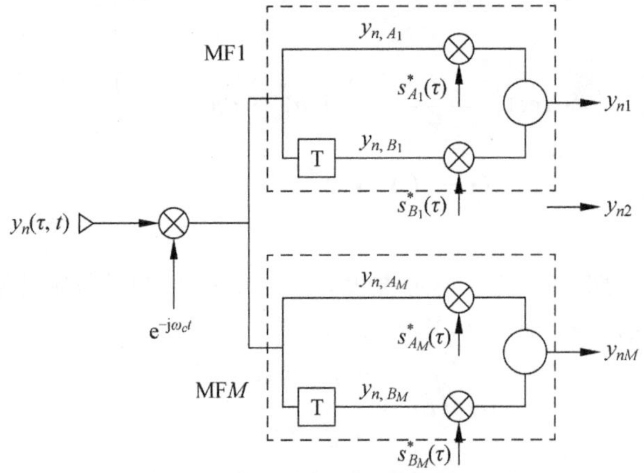

图 5.10 子匹配滤波器结构

图 5.10 表明，每一个接收阵元接到的信号 $y_n(t)$ 在匹配滤波时，首先经过解调得到基带信号，然后将互补序列进行延时匹配处理，经过混频和匹配滤波后，第 n 个阵元的第 m 路子接收机的输出表示为

$$\begin{aligned}
y_{nm}(\tau,t)&=\int_t^{t+T}y_n(\tau,t)\cdot s_m^*(\tau)\mathrm{d}\tau\\
&=A_r w_a(t-t_c)\left[\int_t^{t+T}\sum_{i=1}^{M}\mathrm{e}^{-\mathrm{j}2\pi f_c\frac{R_i(t)+R_n(t)}{c}}s_{A_i}(\tau)\cdot s_{A_m}^*(\tau)\mathrm{d}\tau\right.\\
&\quad\left.+\int_t^{t+T}\sum_{i=1}^{M}\mathrm{e}^{-\mathrm{j}2\pi f_c\frac{R_i(t)+R_n(t)}{c}}s_{B_i}(\tau)\cdot s_{B_m}^*(\tau)\mathrm{d}\tau\right]\\
&=A_r\cdot 2L\cdot\delta\left(\tau-\frac{R_m(t)+R_n(t)}{c}\right)\cdot w_a(t-t_c)\\
&\quad\cdot\mathrm{e}^{-\mathrm{j}\frac{2\pi}{\lambda}\left\{\left[2R+\hat{R}(m,n)\right]-\frac{\lambda}{2}f_{d_{mn}}\cdot t-\frac{\lambda}{4}f_{r_{mn}}\cdot t^2\right\}}\\
&\quad+A_r\cdot w_a(t-t_c)\cdot\left[\int_t^{t+T}\sum_{\substack{i=1\\i\neq m}}^{M}\left[s_{A_i}(\tau)\cdot s_{A_m}^*(\tau)+s_{B_i}(\tau)s_{B_m}^*(\tau)\right]\right.\\
&\quad\left.\cdot\mathrm{e}^{-\mathrm{j}\frac{2\pi}{\lambda}\left\{\left[2R+\frac{i^2d^2+n^2l^2-2x_T(id+nl)}{2R}\right]+\left[\frac{id+nl-2x_T}{R}\right]vt+\left[\frac{1}{R}-\frac{(id-x_T)^2+(nl-x_T)^2}{2R^3}\right]v^2t^2\right\}}\mathrm{d}\tau\right]
\end{aligned} \tag{5.25}$$

式(5.25)中的第一部分表示匹配滤波后的自相关项，第二部分为互相关项之和。利用 $\{A_m,B_m\}$ 为完全互补序列，其相关函数旁瓣互补的特性，达到匹配滤波后旁瓣对消的目的，所以第二项为零值。式(5.25)可简化为

$$y_{nm}(\tau,t)=A_r\cdot 2L\cdot\delta\left(\tau-\frac{R_m(t)+R_n(t)}{c}\right)\cdot w_a(t-t_c)\cdot e^{-j\frac{2\pi}{\lambda}\left\{[2R+\hat{R}(m,n)]-\frac{\lambda}{2}f_{d_{mn}}\cdot t-\frac{\lambda}{4}f_{r_{mn}}\cdot t^2\right\}} \tag{5.26}$$

当 $m=n=0$ 时，上式退化为传统单发/单收的 SAR 系统模型。为便于表示，把上式中的常数项简记为 G，所以上式变为

$$y_{nm}(\tau,t)=G\cdot\delta\left(\tau-\frac{R_m(t)+R_n(t)}{c}\right)\cdot w_a(t-t_c)\cdot e^{\left[j(\pi f_{d_{mn}}t+\frac{1}{2}\pi f_{r_{mn}}t^2)\right]} \tag{5.27}$$

如何从观测集 $\{r_{nm}\}_{m,n=0}^{M-1,N-1}$ 中反演出目标的散射函数，是 MIMO 雷达成像中的一项关键技术。

5.2.4 方位向压缩

将每一距离上的数据通过方位 FFT 变换到距离多普勒域，利用驻定相位(POSP)原理，得到方位向上的时频关系为

$$f_t=\frac{1}{2}(f_{d_{mn}}+f_{r_{mn}}\cdot t) \tag{5.28}$$

将 $t=\frac{2f_t-f_{d_{mn}}}{f_{r_{mn}}}$ 代入式(5.26)，方位向 FFT 后的信号为

$$\begin{aligned}Y_{nm}(\tau,f_t)&=\mathrm{FFT}_t\{y_{nm}(\tau,t)\}\\&=G\cdot\delta\left(\tau-\frac{R_m(f_t)+R_n(f_t)}{c}\right)\cdot W_a(f_t-f_{t_c})\cdot e^{-j\frac{2\pi}{\lambda}\hat{R}(m,n)}\cdot e^{-j\pi\frac{f_{d_{mn}}^2}{2f_{r_{mn}}}}\cdot e^{j\pi\frac{2f_t^2}{f_{r_{mn}}}}\end{aligned} \tag{5.29}$$

$W_a(f_t-f_{t_c})$ 为 $w_a(t-t_c)$ 的频域表示，两者在形状上一致。联立式(5.13)和式(5.28)，可以得到距离多普勒中的 RCM，即 $R_m(f_t)+R_n(f_t)$：

$$R_m(f_t)+R_n(f_t)=2R+\hat{R}(m,n)+f_{d_{mn}}\frac{2f_t-f_{d_{mn}}}{f_{r_{mn}}}+\frac{1}{2}f_{r_{mn}}\cdot\left(\frac{2f_t-f_{d_{mn}}}{f_{r_{mn}}}\right)^2 \tag{5.30}$$

需要校正的距离摄动为上式中的最后两项：

$$\Delta R(f_t)=f_{d_{mn}}\cdot\frac{2f_t-f_{d_{mn}}}{f_{r_{mn}}}+\frac{1}{2}f_{r_{mn}}\cdot\left(\frac{2f_t-f_{d_{mn}}}{f_{r_{mn}}}\right)^2 \tag{5.31}$$

距离摄动校正(RCMC)后信号变为

$$Y_{nm}(\tau,f_t)=G\cdot\delta\left(\tau-\frac{2R+\hat{R}(m,n)}{c}\right)\cdot W_a(f_t-f_{t_c})\cdot e^{-j\frac{2\pi}{\lambda}\hat{R}(m,n)}\cdot e^{-j\pi\frac{f_{d_{mn}}^2}{2f_{r_{mn}}}}\cdot e^{j\pi\frac{2f_t^2}{f_{r_{mn}}}} \tag{5.32}$$

RCMC 之后，即可通过匹配滤波器进行数据的方位聚焦，将距离压缩后的数据进行

FFT 变换再求和，进行距离摄动校正，之后与方位向参考函数相乘后进行 IFFT 操作输出图像，流程图如图 5.11 所示。

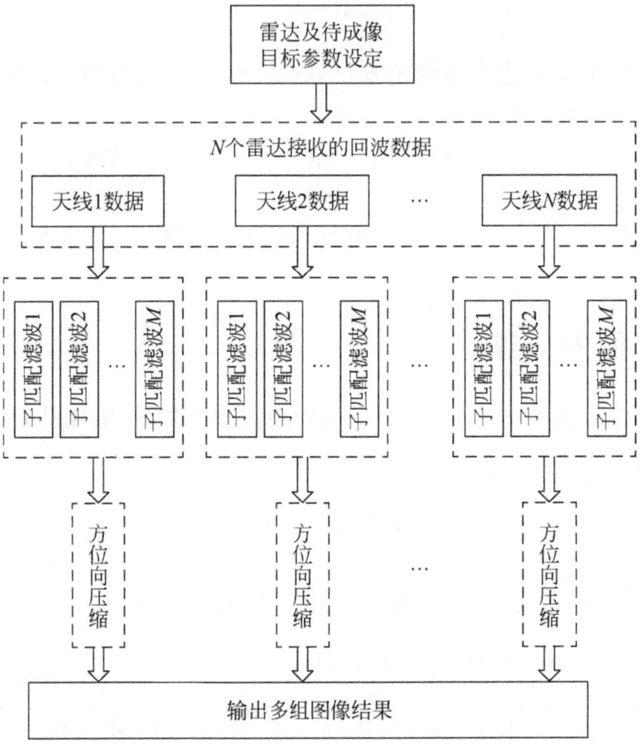

图 5.11　成像流程

定义方位向参考函数

$$H_{nm}(f_t)=e^{-j\pi\frac{2f_t^2}{f_{r_{mn}}}} \tag{5.33}$$

则方位向压缩后信号为

$$\begin{aligned} y_{nm}(\tau,t)&=\mathrm{IFFT}_t\{Y_{nm}(\tau,f_t)H_{nm}(f_t)\}\\ &=G\cdot\delta\left(\tau-\frac{2R+\hat{R}(m,n)}{c}\right)\cdot w_a(t)e^{-j\frac{2\pi}{\lambda}\hat{R}(m,n)}\cdot e^{-j\pi\frac{f_{d_{mn}}^2}{2f_{r_{mn}}}}\cdot e^{j2\pi f_{t_c}t} \end{aligned} \tag{5.34}$$

5.2.5　仿真实验

为验证上述 MIMO SAR 成像技术，进行如下仿真试验。以 2 发/2 收天线系统为例，收发同置配置。雷达系统中的各个发射阵元发射互补序列，码长为 40。阵元配置如图 5.11 所示，天线间距 $d=2m$，俯仰角为 24°，为分析方便，以正侧视条件仿真。设定目标为 9 个理想点散射体，并且每个散射点的散射幅值相同，采用图 5.11 所示的算法对目标成像处理，其他仿真参数如表 5-1 所示。

表 5-1　点目标仿真参数

仿 真 参 数	值
波长/m	0.018
子脉冲宽度/μs	0.025
信号带宽/MHz	40
信号采样率/MHz	50
子阵间距/m	2
脉冲重复频率/Hz	220
飞行高度/km	5
速度/$(m \cdot s^{-1})$	100

子滤波器输出结果如图 5.12 所示，两幅图为互补序列分别压缩的结果，它们呈现旁瓣互补的特性，它们之和为最后的成像结果。根据 MIMO SAR RD 成像算法，最后得到的成像结果如图 5.13 所示。

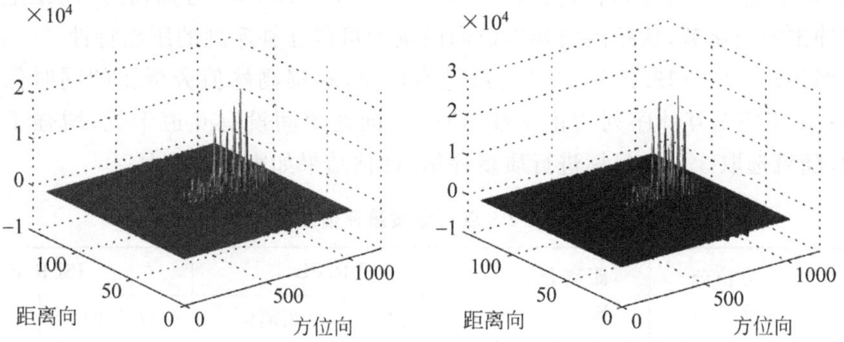

(a) 子滤波器输出1　　(b) 子滤波器输出2

图 5.12　子滤波器脉冲响应

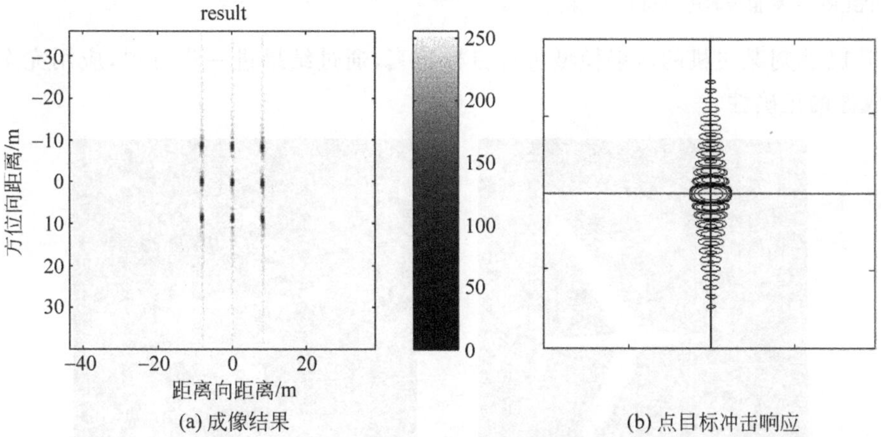

(a) 成像结果　　(b) 点目标冲击响应

图 5.13　理想点目标仿真结果

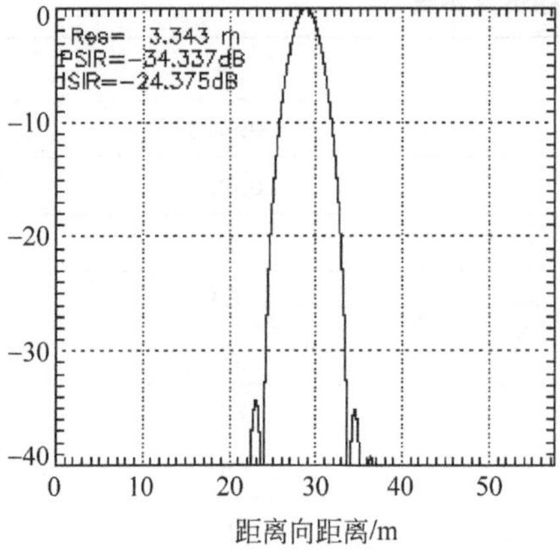

(c) 距离向剖面

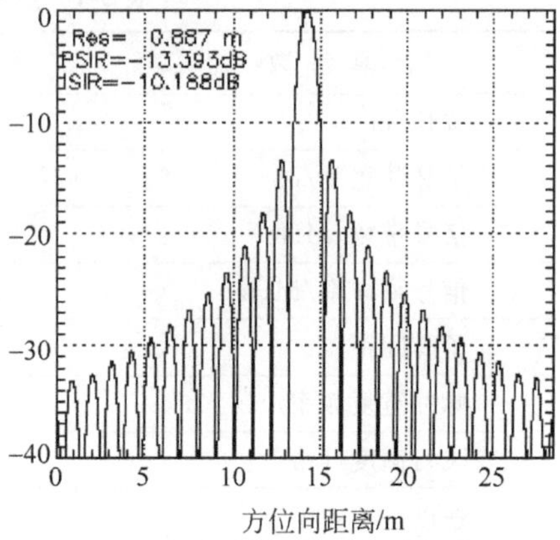

(d) 方位向剖面

图 5.13 （续）

点目标成像结果如图 5.13 所示。从图 5.13 可以得出，完全互补序列可以应用到MIMO SAR系统中并对点目标进行正确成像。由图 5.13 (b) 可知，在距离维上点目标满足理想的冲击响应函数，从距离向和方位向的剖面可得互补序列的压缩特性（－34.3dB）远优于线性调频信号的－13.2dB，并且主瓣没有展宽，在提高峰值旁瓣比的同时保持了距离向分辨率；由于完全互补序列的正交性，使得不同通道间没有互道干扰，增强了抗干扰能力。最后，随机选取 3 个点目标进行质量评估，评估结果如表 5-2 所示。

表 5-2 点目标质量评估结果

目标	方位分辨率/m	距离分辨率/m	PSLR/dB		ISLR/dB	
			方位向	距离向	方位向	距离向
目标 1	0.888	3.33	−13.39	−34.337	−10.20	−24.375
目标 2	0.897	3.34	−13.39	−34.337	−10.188	−24.375
目标 3	0.890	3.33	−13.38	−34.337	−10.188	−24.375

注：PSLR——峰值旁瓣比；ISLR——积分旁瓣比。

图 5.14 为对某飞机的散射模型进行目标仿真，通过结果进一步可得，应用完全互补序列进行成像的正确性。

(a) 目标模型

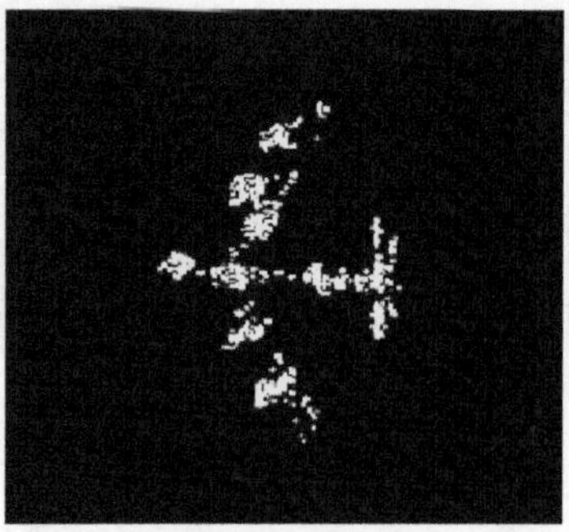
(b) 目标仿真结果

图 5.14 多点目标成像结果

上面分析了基于完全互补序列的 MIMO SAR 成像结果，验证了完全互补序列成像的可行性。为了与传统 Chirp 信号的成像结果进行对比，图 5.15 示出了传统单发/单收模式下，采用 Chirp 信号作为发射信号，在相同仿真条件下的成像实验结果。图 5.15(a)为 9 个点目标的成像结果，图 5.15(b)为点目标冲击响应的投影图，图 5.15(c)和图 5.15(d)分别示出了距离维和方位维的剖面图。

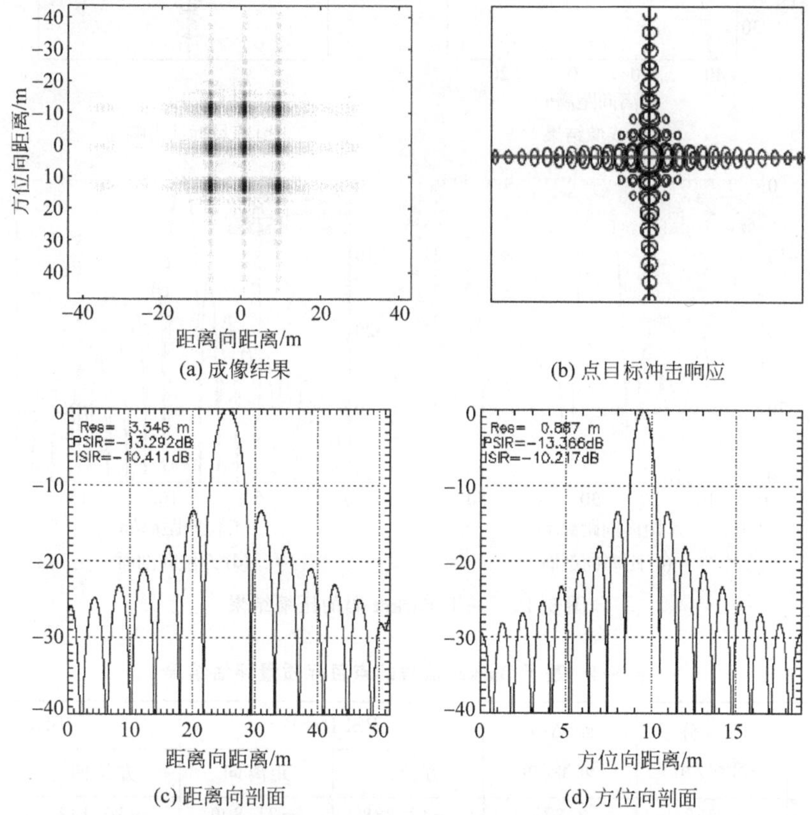

(a) 成像结果 (b) 点目标冲击响应
(c) 距离向剖面 (d) 方位向剖面

图 5.15 传统 Chirp 信号的仿真结果

从成像结果中随机选取 3 个点目标对其成像指标进行评估分析，评估结果如表 5-3 所示。

表 5-3 基于 Chirp 信号的点目标质量评估结果

目标	方位分辨率/m	距离分辨率/m	PSLR/dB		ISLR/dB	
			方位向	距离向	方位向	距离向
目标 1	0.888	3.33	−13.366	−13.292	−10.217	−10.411
目标 2	0.897	3.34	−13.365	−13.292	−10.217	−10.411
目标 3	0.890	3.33	−13.366	−13.292	−10.217	−10.411

图 5.16 给出了 13 位 Barker 码信号的压缩结果及成像结果。

同样从成像结果中随机选取 3 个点目标对其成像指标进行评估，评估结果如表 5-4 所示。

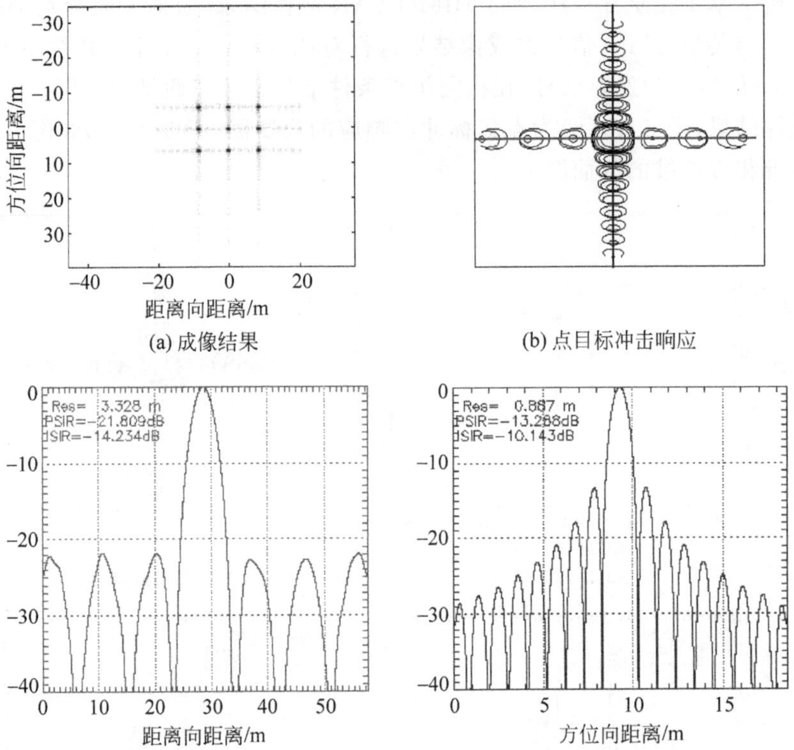

(a) 成像结果 (b) 点目标冲击响应

(c) 距离向剖面 (d) 方位向剖面

图 5.16　基于 Barker 码的压缩结果

表 5-4　基于 Barker 信号的点目标质量评估结果

目标	方位分辨率/m	距离分辨率/m	PSLR/dB		ISLR/dB	
			方位向	距离向	方位向	距离向
目标 1	0.888	3.328	−13.288	−21.809	−10.143	−14.234
目标 2	0.890	3.333	−13.289	−21.817	−10.146	−14.233
目标 3	0.890	3.33	−13.290	−21.766	−10.142	−14.233

结合图 5.13、图 5.15 与图 5.16，表 5-2、表 5-3 和表 5-4 的两种体制成像结果和指标分析可得：完全互补序列用于正交 MIMO SAR 系统中，能够很好地抑制旁瓣输出，在保证分辨率不变的基础上提高了峰值旁瓣比，增强了系统的抗干扰能力。

通过表 5-2、表 5-3 和表 5-4 的比较可知，虽然完全互补序列在 SAR 成像中的应用比 Chirp 信号和 Barker 码的结果要好很多，但是在实际工程应用中完全互补序列要求至少要有两个独立的通道才能应用，系统相对比较复杂。由于采用了完全互补序列，尚需进一步研究如下问题：

(1) 如何提高完全互补序列的带宽以及多普勒容限，这也是解决 MIMO SAR 系统进行高分辨率成像以及动目标检测应用的关键问题；

(2) 对基于完全互补序列的 MIMO SAR 其他成像方法的探讨，分析其在不同算法中优缺点也有利于整个雷达系统的设计。

5.3　本章小结

本章针对完全互补序列的旁瓣对消特性，主要研究了 MIMO SAR 成像问题。在成像系统中，根据不同需要可以选择合适的成像算法。由于完全互补序列的相位不具有线性调频的特性，所以 Chirp Scaling 算法不再适合应用于基于完全互补序列的 SAR 成像中。因此，本章应用距离多普勒(RD)算法对 MIMO SAR 成像算法进行了仿真和分析。实验结果表明，应用完全互补序列的 MIMO SAR 点目标指标与线性调频信号、Barker 码信号相比具有很好的优势。

参考文献

[1] Fishler E, Haimovich A, et al. MIMO Radar: An Idea Whose Time Has Come[A]. Proceeding of the IEEE Radar Conference[C]//Philadelphia, PA, 2004: 71-78.

[2] Fishler E, Haimoich A, et. al. Performance of MIMO Radar Systems: Advantage of Angular Diversity [C]//Proceedings of 38th Asilomar Conference on Signals, Systems and Computers. Pacific Grove, CA, 2004, 1: 305-309.

[3] Deng H. Polyphase Code Design for Orthogonal Netted Radar Systems [J]. IEEE Transactions on Signal Processing, 2004, 52(11): 3126-3135.

[4] 杨明磊,张守宏,陈伯孝,等. 多载频 MIMO 雷达的一种新的信号处理方法[J]. 电子与信息学报, 2009, 31(1): 147-151.

[5] 刘波,韩春林,苗江宏. MIMO 雷达正交频分 LFM 信号设计及性能分析[J]. 电子科技大学学报, 2009, 38(1): 28-31.

[6] Li J, Stoica P, Xu L, et al. On Parameter Identifiability of MIMO Radar [J]. IEEE Signal Processing Letters, 2007, 14(12): 968-971.

[7] 袁孝康. 合成孔径雷达导论[M]. 2 版. 北京: 国防工业出版社, 2005.

[8] Kim J H, Ossowska A, et. al. Investigation of MIMO SAR for Interferometry[C]//Proceedings of the 4th European Radar Conference, EURAD, 2007: 51-54.

[9] 井伟,武其松,邢孟道,等. 多子带并发的 MIMO-SAR 高分辨大测绘带成像[J]. 系统仿真学报, 2008, 20(16): 4373-4378.

[10] Fishler E, Haimovich A, et al. Spatial Diversity in Radar-Models and Detection Performance[J]. IEEE Transactions on Signal Processing, 2006, 54(3): 823-838.

[11] Yang Y, Blum R S. MIMO Radar Waveform Design[C]//2007 Statistical Signal Processing, SSP'07. IEEE/SP 14th Workshop, 2007: 468-472.

[12] Antonio D M, Marco L. Design Principles of MIMO Radar Detectors [J]. IEEE Transactions on Aerospace and Electronic Systems, 2007, 43(3): 886-898.

[13] Li J, Zheng X Y, Stoica P. MIMO SAR Imaging: Signal Synthesis and Receiver Design[C]//2007 2nd IEEE International Workshop on Computational Advances in Multi-Sensor Adaptive Processing, CAMPSAP, 2007: 89-92.

[14] Bergin J, Techau P, et. al. MIMO Phased-Array for Airborne Radar [C]//IEEE International Symposium on Antennas and Propagation and USNC/URSI National Radio Science Meeting, APSURSI, 2008.

[15] Sammartino P F, Baker C J, Rangaswamy M. MIMO Radar, Theory and Experiments[C]//2007 2nd IEEE International Workshop on Computational Advances in Multi-Sensor Adaptive Processing, CAMPSAP, 2007: 101-104.

[16] Sammartion P F, Baker C J, Griffiths H D. A Comparison of Algorithms for MIMO and Netted Radar Systems [C]//The 2nd International Waveform Diversity & Design Conference, Lihue, Hawaii, 2006: 22-27.

[17] Mecca V F, Dinesh R, et al. MIMO Space-Time Adaptive Processing for Multipath Clutter Mitigation [J]. IEEE Conf., 2006: 249-253.

[18] Chen D F, Chen B X, Zhang S H. Multiple-input Multiple-output Radar and Sparse Array Synthetic

Impulse and Aperture Radar [C]//International Conference on Radar,CIE'06,2006: 1-4.

[19] Forsythe K W,Bliss D W. Waveform Correlation and Optimization Issues for MIMO Radar[C]// Proc. 39th IEEE Asilomar Conference on Signal, System, and Computers, Pacific Grove, CA, 2005: 1306-1310.

[20] Rabideau D J, Peter Parker. Ubiquitous MIMO Multifunction Digital Array Radar and the Role of Time-Energy Management in Radar[R]. Project Report of Lincoln Laboratory, Oct 2003.

[21] Forsythe K W, Bliss D W, Fawcett G S. Multiple-Input Multiple-Output (MIMO) Radar: Performance Issues[C]//Proc. 38th IEEE Asilomar Conference on Signal, System, and Computers, Pacific Grove, CA, 2004, 1: 310-315.

[22] Fuhrmann D R, Antonio G S. Transmit Beamforming for MIMO Radar Systems Using Partial Signal Correlation[C]//Proc. 38th IEEE Asilomar Conference on Signal, System, and Computers, Pacific Grove, CA, 2004: 295-299.

[23] Donnet B J, Longstaff I D. MIMO Radar, Techniques and Opportunities [C]//Proceedings of the 3rd European Radar Conference, EURAD, 2006: 12-115.

[24] Sheikhi A, Zamani A, Norouzi Y. Model-based Adaptive Target Detection in Clutter Using MIMO Radar [C]//CIE International Conference on Radar, 2006: 57-60.

[25] Bekkerman I, Tabrikian J. Target Detection and Localization Using MIMO Radars and Sonars[J]. IEEE Transaction on Signal Processing, 2006, 54(10): 3873-3883.

[26] Tabrikian J, Bekkerman I. Transmission Diversity Smoothing for Multi-Target Location[C]//IEEE International Conference on Acoustics, Speech and Signal Processing, Philadelphia, PA, 2005, vol. 1: iv/1041-iv/1044.

[27] Khan H A, Edwards D J. Doppler Problems in Orthogonal MIMO Radars[C]//CIE International Conference on Radar, 2006: 244-247.

[28] Khan H A, Wasim Q Malilk, et al. Ultra Wideband Multiple-Input Multiple-Output Radar[C]// IEEE International Radar Conference, Arlington, Virginia, USA, 2005.

[29] Robey F C, Coutts S, et al. MIMO Radar Theory and Experimental Results[C]//Proc. 38th IEEE Asilomar Conference on Signal, System, and Computers, Pacific Grove, CA, 2004: 300-304.

[30] Tuomas A, Visa K. Low-Complexity Method for transmit Beamforming in MIMO Radars[C]// International Conference on Acoustics, Speech and Signal Processing, ICASSP'07, 2007: II-305-II-308.

[31] Chen C Y, Vaidyanathan P P. MIMO Radar Space-Time Adaptive Processing Using Prolate Spheroidal Wave Functions [C]//IEEE Transactions on Signal Processing, 2008, 56(2): 623-635.

[32] Friedlander B. Waveform Design for MIMO Radars [J]. IEEE Transactions on Aerospace and Electronic Systems, 2007, 43(3): 1227-1238.

[33] Antonio G S, Fuhrmann D R. Beampattern Synthesis for Wideband MIMO Radar Systems [J]. IEEE CAMSAP., 2005, 2005: 105-108.

[34] Antonio G S, Fuhrmann D R, et al. MIMO Radar Ambiguity Functions [C]//IEEE Journal of Selected Topics in Signal Processing, 2007, 1(1): 167-177.

[35] Stoica P, Li J, et al. On Probing Signal Design For MIMO Radar[C]//IEEE Transactions on Signal Processing, 2007, 55(8): 4151-4161.

[36] Zheng X Y, Xie Y, Li J, et al. MIMO Transmit Beamforming Under Uniform Elemental Power Constraint[C]//IEEE Transaction on Signal Processing, 2007, 55(11): 5359-5406.

[37] Li J. Multi-Input Multi-Output (MIMO) Radar-Diversity Means Superiority[R]. Annual Report. Office of Naval Research, Nov 2006. 11-Oct 2007.

[38] Li J, Stoica P. MIMO Radar with Colocated Antennas [J]. IEEE Signal Processing Magazine, 2007:

106-114.

[39] Xu L Z, Li J, Stoica P. Iterative Generalized-Likelihood Ratio Test for MIMO Radar [C]//IEEE Transactions on Signal Processing, 2007, 55(6): 2375-2385.

[40] Xu L, Li J, Stoica P. Radar Imaging via Adaptive MIMO Techniques[C]//Proceedings of Proc. 14th Eur. Signal Processing Conf., 2006.

[41] Xu L, Li J, Stoica P. Adaptive Techniques for MIMO Radar[C]//Proceeding 4th IEEE Workshop on Sensor Array and Multi-Channel Processing, Waltham, MA, 2006: 258-262.

[42] Dai X Z, Xu J, Peng Y N. A New Method of Improving the Weak Target Detection Performance Based on the MIMO Radar[A]. IEEE International Conference on Radar 2006[C]//Shanghai China: 2006: 24-27.

[43] 戴喜增，彭应宁，汤俊. MIMO 雷达检测性能[J]. 清华大学学报(自然科学版)，2007，47(1)：88-91.

[44] 戴喜增，许稼，彭应宁，等. FD-MIMO 距离高分辨雷达及其旁瓣抑制[J]. 电子与信息学报，2008，30(9)：2033-2037.

[45] 赵光辉，陈伯孝. 基于二次编码的 MIMO 雷达阵列稀布与天线综合[J]. 系统工程与电子技术，2008，30(6)：1032-1036.

[46] 曾建奎，何子述. 满起伏目标的多输入多输出雷达检测性能分析[J]. 电波科学学报，2008，23(1)：158-161.

[47] 王敦勇，袁俊泉，马晓岩，等. 杂波环境下 MIMO 雷达对起伏目标的检测性能分析[J]. 空军雷达学院学报，2007，21(4)：259-262.

[48] 王敦勇，马晓岩，袁俊泉，等. MIMO 雷达与相控阵雷达多脉冲下检测性能比较[J]. 雷达科学与技术，2007，5(6)：405-409.

[49] 王敦勇，袁俊泉，马晓岩. 基于遗传算法的 MIMO 雷达离散频率编码波形设计[J]. 空军雷达学院学报，2007，21(2)：105-107.

[50] 王敦勇，马晓岩，袁俊泉，等. MIMO 雷达中单元平均恒虚警检测性能分析[J]. 电子对抗，2008(1)：34-38.

[51] 王敦勇，马晓岩，袁俊泉，等. MIMO 雷达的 MTI 处理及性能分析[J]. 航天电子对抗，2008，24(1)：37-39.

[52] Golay M J E. Complementary Series[J]. IEEE Transactions on Information Theory, 1961, IT-7: 82-87.

[53] Farkas P, Turcsany M. Two-dimensional Orthogoanl Complete Complementary Codes [C]//Joint First Workshop on Mobile Future and Symposium on Trends in Communications, 2003: 21-24.

[54] Turcsany M, Farkas P. Two-dimensional Quasi Orthogonal Complete Complementary Codes[C]//Joint First Workshop on Mobile Future and Symposium on Trends in Communications, 2003: 37-40.

[55] Ojha A K. Characteristics of Complementary Coded Radar Waveforms in Noise and Target Fluctuation[C]//IEEE Southeastcon'93, Proceedings, 1993.

[56] Ojha A K. Robustness of Quadrature Sampled Complementary Codes[C]//Proceedings of the 26th Southeastern Symposium on System Theory, 1994: 138-142.

[57] Zulch P, Wicks M, Moran B, et al. A New Complementary Waveform Technique for Radar Signals [C]//Proceedings of the IEEE Radar Conference, 2002: 35-40.

[58] Suehiro N. Complete Complementary Code Composed of N-multiple-shift Orthogonal Sequences[J]. IEICE Trans., 1982, vol. J65-A: 1247-1253.

[59] Han C, Suehiro N, Hashimoto T. N-Shift Cross-Orthogonal Sequences and Complete Coplementary Codes[C]//ISIT 2007: 2611-2615.

[60] 邱刚. 基于完全互补码的 CDMA 通信系统仿真研究 [D]. 成都：西南交通大学，1999.

[61] Fletcher A S, Robey F C. Performance Bound for Adaptive Coherence of Sparse Array radar[C]//

Proceeding of the 11th Conference on Adaptive Sensors Array Processing, Mar 2003.

[62] Rabideau D J, Parker P. Ubiquitous MIMO Multifunction Digital Array[C]//Proc. 37th IEEE Asilomar Conference on Signal, System, and Computers, 2003: 1057-1064.

[63] Bliss D W, Forsythe K W. Multiple-Input Multiple-Output (MIMO) Radar and Imaging: Degrees of Freedom and Resolution[C]//Proceedings of 37th Asilomar Conference on Signals, Systems and Computers. Pacific Grove, CA, 2003, 1: 51-59.

[64] Haimmovich A M, Blum R S, et al. MIMO Radar with Widely Separated Antennas[J]. IEEE Signal Processing Magazine, 2008: 116-129.

[65] 何子述,韩春林,刘波. MIMO 雷达概念及其技术特点分析[J]. 电子学报,2005(12).

[66] Lehmann N H, Fishler E, Haimovich A M, et al. Evaluation of Transmit Diversity in MIMO-Radar Direction Finding [J]. IEEE Transactions on Signal Processing, 2007, 55(5): 2215-2225.

[67] 王永良,陈辉,彭应宁,等. 空间谱估计理论与算法 [M]. 北京: 清华大学出版社,2004.

[68] 张明友. 数字阵列雷达和软件化雷达 [M]. 北京: 电子工业出版社,2008.

[69] Wang W. Applications of MIMO Technique for Aerospace Remote Sensing [C]//IEEE Aerospace Conference, 2007: 1-10.

[70] 王建明,吴道庆. MIMO 雷达抗干扰性能分析[J]. 航天电子对抗,2006,22(5): 48-50.

[71] Li J, Stoica P. MIMO Radar Signal Processing [M]. A John Wiley & Sons, Inc., 2008.

[72] 刘波. MIMO 雷达正交波形设计及信号处理研究[D]. 成都: 电子科技大学,2008.

[73] Singh S P, Rao D K S. Modified Simulated Annealing Algorithm for Polyphase Code Design [C]// IEEE ISIE, 2006: 2966-2971.

[74] Liu B, He Z S, Zeng J K, et al. Polyphase Orthogonal Code Design for MIMO Radar Systems [A]. International Conference on Radar (CIE'06) (1) [C], 2006: 113-116.

[75] Suehiro N, Kuroyanagi N, Imoto T, et al. Very Efficient Frequency Usage System Using Convolutional Spread Time Signals Based on Complete Complementary Code [A]. IEEE International Symposium on Personal, Indoor and Mobile Radio Communications, (PIMRC' 2000), 2000, 2: 1567-1572.

[76] Zepernick H J, Adolf F. Pseudo Random Signal Processing Theory and application [M]. Beijing: Publishing House of Electronics Industry, 2007.

[77] Yang Y, Blum R S. MIMO Radar Waveform Design Based on Mutual Information and Minimum Mean-Square Error Estimation [J]. IEEE Transactions on Aerospace and Electronic Systems, 2007, 41(1): 330-343.

[78] 胡英辉,郑远,耿旭朴,等. 相位编码信号的多普勒补偿[J]. 电子与信息学报,2009,31(11): 2596-2599.

[79] 易正红. 相位编码雷达信号特征研究[J]. 电子对抗技术,2002,17(2): 7-10.

[80] 徐庆,徐继麟,周先敏,等. 线性调频-二相编码雷达信号分析 [J]. 系统工程与电子技术,2000, 22(12): 7-9.

[81] 徐庆,徐继麟,黄香馥. 一类新的脉冲压缩信号的旁瓣抑制[J]. 电波科学学报,2001,16(4): 513-517.

[82] 徐庆,徐继麟,黄香馥. 一种脉冲压缩信号旁瓣抑制方法[J]. 系统工程与电子技术,2006,23(5): 60-62.

[83] Peng W, Wang X, Zhao J. Methods of Eliminating Doppler Dispersion in Synthetic Wideband Signal [C]. ICMMT2008, 2008, 3: 1540-1543.

[84] Li B, Zhou S, Stojanovic M, et al. Multicarrier Communication Over Underwater Acoustic Channels with Nonuniform Doppler Shifts [J]. IEEE Journal of Oceanic Engineering, 2008, 33(2): 198-209.

[85] Cheng Y P, Bao Z, et al. Doppler Compensation for Binary Phase-Coded Waveforms [J]. IEEE

Transactions on Aerospace and Electronic Systems,2002,38(3):1068-1072.
[86] 国仕剑,王宝顺,贺志国,等. MATLAB7. x数字信号处理[M]. 北京:人民邮电出版社,2006.
[87] Born M,Wolf E. Principles of Optics [M]. 7th ed. Cambridge, Endland: Cambridge University Press,1999.
[88] 林茂庸,柯有安. 雷达信号理论[M]. 北京:国防工业出版社,1984.
[89] 马洪,杨琳琳,黎英云. 二维快速子空间 DOA 估计算法[J]. 华中科技大学学报(自然科学版),2008,36(4):20-23.
[90] 李绍滨,赵宜楠,胡航. 均匀圆阵波束空间二维 DOA 估计算法[J]. 哈尔滨工业大学学报,2004,36(6):796-798.
[91] 王永良,陈辉,彭应宁,等. 空间谱估计理论与算法[M]. 北京:清华大学出版社,2004.
[92] Krim H,Viverg M. Two Decades of Array Signal Processing Research[J]. IEEE Signal Processing Magazine,1996,13(4):67-94.
[93] Schmidt R O. Multiple Emitter Location and Signal Parameter Estimation[J]. IEEE Transactions on Antennas and Propagation,1986,34(3):276-280.
[94] 王鞠庭,江胜利,刘中. 复合高斯杂波中 MIMO 雷达 DOA 估计的克拉美罗下限[J]. 电子与信息学报,2009,31(4):786-789.
[95] 江胜利,王鞠庭,何劲,等. 冲击杂波下的 MIMO 雷达 DOA 估计方法[J]. 航空学报,2009,30(8):1454-1459.
[96] 吴向东,赵永波,张守宏,等. 一种 MIMO 雷达低角跟踪环境下的波达方向估计新方法[J]. 西安电子科技大学学报(自然科学版),2008,35(5):793-798.
[97] 张娟,张林让,刘楠. MIMO 雷达最大似然波达方向估计方法[J]. 系统工程与电子技术,2009,31(6):1292-1294.
[98] 许红波,王怀军,陆珉,等. 一种新的 MIMO 雷达 DOA 估计方法[J]. 国防科技大学学报,2009,31(3):92-96.
[99] Capon J. High Resolution Frequency-Wavenumber Spectrum Analysis[J]. Proceedings of the IEEE,1969:1408-1418.
[100] Li J,Stoica P. An Adaptive Filtering Approach to Spectral Estimation and SAR Imaging [J]. IEEE Transactions on Signal Processing,1996,44(6):1469-1484.
[101] Stoica P,Li H,Li J. A New Derivation of the APES Filters [J]. IEEE Signal Processing Letters,1999,6(8):205-206.
[102] Li H,Li J,Stoica P. Performance Analysis of Forward-backward Matched-filter Spectral Estimators [J]. IEEE Transactions on Signal Processing,1998,46(7):1954-1966.
[103] 夏威,何子述. APES算法在 MIMO 雷达参数估计中的稳健性研究 [J]. 电子学报,2008,36(9):1804-1809.
[104] Ren Q S,Willis A J. Extending MUSIC to Signal Snapshot and on Lie Direction Finding Application [C]//International Radar Conference,1997:783-787.
[105] Ren Q S,Willis A J. Fast Root-MUSIC Algorithm[J]. Electronics Letters,1997,33(6):450-451.
[106] 邱天爽,魏东兴,唐洪,等. 通信中的自适应信号处理[M]. 北京:电子工业出版社,2005.
[107] 袁峰,张捷. 提高阵列天线 DOA 估计的改进 MUSIC 算法[J]. 计算机仿真,2008,25(10):340-343.
[108] Xu L,Stoica P,Li J. A Diagonal Growth Curve Model and Some Signal Processing Application[J]. IEEE Transactions on Signal Processing,2006,54(9):3363-3371.
[109] Harville D A. Maxtrix Algebra From a Statistician's Perspective[M]. New York: Springer,1997.
[110] 何子述,夏威,等. 现代数字信号处理及其应用[M]. 北京:清华大学出版社,2009.
[111] Wax M,Kailath T. Detection of Signals by Information and Theoretic Criteria [J]. IEEE Transactions on Acoustics,Speech and Signal Processing,1985,33(2):387-392.

[112] Nehorai A, Starer D, Stoica P. Consistency of Direction-of-Arrival Estimation with Multipath and few Snapshots [C]//International Conference on Acoustics, Speech, and Signal Processing, 1990, 5: 2819-2822.

[113] 曹东.智能天线中阵列信号处理算法的研究[D].南京:南京理工大学,2004.

[114] Wax M, Ziskind I. On Unique Localization of Multiple Sources by Passive Sensor Array [J]. IEEE Trans. Acoust., Speech, Signal Process., 1989, 37(7): 996-1000.

[115] Zoltowski M, Haber F. A Vector Space Approach to Direction Finding in a Coherent Multipath Environment [J]. IEEE Transactions on Antennas and Propagation, 1986, 34(9): 1069-1079.

[116] 赵光辉,陈伯孝,朱守平.基于 SIAR 体制的单基地 MIMO 雷达方向综合及测角性能分析[J].中国科学 E 辑,2009,39(1):181-192.

[117] 谢荣,刘峰,刘韵佛.基于 L 型阵列 MIMO 雷达的多目标分辨和定位[J].系统工程与电子技术,2010,32(1):49-52.

[118] 邓先锋.智能天线中信号处理的研究[D].南京:南京理工大学,2003.

[119] Li S F, Chen J, Zhang L Q, et al. Construction of Quadri-phase Complete Complementary Pairs Applied in MIMO Radar Systems [C]//The 9th International Conference on Signal Processing, 2008: 2298-2301.

[120] 段聂静,王党卫,马晓岩.小斜视角的 MIMO 雷达波束域成像方法[J].空军雷达学院学报,2008,22(3):169-172.

[121] 王怀军,粟毅,朱宇涛,等.基于空间谱域填充的 MIMO 雷达成像研究[J].电子学报,2009,36(6):1242-1246.

[122] Currie A. Wide-swath SAR Imaging with Multiple Azimuth Beams [C]//IEEE Colloquium on Synthetic Aperture Radar, 1989: 3/1-3/4.

[123] Suess M, Grafmueller B, Zahn R A. A Novel High Resolution, Wide Swath SAR Systems[C]//IEEE International Geoscience and Remote Sensing Symposium (IGARSS'01), 2001, 3: 1013-1015.

[124] 黄平平,邓云凯,祁海明.多发多收星载 SAR 回波处理方法研究 [J].电子与信息学报,2010,32(5):1056:1060.

[125] 王力宝,许稼,粘永健,等.基于空时等效采样复用的星载 SAR 宽域运动目标检测与成像[J].信号处理,2009,25(12):1871-1877.

[126] Currie A, Brown M A. Wide-Swath SAR[C]//IEEE Proceeding-f, 1992, 139(2): 122-135.

[127] Qi W K, Yu W D. Study on MIMO-SAR System Based on Space Time Coding and Elevation Digital Beamforming [C]//EUSAR, 2010: 198-201.

第二部分

基于完全互补序列的5G MIMO通信技术研究

第6章 互补编码与MIMO技术基础理论

6.1 引言

无线信道相比于有线信道具有动态和不可预知性，而无线传输环境的优劣将直接决定系统性能的优劣。因此，了解无线信道特性，尤其是小尺度衰落信道特性具有十分重要的意义。本章作为全书的理论支撑，着重介绍了 MIMO 系统基础理论及模型、扩频技术基础理论及常见扩频序列，最后还就本书的另一支撑点互补序列的基础知识进行了介绍。

6.2 小尺度衰落信道传输模型

无线信道传输中，多径与时变两个特性导致了传播信号的时延扩展与频率扩展，从而引起信号衰落。衰落现象依据信号的变化程度，大致可分为大尺度衰落与小尺度衰落[1]。大尺度衰落主要是由于高山、建筑物等物体阻挡所造成的阴影衰落，其变化速率较为缓慢，这种衰落主要对无线通信的覆盖范围和通信距离产生影响，且可以通过相对简单的相关操作来消除其不利影响。小尺度衰落是由于无线通信中所用的频段所对应的最大波长远小于传播路径上障碍物的尺寸，所以电磁波将会产生直射、反射、散射、绕射等传播方式，从而信号传输呈现多径现象。这种信号幅度随着多径传播中相长干扰与相消干扰而快速变化的现象就是小尺度衰落，此时的大尺度衰落相当缓慢，其影响可以忽略。小尺度衰落所产生的影响很难像大尺度衰落那样通过简单的手段解决，所以本书的研究重点是如何解决小尺度衰落问题。

小尺度衰落不完全由多径与时变决定，还取决于移动台运动速度、环境中物体运动速度、信号带宽等因素。根据这些因素的不同取值关系，小尺度衰落又可分为两类四种，分别是基于时延扩展的频率选择性衰落、平坦衰落，以及基于多普勒扩展的快衰落、慢衰落。针对小尺度衰落而建立的常用传输信道模型有瑞利信道衰落模型及赖斯信道衰落模型等[2]。

6.2.1 时延扩展

多径传输环境下所接收到的信号将产生时延扩展。均方根时延扩展 σ_τ 常用来描述时延扩展，定义如下：

$$\sigma_\tau = \sqrt{E(\tau^2) - (\bar{\tau})^2} \tag{6.1}$$

式(6.1)表示功率延时分布二阶矩的平方根,由此可确定相关带宽 B_{corr} 的大小。相关带宽表示一段两个频率分量有很强幅度相关性的特定频带范围,其典型定义如式(6.2)所示[3]：

$$B_{\text{corr}} = \frac{1}{8\sigma_\tau} \tag{6.2}$$

有了时延扩展和相关带宽后,就能够根据不同信号带宽划分衰落类型。

当满足式(6.3)所示条件时,属于平坦衰落。当满足式(6.4)所示条件时,属于频率选择性衰落。

$$T \gg \sigma_\tau, \quad B \ll B_{\text{corr}} \tag{6.3}$$

$$T < \sigma_\tau, \quad B > B_{\text{corr}} \tag{6.4}$$

式中,B 为信号带宽,T 为码片时间,二者互为倒数,即 $T = \frac{1}{B}$。

式(6.3)与式(6.4)简单说明：当信号周期远大于多径时延扩展,即信号带宽远小于信道相关带宽时,多径时延对信号带宽内各频率上的信号作用效果几乎相同,此时形成的是平坦衰落,信号不会产生明显失真；当信号周期小于多径时延扩展,也就是信号带宽大于信道相关带宽时,信号带宽内部分频率上的信号受到了影响,从而造成频率选择性衰落。通常当 $T \leqslant 10\sigma_\tau$ 时,信道就被视为是频率选择性的。

6.2.2 多普勒扩展

信道除具有多径传播的特性外,还具有时变特性。时变特性是由移动台与基站间的相对运动或者信道中运动着的物体所引起的。主要有两个用来描述信道时变特性的参数,分别为多普勒扩展(Doppler Spread)与相关时间。

多普勒扩展 B_D 表示一个所接收信号有非零多普勒扩散的频率范围。假设发送频率为 f_c 的正弦信号,则接收到的信号谱会由于多普勒频移的影响扩散到$(f_c - f_m) \sim (f_c + f_m)$之间。其中,$f_m = v/\lambda$ 表示最大多普勒频移,v 代表移动台速度,λ 表示信号载频波长。

与多普勒扩展相对应的时域表示即相关时间 T_{corr},可描述时域下信道频率扩散的时变特性。一般定义为

$$T_{\text{corr}} = \sqrt{\frac{9}{16\pi f_m}} = \frac{0.423}{f_m} \tag{6.5}$$

有了多普勒扩展与相关时间参数,就可以根据传输信号与信道变化快慢的比较关系来划分衰落类型[4]。

当满足式(6.6)所示条件时,属于快衰落信道。当满足式(6.7)所示条件时,属于慢衰落类型。

$$T > T_{\text{corr}}, \quad B < B_D \tag{6.6}$$

$$T \gg T_{\text{corr}}, \quad B \ll B_D \tag{6.7}$$

式(6.6)与式(6.7)简单说明：当相关时间小于信号周期,即多普勒扩展大于信号带宽时,为快衰落信道,快衰落包括瑞利衰落与赖斯衰落；而当相关时间远大于信号周期,

也就是多普勒扩展远小于信号带宽时，为慢衰落信道，慢衰落又叫阴影衰落，是一种大尺度衰落。

6.2.3 常用小尺度衰落信道模型

1. 瑞利衰落信道模型

假设在信号传输中仅有反射波抵达接收机，而直射波均被阻断，且多径信号众多，到达接收端的时延各不相同，各条路径的分量波叠加形成驻波场强从而导致衰落产生。由于描述这种衰落的统计模型的包络服从瑞利分布，因而又将这种统计模型称为瑞利衰落信道(Rayleigh Fading Channel)模型[5]。在经典无线通信信道当中，移动接收机只能接收到传输信号的反射波，且电磁波抵达接收天线的方向角一般是随机的，所以根据中心极限定理，当反射波较大时，接收信号的两个正交分量是不相关的高斯随机变量。其均值为0，方差为σ^2。接收信号的包络在任意时刻均满足瑞利分布，相位服从$[-\pi,\pi]$上的均匀分布。瑞利分布的概率密度函数为

$$p(x)=\begin{cases}\dfrac{x}{\sigma_x^2}\exp\left[-\dfrac{x^2}{2\sigma_x^2}\right], & x\geqslant 0\\ 0, & x<0\end{cases} \tag{6.8}$$

信道建模中常采用瑞利衰落信道模型描述城镇中心地带的无线信道环境，这是由于城镇中心建筑物高大且密集，信号传输路径上障碍物众多，发射机与接收机之间几乎不可能存在直射路径。

2. 赖斯衰落信道模型

与瑞利衰落信道模型不同，有一种信道模型是存在视距路径的，如卫星、微波等信号传输的可视路径上不存在障碍物，因此最终到达接收机的信号不仅存在许多多径反射散射信号分量，也包含数值固定的直射信号分量。这种无线信道模型即为赖斯信道(Rice Fading Channel)模型[6]。稳定无衰落的直射信号分量与服从瑞利分布的反射分量相叠加，所得信号的包络将服从赖斯分布，其概率密度函数为

$$p(x)=\begin{cases}\dfrac{x}{\sigma_x^2}\exp\left[-\dfrac{(x^2+s^2)}{2\sigma_x^2}\right]\cdot I_0\left(\dfrac{xs}{\sigma_x^2}\right), & x\geqslant 0\\ 0, & x<0\end{cases} \tag{6.9}$$

式中，s为主信号波峰值幅度；$I_0(\cdot)$为修正后的贝塞尔函数。赖斯分布中将直射信号与反射信号的功率比定义为赖斯因子，用K表示，其表达式如式(6.10)所示：

$$K=\frac{s^2}{2\sigma_x^2} \tag{6.10}$$

赖斯因子K表征信道的衰落程度，因而常用来描述赖斯分布：K值越大表示信道衰落越轻，K值越小表示信道衰落越重；K值为0时，表示直射信号不存在，接收信号中只有散射或反射波分量，此时赖斯分布退化成为瑞利分布；若K值趋于无穷大，则表示多径成分不存在，信道为理想加性高斯白噪声(AWGN)信道。

6.3 MIMO 系统理论基础与模型

6.3.1 MIMO 系统理论基础

在无线通信系统中,根据天线配置情况的不同,多天线系统经过不断演变,可分为以下几种典型天线系统[7]。最早的通信系统是发射端与接收端均为单根天线的简单无线系统,称为单输入/单输出 SISO 系统。根据香农定理所计算出的信道容量公式,人们很容易地提出了一些直接的方法来加快通信速度,比如提供更宽的频带资源,或使用更高的调制方法等。虽然这些方法在提高数据传输速率上起到了重要作用,但无线频谱资源的稀缺以及系统复杂度方面的限制使得传统的方法很难起到决定性的作用。而多天线系统技术的出现为解决上述问题提供了可行的方法[8],因此,更好的解决途径是采用分集技术来提高通信可靠性,如单输入/多输出(Single Input Multiple Output,SIMO)系统,配置多根接收天线进行分集接收。与之对应的还有多输入/单输出(Multiple Input Single Output,MISO)系统,配置多根发射天线进行发射分集。随着通信技术的革新,SIMO 与 MISO 系统合而为一,发展成为当前被广泛应用的多输入/多输出(MIMO)系统,即不但引入发射分集也引入接收分集的天线系统,设置多根发射天线与多根接收天线。

MIMO 系统有两个主要优势:①显著提高信道容量,通过多天线阵列技术实现空分复用,成倍提升数据吞吐量;②有效提升信息传输可靠性,即降低通信误码率。更重要的是,MIMO 系统的这两个主要优势都是在不增加额外信号带宽以及信号发射功率的前提下实现的,也正是凭借其独有的性能优势,MIMO 技术成为现今移动通信系统中最为关键的技术之一。

分集技术[9]是在无线信道上实现可靠通信的最为有效的技术。简单来说,分集技术就是尽可能提供给接收机多个独立衰落的发送信号副本,以期接收机至少能够正确接收一个信号副本。分集技术可通过多种不同方法实现,例如频率分集、时间分集、空间分集等。其中空间分集又称为天线分集,天线分集又可细化为发射分集与接收分集。

结合多种分集技术可以进一步提升无线通信系统的性能。例如,天线分集技术是对抗多径衰落的一种十分有效的途径,因而可以将天线分集技术与信道编码技术相结合。这种方式被称为空时编码,而这种 MIMO 系统也被称为编码的 MIMO 系统[10]。研究表明,信道编码与空间分集的结合为进行可靠高速率无线环境通信提供了条件[11]。

事实上,MIMO 系统这两个主要优点是相互对立的,为了达到某种传输需求必须在二者之间进行平衡与取舍。例如,为了最大限度提高传输可靠性,可采用多个发射天线实现发射分集,即系统的全部信道自由度全被用于提升可靠性,在此方式下所获得的传输速率与单输入/单输出的 SISO 系统相当。相反,如果想要最大化系统传输速率,可将多个发射天线实现空分复用,即不同发射天线传输相互独立的信号,从而提高数据吞吐量,提升信道容量,但可靠性较差。无论是牺牲传输速率换取可靠性,或者是牺牲可靠性来提升传输速率,MIMO 系统总的传输自由度是一定的,因而只能进行折中。Bell 实验室的分层空时编码(Layered Space-time Code)最大化了传输速率,而获得最佳空间分集的空时分组码(Space Time Block Codes,STBC)[12]与空时网格码(Space Time Trellis Codes,STTC)[13]则实现了最佳的可靠性。此外,还有其他在二者之间进行折中的空时编码方案。

6.3.2 MIMO 系统模型

图 6.1 所示 MIMO 系统框图具有 N_t 根发射天线以及 M_r 根接收天线。在发射端,基带信号经过调制与编码等处理后被转换为多路并行的独立信号码流,同时同频带由多根发射天线独立传输。通过无线多径信道环境后到达接收端,经由多根接收天线接收,并对接收信号进行一系列空时解码操作,将各条数据子码流分离出来,进而转换成串行数据码流输出系统[14]。

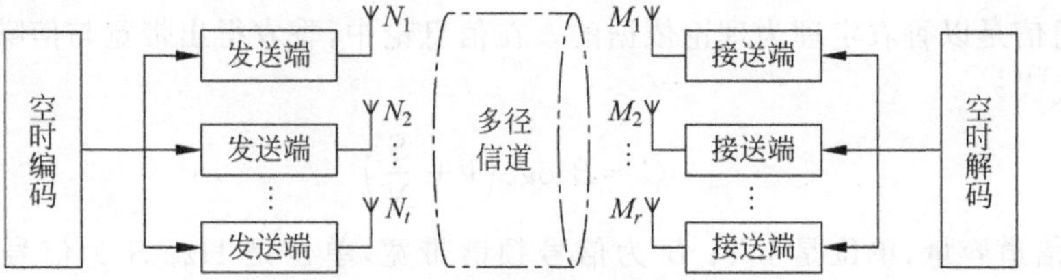

图 6.1 MIMO 系统原理框图

接下来对系统中传输码流进行数学表示,将单个符号周期内的发射信号表示为一个向量 $\boldsymbol{x}$,大小为 $N_t \times 1$,设第 i 根天线上的发射信号为 x_i,则有

$$\boldsymbol{x} = [x_1, x_2, \cdots, x_{N_t}]^{\mathrm{T}} \tag{6.11}$$

无线环境的衰落特性可用一个 $M_r \times N_t$ 的复矩阵 $\boldsymbol{H}$ 进行表示,其中,$h_{i,j}$ 为第 i 根发射天线到第 j 根接收天线间的衰落系数。假定每对收、发天线之间的传播路径相互独立,即可建立起 $M_r \times N_t$ 条独立同分布的传播路径。则 MIMO 信道就能够通过转移函数矩阵 $\boldsymbol{H}$ 描述:

$$\boldsymbol{H} = \begin{bmatrix} h_{11} & h_{12} & \cdots & h_{1N_t} \\ h_{21} & h_{22} & \cdots & h_{2N_t} \\ \vdots & \vdots & \ddots & \vdots \\ h_{M_r1} & h_{M_r2} & \cdots & h_{M_rN_t} \end{bmatrix} \tag{6.12}$$

同理,可以用 $M_r \times 1$ 大小的向量 $\boldsymbol{r}$ 表示接收信号,其中,r_j 代表第 j 根接收天线上的信号,则有

$$\boldsymbol{r} = [r_1, r_2, \cdots, r_{M_r}]^{\mathrm{T}} \tag{6.13}$$

采用线性模型表示接收向量 $\boldsymbol{r}$,用由 M_r 个统计独立零均值复高斯变量组成的列矩阵 $\boldsymbol{n}$ 表示接收到的噪声变量,则有

$$\boldsymbol{r} = \boldsymbol{Hx} + \boldsymbol{n} \tag{6.14}$$

6.4 基于互补序列的扩频方法

6.4.1 扩频技术简介及理论基础

扩展频谱通信技术(Spread Spectrum Communication, SSC)简称扩频通信[15],是通过将待传输的信息数据用伪随机(Paseudo Random)或者称作伪噪声(Paseudo Noise, PN)序

列进行调制后,使传输信息的频谱带宽远大于信息本身的频谱带宽,通常是信息原有频谱带宽的成百倍甚至上万倍。在接收端,采用与发射端相同的PN序列完成频谱解扩,从而恢复原始信息。扩频通信技术具有良好的抗干扰和抗截获等性能,它的研究始于第二次世界大战期间,当时为了能在敌方的监控区内进行保密、安全的通信,由军方展开深入研究。扩频技术是信息时代三大高科技通信方式之一,另外两种分别是卫星通信与光纤通信。目前,军事领域抗干扰通信与民用领域的移动通信仍是扩频通信的最重要应用领域。跳频系统主要应用于军事通信中抵抗多频干扰和部分边带干扰等故意干扰,直扩系统则主要应用于直接序列码分多址(DS-CDMA)等民用系统中。

扩频通信是以香农定理为理论依据的。在信息论中,香农得出带宽与信噪比的关系式,即香农公式[16]

$$C = B\log_2\left(1+\frac{S}{N}\right) \tag{6.15}$$

式中,C为信道容量,单位是b/s;B为信号频谱带宽,单位是Hz;S为信号功率,单位是W;N为噪声功率,单位是W。

香农公式是指,给定信噪比条件下,采取某种特定的编码方式,便能以任意小的差错概率,获得接近于C的信息传输速率进行信息传输。从公式中很容易看出,当高斯信道中传输信号的信噪比S/N下降时,可通过增加带宽B来保持信道容量C不变[17]。扩频通信技术实际上就是利用这一原理,凭借高速率的扩频序列来达到扩展信号宽带的目的,从而在相同的信噪比的条件下,换取更强的抗噪声干扰性能。

6.4.2 扩频技术分类

扩频技术主要包括如下几类:

1. 直接序列(DS)扩频

在发射端采用PN序列将要发送的信息扩展到很高的频带上,在接收端使用相同的扩频序列解扩还原得到初始信号。由于PN序列与干扰信号不相关,所以在接收端,信号被扩展后致使夹杂在信号频带中的干扰信号功率成倍降低,使输出信噪比升高,最终达到抗干扰的目的,图6.2为直接序列扩频框图。

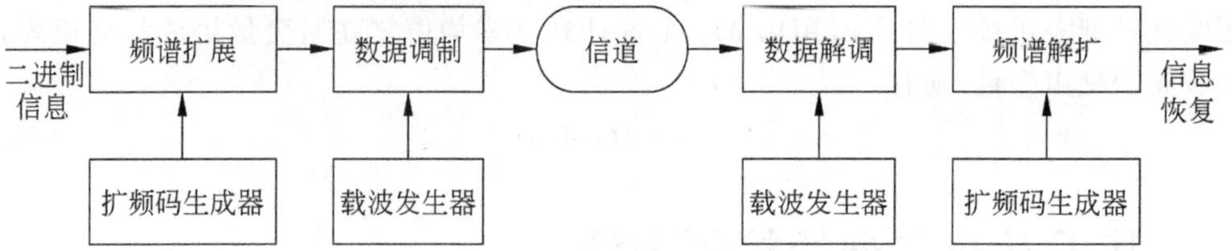

图6.2 直接序列扩频框图

2. 跳频(FH)扩频

通过扩频序列完成频移键控,使载频持续随机跳变。在接收端通过与发射端相同的扩频序列进行解扩恢复初始信号。

3. 跳时(TH)扩频

通过扩频序列控制信号发送的时刻以及发送的时长,将一个信号分为若干时隙,由扩频序列选择时隙发送信号。

4. 混合扩频

在实际应用中,单一的扩频方式往往难以达到复杂环境的性能要求,因此,常常通过结合至少两种以上的扩频方式来适应不同环境中的特殊扩频要求。较常用的混合扩频方式有FH/DS、TH/DS、FH/TH 等。

6.4.3 扩频通信特点

扩频通信技术主要具有如下特点[18]:

1. 抗干扰能力强

通过将信号扩展到很宽的频带上,在接收端进行相关处理恢复初始信号,使得落入信号频带内的干扰信号功率大大降低。这正是利用了干扰信号与扩频信号不相关的特点。凭借此原理,扩频技术能有效抑制信号的码间串扰影响。

2. 利于多址通信

扩频通信又称为扩频多址(Spread Spectrum Multiple Access,SSMA),是一种多址通信方式,与CDMA系统类似,通过不同的扩频序列构成不同的网络。扩频技术可在占用很宽带宽资源的条件下依然拥有非常高的频谱利用率,还要得益于其强大的多址能力。其灵活的组网方式,特别适合手机等移动设备的快速入网。

3. 抗衰落的影响

因为扩频信号具有很宽的频带,所以对于频率选择性衰落来说,只有一小部分信号会被影响,从而保证整个信号频谱所受的影响在较低的可控范围。

4. 抗多径干扰的影响

多径问题是通信系统中,特别是移动通信中不可避免要遇到的问题,且多径问题非常复杂,比较难以解决。不过,只要满足某些条件,扩频技术就会具有很强大的抗多径能力,不但能够抵抗多径干扰,还能利用多径信号的能量来提高系统性能。

5. 保密性好

扩频信号的频谱密度较低,与噪声十分类似,很难被第三方拦截和获取有用参数,从而确保了通信的安全保密。

6.4.4 常见扩频序列

扩频序列的好坏将直接决定扩频系统的性能优劣,扩频序列的选取对于扩频系统来说至关重要。扩频序列主要特点是:相关特性良好;独立地址数充足,可实现码分多址;保密性好等。因为信息传输过程中，应尽可能使任意的两个信号难以混淆和相互干扰，从而避免发生误判，而随机信号各信号间差距较大，所以通常采用随机信号来传输信息。理论上来讲，选取白噪声作为伪随机序列进行扩频是最理想的方案。这是由于白噪声的功率谱在很宽的频带范围内都是均匀的，且瞬时值服从正态分布，自相关尖锐且互相关几乎为零，所以相关性非常理想。但技术发展到今天，还无法对白噪声进行放大、调制、同步等操作，因而只能将接近白噪声特性的伪随机序列应用于扩频技术当中[19]。最常用的传统伪随机序列是 m 序列；此外，还有在 m 序列基础上扩展出的 Gold 序列和 M 序列等。

1. m 序列

m 序列又称为最长线性移位寄存器序列，它的发生器是由多级移位寄存器通过线性反馈生成的最长码序列，如图 6.3 所示。

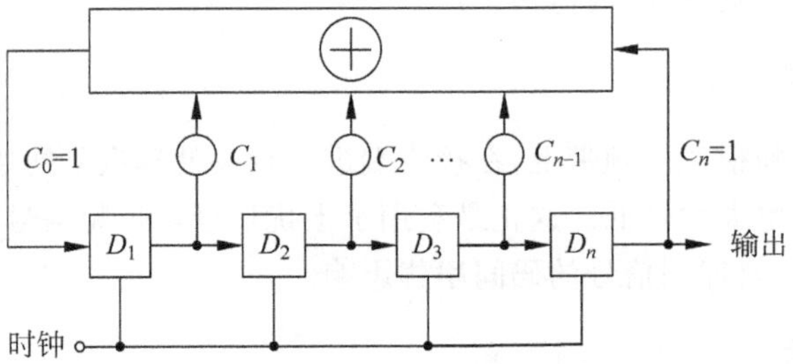

图 6.3　n 级简单型移位寄存器 m 序列发生器

图中，C_i 为反馈系数，当其等于 1 时表示参加反馈，等于 0 时则不参加反馈。除了 C_0 和 C_n 必定为 1 外，其余反馈系数可为 1 或 0 中的任意值。m 序列的产生取决于线性反馈移位寄存器的反馈系数设置，其对应的特征多项式为

$$f(x)=c_0+c_1x+c_2x^2+\cdots+c_{n-1}x^{n-1}+c_nx^n=\sum_{k=0}^{n}c_kx^k \tag{6.16}$$

当上式中反馈系数确定后，m 序列发生器所产生的 m 序列也就被唯一确定了。m 序列以 $N=2^n-1$ 为周期。

m 序列作为一种最为常用的伪随机扩频序列，具有如下特性[20]：

(1) 随机性：m 序列的随机特性包括序列的平衡性、游程平衡性以及移位相加性。

- 平衡性是指，在 m 序列的一个周期内，码元"1"与"0"的数目仅相差 1 个。
- 将一个序列中相同的相邻码元称为一个游程。在一个游程中，相同码元的个数称为游程长度。通常 m 序列的一个周期共包含 2^{n-1} 个元素游程，码元"1"与"0"的游程数各占一半。长度为 $k(1\leqslant k\leqslant n-2)$ 的游程占总游程数目的 $1/2k$。只有码元"0"的游程的长度为 $n-1$；只有码元为"1"的游程的长度为 n。这些特性统称为 m 序列的游程平衡性。
- 移位相加特性是指，m 序列与其移位后的序列逐位模 2 运算后，所得的序列仍为 m 序列，只是起始位置不同。

(2) 周期性：m 序列的周期总为 $P=2^n-1$，n 代表线性反馈移位寄存器的级数。

(3) 自相关性：自相关特性描述了 m 序列与其自身逐位移位后序列的相似性。如果给

定周期为 N 的 m 序列 $\{a_k\}$ 与移位后的 m 序列 $\{a_{k-\tau}\}$，二者的自相关性可用如下函数式表示：

$$R(\tau)=\sum_{k=1}^{N}a_k a_{k-\tau} \tag{6.17}$$

为了更清晰地展现 m 序列的自相关特性，以周期 $P=31(n=5$ 阶$)$与 $P=1023(n=10$ 阶$)$的 m 序列为例给出其自相关特性仿真图，如图 6.4 和图 6.5 所示。

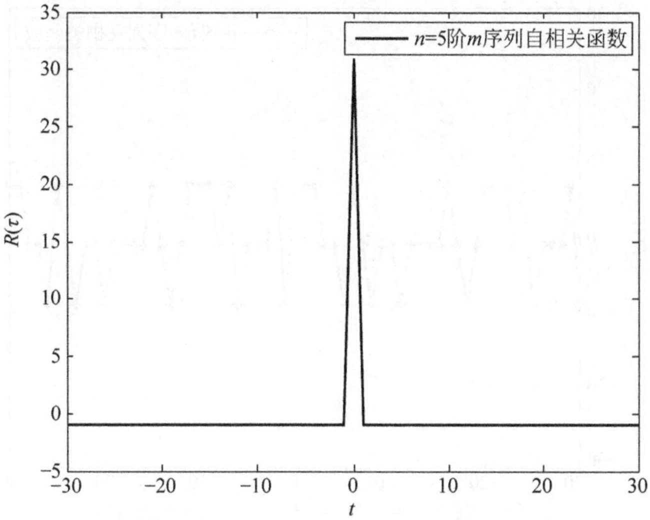

图 6.4 5 阶 m 序列自相关函数曲线

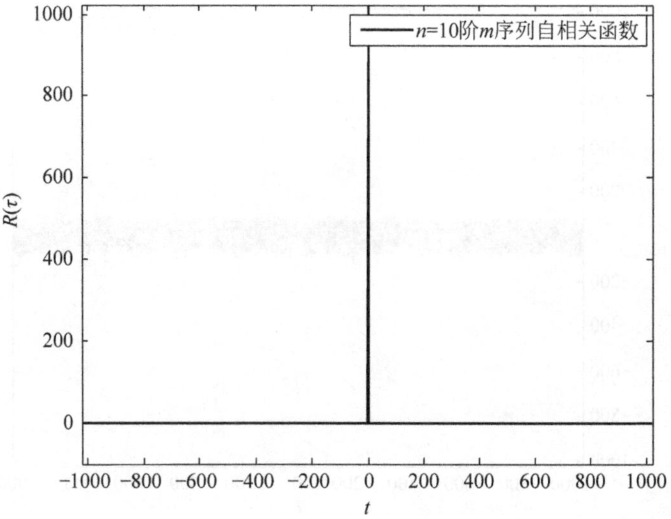

图 6.5 10 阶 m 序列自相关函数曲线

如果定义 T_c 为码片宽度，则 m 序列的自相关函数仅在 T_c 的整数倍处取值(2^n-1)和 -1 两种，因此 m 序列称为二值自相关序列。

(4) 互相关性：互相关特性描述了两个不同序列的相似性。如果给定周期为 P 的 m

序列，则它们的互相关性可表示为

$$R_{a,b}(\tau)=A-D \tag{6.18}$$

式中，A 为两序列对应位置相同的个数，即两序列模 2 加后“0”的个数；D 为两序列对应位置不同的个数，即两序列模 2 加后“1”的个数。

下面仍以周期 $P=31(n=5$ 阶$)$与 $P=1023(n=10$ 阶$)$的 m 序列为例给出 m 序列的互相关函数曲线(图 6.6 和图 6.7)。

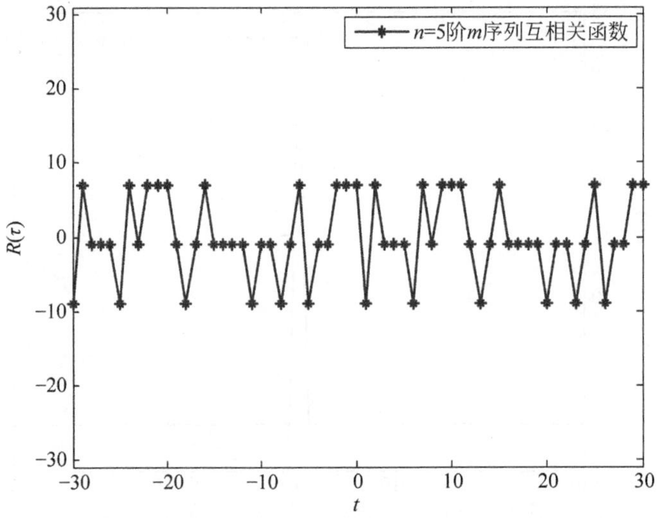

图 6.6 5 阶 m 序列互相关函数曲线

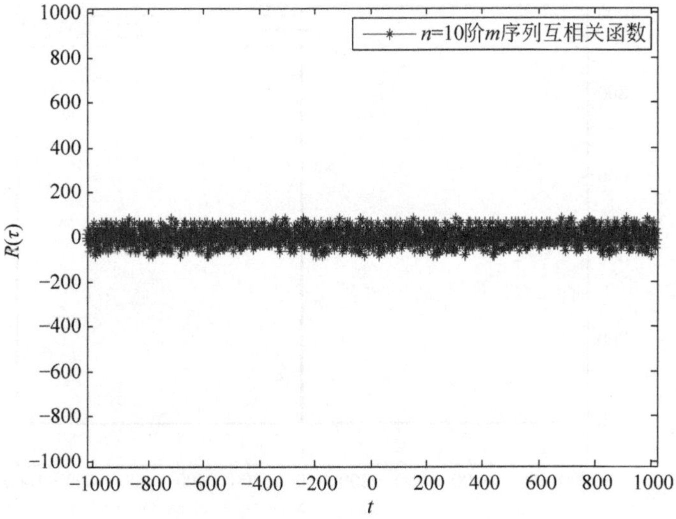

图 6.7 10 阶 m 序列互相关函数曲线

由互相关曲线图可知，互相关函数不具有自相关函数的尖峰，是一个多值函数。如果采用 m 序列作为地址码，则为降低不同地址码间的相互影响，应尽可能选取互相关值小的 m 序列，从而增强系统抗干扰性能。在实际应用中，应选取长周期的 m 序列进行扩频，互相关值相对更小[21]。

2. Gold 序列

Gold 于 1967 年提出采用优选对构成复合序列的方法，并将其命名为 Gold 序列。Gold 序列不但具有 m 序列随机性好、周期长以及隐蔽性好等优点外，更重要的是，其序列数量远大于 m 序列，更适合作为地址码。Gold 序列采用 m 序列优选对。m 序列优选对即两条互相关函数最大值的绝对值 $|R_{a,b}(\tau)|_{\max}$ 小于某个值的一对 m 序列。或者给定属于同一 m 序列集中的序列 $\{a\}$ 与 $\{b\}$，它们对应的本原多项式为 $f_1(x)$ 与 $f_2(x)$。如果其互相关函数 $R_{a,b}(\tau)$ 满足如下不等式：

$$|R_{a,b}(\tau)| \leqslant \begin{cases} 2^{\frac{k+1}{2}}+1, & \text{奇数} \\ 2^{\frac{k+2}{2}}+1, & \text{不被 4 整除偶数} \end{cases} \tag{6.19}$$

则序列 $\{a\}$ 与 $\{b\}$ 就组成一对 m 序列优选对。

Gold 序列生成主要有两种方法：第一种是由串联 $2n$ 级线性移位寄存器构成；第二种是通过并联两个 n 级移位寄存器构成。一对 m 序列优选对能够生成 2^k+1 条 Gold 序列。

Gold 序列虽然不具备 m 序列的二值相关特性和游程特性，但 Gold 序列簇中任意两条序列间均满足式(6.19)，因此，Gold 序列簇中所有序列均可作地址码。也正因为 Gold 序列可作地址码的数量远多于 m 序列，所以 Gold 序列在多址技术当中有着更为广泛的应用[22]。表 6-1 所示为 m 序列与 Gold 序列的地址码数量比较。

表 6-1　m 序列与 Gold 序列的地址码数量比较

寄存器级数 n	5	7	10
m 序列数量	6	18	60
优选对数量	12	90	330
Gold 序列数量	396	11 610	338 250

6.5　本章小结

本章首先介绍了无线信道，特别是小尺度衰落信道中的时延扩展与多普勒扩展特性，并对两种常用信道模型即瑞利信道及赖斯信道进行了描述。

接着给出了 MIMO 系统理论基础，讨论了 MIMO 系统的关键技术优势，并对 MIMO 系统原理进行了数学表述。

之后对基于互补序列扩频的通信方法进行了理论铺垫，介绍了扩频技术理论概况、扩频技术分类以及扩频通信的特点；还对常见的传统扩频序列即 m 序列与 Gold 序列分别进行了介绍，最后引出了本书的关键技术理论——互补序列的概念。

第 7 章 基于互补序列的扩频通信系统研究

7.1 引言

本章重点探究互补序列应用于通信系统中的性能表现。在第 6 章互补序列的概念之上，进一步介绍完全互补序列理论以及几种多相完全互补序列构造方法，之后将四相完全互补序列对应用于 SISO 扩频通信系统中，分析基于完全互补序列对的扩频方式对于多用户间干扰的抑制作用。

7.2 完全互补序列

通过第 6 章已经了解到，理想的地址码应同时满足：①具有尖锐自相关函数且互相关函数等于零；②具有足够长的码周期以抵抗干扰，保证保密通信；③具有足够多的地址数从而实现码分多址；④具有工程上的易用性。

传统扩频系统主要采用二元序列作为地址码，但二元序列由于其序列的局限性从而存在相关性能不理想、地址码数量过少等一系列缺点，无法适应当前移动互联网飞速发展、用户数量激增以及通信质量大幅度提高的要求。在此种情况下，多相序列地址码理论应运而生。然而，无论是二元序列还是多相序列，都无法完全达到理想地址码的要求，它们只能尽可能使循环互相关函数值趋近于零却无法达到零。后来，由 Suehiro 提出的完全互补序列概念的出现，才终于使得多相序列的循环互相关特性达到最佳，找到了理想的地址码。

7.2.1 完全互补序列理论基础

完全互补序列是基于互补序列的理论基础发展和推广得到的。二元互补序列的定义为：给定两个长度为 n 的二元序列 $A=\{a_0,a_1,\cdots,a_{n-1}\}$ 与 $B=\{b_0,b_1,\cdots,b_{n-1}\}$，当其非周期自相关函数 $C_A(\tau)$ 与 $C_B(\tau)$ 满足

$$C_A(\tau)+C_B(\tau)=\begin{cases}2N, & \tau=0\\ 0, & \tau\neq 0\end{cases} \tag{7.1}$$

时，就将 A 与 B 称为一对互补序列对。之后出现的周期互补序列，将互补序列对的概念推广到了互补序列组。给定 M 个长度为 N 的二元序列集 $\{A_i\}_{i=1}^{i=M-1}$，$R_{A_i}(\tau)$ 代表第 i 个序

列的周期自相关函数，当其满足

$$\sum_{i=0}^{M-1} R_{A_i}(\tau)=\begin{cases}MN, & \tau=0\\ 0, & \tau\neq 0\end{cases} \tag{7.2}$$

时，就称$\{A_i\}_{i=1}^{i=M-1}$为一组周期互补序列。直到 1982 年，Suehiro 才终于提出了完全互补序列的概念，其由相互正交的互补序列构成。正交序列是指一个序列 A 的循环自相关函数满足

$$R_{A_i}(\tau)=\begin{cases}M, & \tau=0 \text{ 且 } M>0\\ 0, & \tau\neq 0\end{cases} \tag{7.3}$$

二元正交互补序列或者是多相正交互补序列均能构成完全互补序列，但正如之前提到的那样，二元序列的地址码数量有限，且互相关函数不甚理想，因此本章以四相序列为例，直接讨论多相正交序列所构成的完全互补序列。

下面以 4 个四相正交序列 A_0,A_1,B_0,B_1 为例，来说明完全互补序列的概念。序列组成如表 7-1 所示。

表 7-1　四相正交序列 A_0,A_1,B_0,B_1

序列名称	序列值($j=\sqrt{-1}$)															
A_0	1	1	1	1	1	j	−1	−j	1	−1	1	−1	1	−j	−1	j
A_1	1	−1	1	−1	1	−j	−1	j	1	1	1	1	1	j	−1	−j
B_0	1	j	−j	−1	1	1	1	1	1	−j	j	−1	1	−1	−1	1
B_1	−1	j	−j	1	−1	1	1	−1	−1	−j	j	1	−1	−1	−1	−1

定义$\overline{A}$为 A 的逆序列，假设 $A=\{a_0,a_1,\cdots,a_{N-1}\}$，则有 $\overline{A}=\{a_{N-1},a_{N-2},\cdots,a_0\}$。令 $A_0*\overline{A_0}$ 表示 A_0 的循环自相关函数，$B_0*\overline{A_0}$ 表示 B_0 与 A_0 的循环互相关函数，则可得循环自相关函数如表 7-2 所示。

表 7-2　循环自相关函数

$A_0*\overline{A_0}+A_1*\overline{A_1}$	32	0	0	0	0	0	0	0	0	0	0	0	0	0	0	0
$B_0*\overline{B_0}+B_1*\overline{B_1}$	32	0	0	0	0	0	0	0	0	0	0	0	0	0	0	0

则称 $A=\{A_0,A_1\}$与 $B=\{B_0,B_1\}$各自为一组自互补码(Auto-complementary Code)。其循环互相关函数如表 7-3 所示。

表 7-3　循环互相关函数

$B_0*\overline{A_0}+B_1*\overline{A_1}$	0	0	0	0	0	0	0	0	0	0	0	0	0	0	0	0

则称 $A=\{A_0,A_1\}$与 $B=\{B_0,B_1\}$共同构成一组互互补码(Cross-complementary Code)。那么同时满足上述相关函数的序列组$\{(A_0,A_1),(B_0,B_1)\}$就可称为一组完全互补码。

7.2.2　完全互补序列典型构造方式

下面介绍 3 种完全互补序列的常用构造方法，分别是递归构造法、串接构造法与交织构造法。

1. 递归构造法

利用一个互补序列对，通过递归方式构造一类完全互补序列集[26]。给定 A_0 和 B_0 为一初始互补序列对种子，长度均为 N，即 $A_0 = \{a_0, a_1, \cdots, a_{N-1}\}$ 与 $B_0 = \{b_0, b_1, \cdots, b_{N-1}\}$，其中 $a_i, b_i \in (1, j, -1, -j)$ 为四相序列。A_0 和 B_0 满足自相关函数关系式(7.1)，这里重写为

$$R_{A_0 A_0}(\tau) + R_{B_0 B_0^*}(\tau) = \begin{cases} 2N, & \tau = 0 \\ 0, & \tau \neq 0 \end{cases} \tag{7.4}$$

图 7.1 所示为递归构造算法流程图。

$$\{A_0, B_0\} \begin{cases} \{A_1, B_1\} = \{A_0 \ B_0, A_0 - B_0\} \begin{cases} \{A_2, B_2\} = \{A_1, B_1, A_1, -B_1\} \begin{cases} \{A_3, B_3\} = \{A_2, B_2, A_2, -B_2\} \begin{cases} \cdots \\ \cdots \end{cases} \\ \quad\quad \Updownarrow \quad CC - pairs \\ \{A_3', B_3'\} = \{-\overline{B_2^*}, \overline{A_2^*}, -\overline{B_2^*}, -\overline{A_2^*}\} \end{cases} \\ \quad\quad \Updownarrow \quad CC - pairs \\ \{A_2', B_2'\} = \{-\overline{B_1^*}, \overline{A_1^*}, -\overline{B_1^*}, -\overline{A_1^*}\} \end{cases} \\ \quad \Updownarrow \quad CC - pairs \\ \{A_1', B_1'\} = \{-\overline{B_0^*} \ \overline{A_0^*}, -\overline{B_0^*} - \overline{A_0^*}\} \end{cases}$$

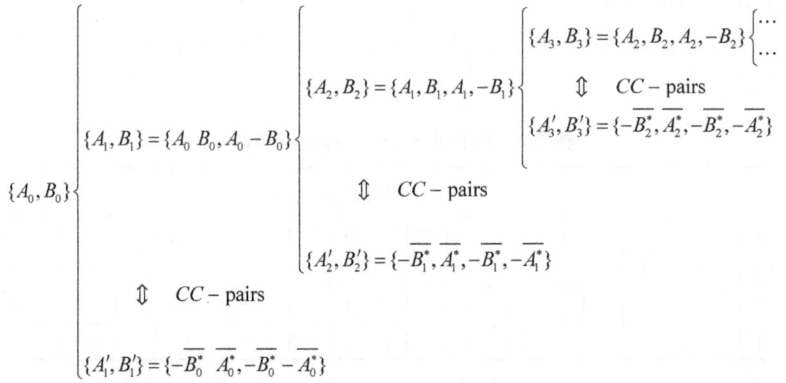

图 7.1　递归构造算法流程图

需要补充说明的是，A_0^* 为共轭运算后的 A_0。利用初始互补序列$\{A_0, B_0\}$作为种子序列，依照上图的递归构造方式就可以构造出新的完全互补序列集。

接下来以具体的种子序列为例，仿真验证上述递归构造方式的正确性。

给定长度为 5 的种子序列 $A_0 = \{1, j, -j, -1, j\}$ 与 $B_0 = \{1, 1, 1, j, -j\}$，按照图 7.1 所示递归方法可分别得到长度为 10 的一组完全互补序列$\{A_1, B_1 A_1', B_1'\}$：

$$\begin{cases} A_1 = \{A_0, B_0\} = \{1, j, -j, -1, j, 1, 1, 1, j, -j\} \\ B_1 = \{A_0, -B_0\} = \{1, j, -j, -1, j, -1, -1, -1, -j, j\} \\ A_1' = \{-\overline{B_0^*}, \overline{A_0^*}\} = \{-j, j, -1, -1, -1, -j, -1, -j, -j, 1\} \\ B_1' = \{-\overline{B_0^*}, -\overline{A_0^*}\} = \{-j, j, -1, -1, -1, j, 1, -j, j, -1\} \end{cases} \tag{7.5}$$

对其进行自相关函数的仿真验证，结果如图 7.2 与图 7.3 所示。

图 7.2、图 7.3 以及图 7.4 是式(7.5)中新生成的完全互补序列相关特性结果图。图 7.2 与图 7.3 表明，通过递归四相完全互补种子序列所构造出的新四相完全互补序列集，在除 0 点之外的任意取值处，自相关函数值均为零，说明其具备理想的自相关特性；同理，图 7.4 表明新生成的四相完全互补序列集的互相关函数之和在任意取值处均为零，也满足理想互相关特性。所以证明，图 7.1 所示的递归构造方法是正确的。

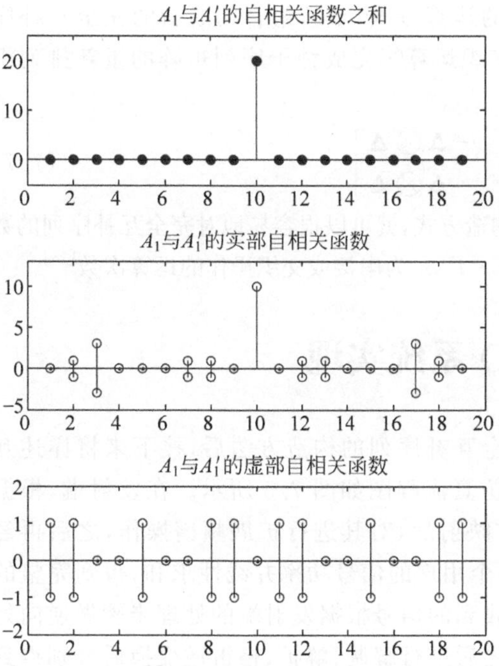

图 7.2 A_1 与 A_1'的自相关函数图

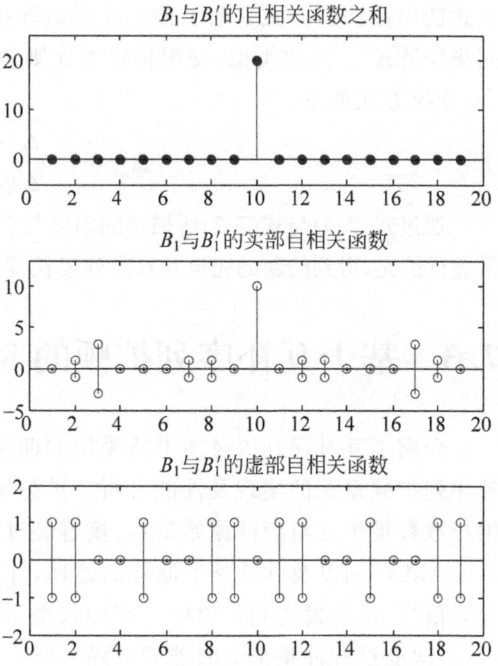

图 7.3 B_1 与 B_1'的自相关函数图

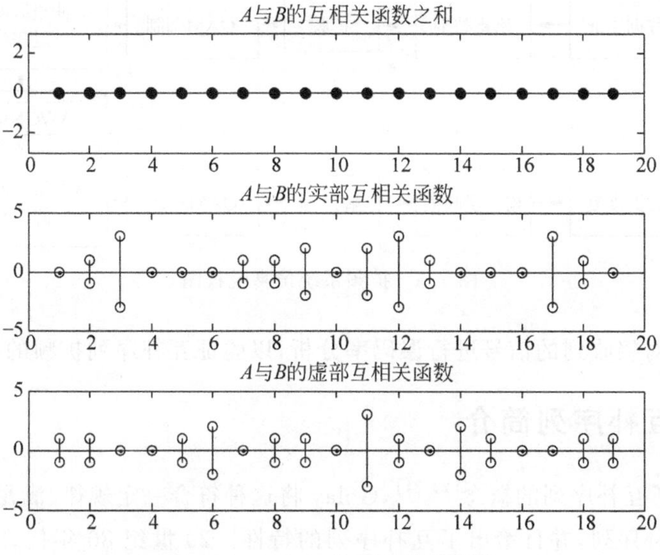

图 7.4 A 与 B 的互相关函数图

2. 串接构造法与交织构造法

文献[27]给出了串接与交织这两种常用的序列构造方式。给定初始完全互补种子序列矩阵$\boldsymbol{\Delta}$，其序列长度为 N。首先通过串接方式完成完全互补序列的构造，其变换方法如下：

$$\boldsymbol{\Delta}' = \begin{bmatrix} \boldsymbol{\Delta}\boldsymbol{\Delta} & -\boldsymbol{\Delta}\boldsymbol{\Delta} \\ -\boldsymbol{\Delta}\boldsymbol{\Delta} & \boldsymbol{\Delta}\boldsymbol{\Delta} \end{bmatrix} \tag{7.6}$$

上式的串接构造方式采取了种子序列矩阵相乘的运算方式，重新组合构成新的完全互补序列集矩阵$\boldsymbol{\Delta}'$。与之类似，交织构造方式则通过交织运算$\otimes$完成种子序列矩阵的重新排列组合，变换方式如下：

$$\boldsymbol{\Delta}' = \begin{bmatrix} \boldsymbol{\Delta} \otimes \boldsymbol{\Delta} & -\boldsymbol{\Delta} \otimes \boldsymbol{\Delta} \\ -\boldsymbol{\Delta} \otimes \boldsymbol{\Delta} & \boldsymbol{\Delta} \otimes \boldsymbol{\Delta} \end{bmatrix} \tag{7.7}$$

通过式(7.6)与式(7.7)所描述的串接与交织构造方式，就可以很容易地对完全互补序列的数量进行扩充，得到的新的完全互补序列集长度为$N \cdot 4^n$，n为串接或交织操作的运算次数[28]。

7.3 基于互补序列扩频的 SISO 系统实现

介绍了互补序列以及本书所采用的四相完全互补序列的构造方法后，接下来将详述互补序列扩频系统的实现及性能分析。扩频系统仿真流程图如图 7.5 所示。在发射端，根据用户数数量生成对应的原始信息，接着经过格雷映射后，对其进行扩展频谱操作，之后再经过 QAM 调制以及脉冲整形滤波的处理，计算每个用户的信号功率并线性求和，得到完整的发射信号，最后发送到信道中。在接收端，将接收到的信号根据发射端的处理步骤做逆向处理，再次通过脉冲整形滤波器完成降采样操作，之后进行解调、解扩、格雷逆变换后分别得到每个用户的原始传输信息。

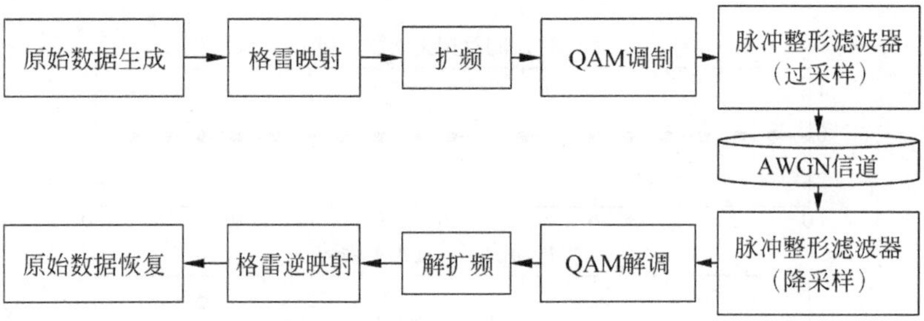

图 7.5 扩频系统仿真流程图

本章后续将对接收到的信号进行误码率分析，以验证互补序列扩频的性能优势。

7.3.1 互补序列简介

Golay 提出了互补序列的概念[23,24]，Golay 将这种符合一定规律、满足自相关特性的二进制序列称为互补序列，并且给出了互补序列的特性。20 世纪 80 年代，Suehiro 对互补序列进行了更进一步的研究，提出了完全互补序列[25]的概念。

1. 互补序列定义

由于互补序列是由其相关函数的性质来定义的，所以首先给定两个长度均为 N 的复值序列 $a=\{a_1,a_2,\cdots,a_N\}$ 和 $b=\{b_1,b_2,\cdots,b_N\}$，其中的 a 和 b 均为二进制码。如果当 a 中相同元素的对数与 b 中不同元素的对数相等时，则 a 与 b 就相互构成一组互补序列。此时，这一组互补码的部分互相关函数满足

$$R_{a,b}(\tau)=2N\delta_{ab}(\tau),\quad \tau=0,1,\cdots,N-1 \tag{7.8}$$

式中，$\delta(\tau)$表示克罗内克(Kronecker)函数。

上文已经给出了一组互补序列的定义，实际上对于互补序列而言，总是按簇存在的，从而形成互补序列集。如给定序列集 $A=\{a_m\}(1\leqslant m\leqslant M)$，序列集包含 M 个长度为 N 的子序列，则互补序列集 A 的自相关函数为所有子序列的自相关函数之和 $R(a,a,\tau)$，可表示为

$$R(a,a,\tau)=\sum_{m=1}^{M}R(a_m,a_m,\tau)=\begin{cases}MN, & \tau=0\\ 0, & \tau\neq 0\end{cases} \tag{7.9}$$

2. 互补序列的性质

互补序列主要具有如下性质：

(1) 序列 a 和 b 相互构成一组互补序列时，二者具有相同的长度。

(2) 一组互补序列集中包含子码个数为偶数。

(3) 给定互补序列 $A=\{a_m\},1\leqslant m\leqslant M$，则 $A^0=\{a_m^0\},1\leqslant m\leqslant M$ 与 $A^e=\{a_m^e\},1\leqslant m\leqslant M$ 均为互补序列。

(4) 给定序列 $a=\{a_1,a_2,\cdots,a_N\}$，则倒序序列 $\tilde{a}=\{a_N,a_{N-1},\cdots,a_1\}$，取反序列 $-a=\{-a_1,-a_2,\cdots,-a_N\}$，奇序列 $a=\{a_1,a_3,\cdots,a_{N-1}\}$，偶序列 $a^e=\{a_2,a_4,\cdots,a_N\}$，偶数位取反序列 $a^{**}=\{a_1,-a_2,\cdots,-a_N\}$。若序列 a 与 b 构成一组互补序列，则序列 $\tilde{a}$ 与 a，$\tilde{a}$ 与 $\tilde{b}$，a 与 $\tilde{b}$，$-a$ 与 a，a 与 $-b$，$-a$ 与 $-b$，a^{**} 与 b^{**} 也构成互补序列。

7.3.2 互补序列扩频 SISO 系统模型建立

基于互补序列扩频 SISO 系统仿真模型结构图如图 7.6 所示。

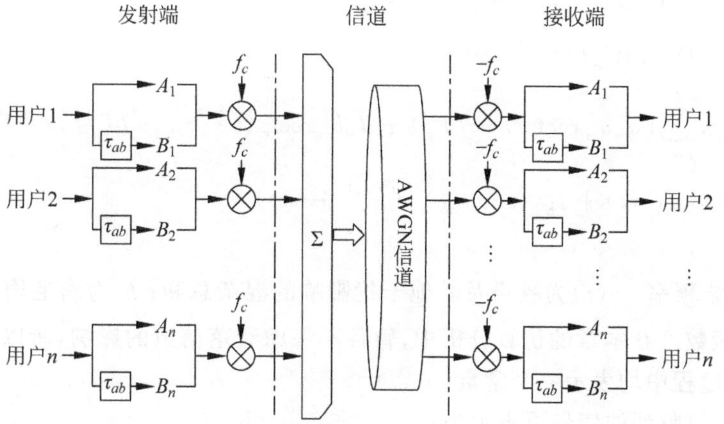

图 7.6　基于 CC-S 直接扩频 SISO 系统仿真模型结构图

具体的数学表示和公式推导如下。首先，给出 N 对多相完全互补序列的定义式 $\{A_n,B_n\}$，表示为

$$\begin{cases}A_n=(a_n^1,a_n^2,\cdots,a_n^L)\\ B_n=(b_n^1,b_n^2,\cdots,b_n^L)\end{cases} \tag{7.10}$$

其中，$\{A_n, B_n\} \in (1, i, -1, -i)$满足完全正交特性，组成完全互补序列集。序列长度为 L。经过扩频处理后的第 n 个用户的基带信号可表示为

$$S_n(t) = C_n(t) D_n(t) \tag{7.11}$$

式中，$C_n(t)$代表的扩频序列可通过文献[26]所阐述的方法来生成，具体可表示为

$$\begin{aligned} C_n(t) &= A_n(t) + B_n(t - \tau_{ab}) \\ &= \sum_{l=1}^{L} \left[a_{n,i}^{l} \operatorname{rect}_c\left(\frac{t - lT_c}{T_d}\right) + b_{n,i}^{l} \operatorname{rect}_c\left(\frac{t - \tau_{ab} - lT_c}{T_d}\right) \right] \end{aligned} \tag{7.12}$$

式中，$T_d = LT_c$ 为脉冲周期；R_d 为符号速率，$R_d = 1/T_d$；T_c 为码片周期，则码片速率为 R_c，$R_c = 1/T_c$；L 为序列长度。在 SISO 天线系统中，第 n 个用户的数据 A_n 和 B_n 轮流对用户数据进行扩频编码，之后由发射天线发送出去。τ_{ab} 表示从 a_n 到 b_n 的时间延迟。$\operatorname{rect}_c(t)$代表矩形窗函数，

$$\operatorname{rect}_c(t) = \begin{cases} 1, & 0 \leqslant t \leqslant T_c \\ 0, & \text{其他} \end{cases} \tag{7.13}$$

式(7.11)中的 $D_n(t)$表示原始用户信息数据，

$$D_n(t) = \sum_{n=1}^{N} p(t) d_n \operatorname{rect}_d\left(\frac{t - nT_d}{NT_d}\right) \tag{7.14}$$

第 n 个用户的原始数据用 d_n 表示；$p(t)$代表归一化能量，

$$p(t) = \begin{cases} \sqrt{\dfrac{E_b}{LT_c}}, & 0 \leqslant t \leqslant T \\ 0, & \text{其他} \end{cases} \tag{7.15}$$

式中，E_b 为每比特信号能量。

第 n 个用户的传输等效信号 $S_n(t)$可表示为

$$\begin{aligned} S_n(t) &= hD_n(t) C_n(t) \mathrm{e}^{\mathrm{j}2\pi f_c t} + v(t) \\ &= h \sum_{l=1}^{L} [d_n a_n^l \operatorname{rect}_c(t - lT_c) + d_n b_n^l \operatorname{rect}_c(t - \tau_{ab} - lT_c)] \mathrm{e}^{\mathrm{j}2\pi f_c t} + v(t) \\ &= h[s_{A_n}(t) + s_{B_n}(t - \tau_{ab})] \mathrm{e}^{\mathrm{j}2\pi f_c t} + v(t) \end{aligned} \tag{7.16}$$

式中，f_c 为载波频率；$v(t)$为噪声及其他干扰影响的混杂总和；h 为满足均值为 0、协方差为 δ_h^2 的分布函数。在本章的仿真分析中，暂且不考虑衰落信道的影响，所以此处的 h 在所有的公式推导过程中均表示一个常量。

在接收端，接收到的信号可表示为

$$Y_n(t) = p(t) \sum_{n=1}^{N} \int_{\tau}^{\tau + T_d} C_n(t - \tau)\ S_n(t) \mathrm{d}t \tag{7.17}$$

式中，τ 为时延。

$Y_n(t)$由两部分组成：信号部分和噪声部分。它们可分别表示为式(7.18)与式(7.19)：

$$D'_n(t) = p(t) \sum_{n=1}^{N} 2L\delta_h(t - \tau) \tag{7.18}$$

$$v'_n(t) = p(t)\sum_{n=1}^{N}\int_{\tau}^{\tau+T_d} C_n(t-\tau)\ v(t)\,\mathrm{d}t \tag{7.19}$$

7.3.3 互补序列扩频码在 SISO 系统中的性能分析

在前期的研究阶段，仿真设置相对简单，以期得到更加简洁的实验结果。本章假设信道环境中仅存在 AWGN 加性高斯白噪声，符号速率 $R_d=256\ 000$，并采用 8 倍的过采样率。MATLAB 仿真结果如图 7.7、图 7.8 所示。

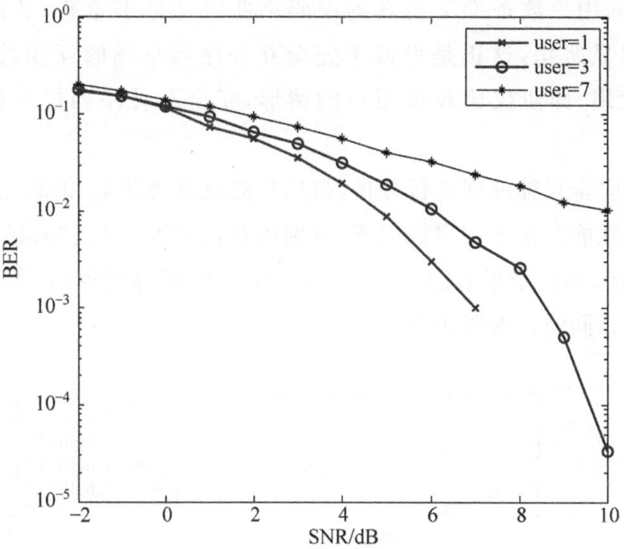

图 7.7　基于 m 序列扩频 SISO 系统误码率仿真曲线

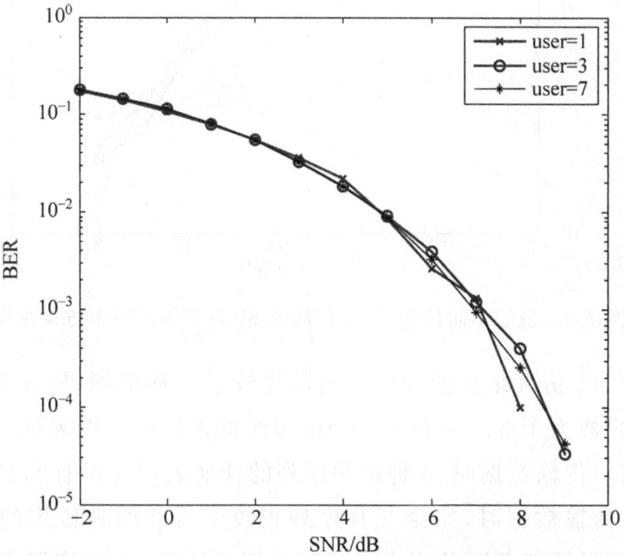

图 7.8　基于 CC-S 扩频 SISO 系统误码率仿真曲线

图 7.7、图 7.8 分别是基于 m 序列与基于完全互补序列对扩频的 SISO 系统误码率性能曲线图。以用户数为变量，仿真出 1、3、7 用户情形下两个扩频系统的误码率曲线。为了使仿真结果更加科学合理，尽可能选取长度相近的 m 序列与完全互补序列进行仿真比较，即采用 7 比特长度的 m 序列与 10 比特长度的完全互补序列。从图 7.7 与图 7.8 的曲线中很容易得到如下结果：在基于 m 序列扩频 SISO 系统中，随着用户数量的增加，干扰增强，从而导致误码率升高，这是由于即使在完全同步的情况下，m 序列的互相关函数也不等于 0。而与之形成鲜明对比的是完全互补序列扩频系统中，虽然用户数量发生变化，但是 3 条不同用户数条件下仿真的误码率曲线却近乎重叠，从而说明系统的误码率性能并未发生明显恶化，这正是得益于完全互补序列卓越的互相关特性。另外，仔细比较二者还可以发现，即使仅比较单用户的情形，完全互补序列扩频也拥有相对更低的误码率。

为了进一步对完全互补序列进行分析，将用户数设置为常量，仿真比较不同长度的完全互补序列扩频系统性能。在 5 用户情形下，分别仿真长度为 5、10、20、40 的完全互补序列扩频 SISO 系统误码率，仿真结果如图 7.9 所示，从中可以很容易得出，不同长度的完全互补序列扩频拥有近乎相同的抗误码率性能。

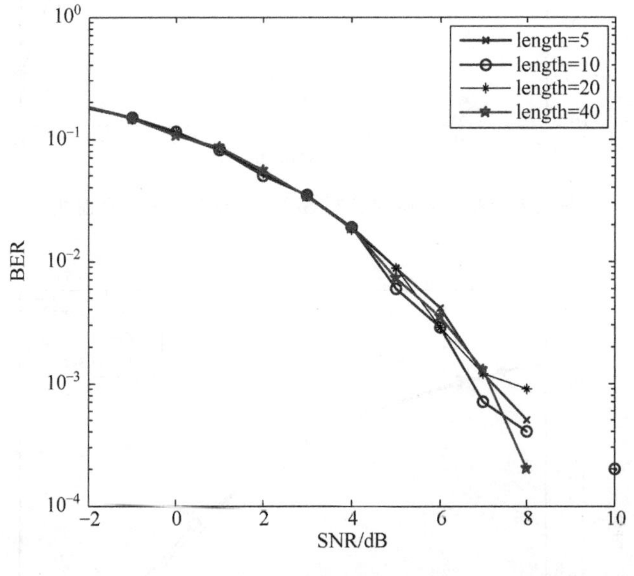

图 7.9　基于不同长度 CC-S 扩频的 SISO 系统误码率仿真曲线

图 7.10～图 7.12 仿真结果图分别直观地比较了 3 种扩频码（m 序列，Gold 序列，完全互补序列）在用户数为 1、3、7 条件下，SISO 系统的误码率性能表现。可以很容易发现，当系统中仅有单用户传输数据时，3 种扩频序列的性能表现并没有明显差别。然而，当系统中有 3 个用户在传输数据时，完全互补序列相较于另外两种传统的扩频序列，拥有更低的误码率性能，不过性能差距并不大。相对更明显的是，当系统用户数增加到 7 时，完全互补序列相比于传统扩频序列，优势显而易见，尤其是信噪比达到 9 以后，性能领先幅

度至少在2个数量级以上。通过上述一系列仿真比较,可以得出较为可靠的结论：完全互补序列作为扩频序列降低误码率的性能优势,将随着用户数量的增加而体现得越加明显。

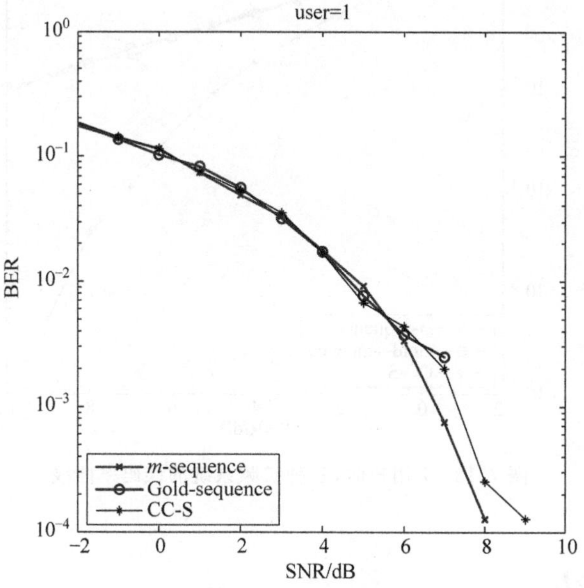

图 7.10　单用户时,三种扩频系统的误码率曲线

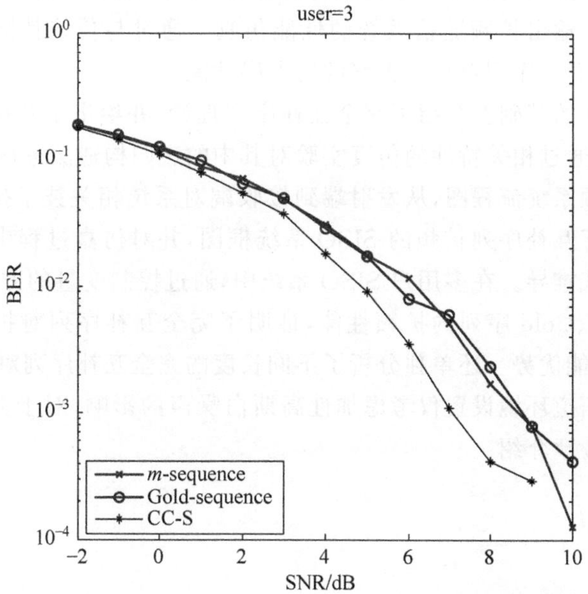

图 7.11　3用户时,三种扩频系统的误码率曲线

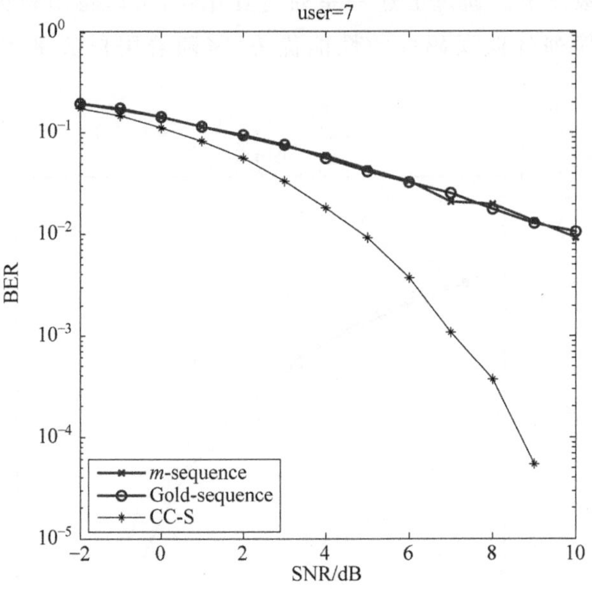

图 7.12 7用户时，三种扩频系统的误码率曲线

7.4 本章小结

本章主要介绍了多相完全互补序列的构造方法，并采用四相完全互补序列对作为扩频码，完成了单输入/单输出扩频通信系统的性能仿真。通过与传统伪随机扩频序列进行比较，证明了多相完全互补序列对具有更好的抗误码性能。

首先在互补序列的基础上介绍了完全互补序列理论，并给出了几种典型的多相完全互补序列构造方法，还通过相关特性的仿真实验对其中的递归构造法进行了正确性验证。

之后给出了扩频系统流程图，从发射端到接收端对系统相关技术操作进行了描述。接着给出了设计的基于互补序列扩频的 SISO 系统框图，并对仿真过程中信号的变化情况进行了数学表述与公式推导。在多用户 SISO 系统中，通过控制变量的方法，仿真比较了完全互补序列对、m 序列、Gold 序列的扩频性能，证明了完全互补序列对扩频减少多用户间干扰、降低误码率的性能优势。还单独分析了不同长度的完全互补序列对的扩频性能差异。

本章仿真中的信道环境设置仅考虑加性高斯白噪声的影响，对于多径衰落等复杂信道环境的仿真将在第 8 章介绍。

第8章 基于互补序列扩频增强的MIMO系统研究

8.1 引言

本章以扩频技术为切入点，将其作为一种提升系统性能的增强技术应用于 MIMO 系统；之后基于互补序列实现扩频处理的 MIMO 通信，凭借互补序列的扩频优势，进一步降低多径衰落对 MIMO 通信的系统的影响。

8.2 扩频增强技术在 MIMO 系统中的实现

本节试图通过将扩频技术应用于 MIMO 系统中，抵抗多天线传输中的共信道干扰与码间串扰影响。在多天线传输环境中，天线分集技术在增加信息传输有效性的同时也引发了共信道干扰的产生，信号恶化严重；此外，多径环境也导致了码间串扰的增大，而扩频技术的性能优势为降低信号干扰提供了方法。

8.2.1 扩频 MIMO 系统模型建立

图 8.1 为扩频增强 MIMO 系统流程图。在发射端，根据用户数生成对应的各用户信息数据，并进行格雷映射。为了能在接收端进行信道估计，需要在发射端向数据序列中插入相应的导频序列。由于信道估计并非仿真模型中关注的重点，因此，为了简便及易用性，选择使用 IEEE 802.11a 传输协议[29]中的长训练序列信道估计算法。图 8.2 为导频插入方式的细节图。对于每个用户，设置 10 000 帧仿真数据，每帧数据由 1 比特导频数据和 6 比特信息数据组成。在此操作之后，还需要依次对数据进行 IFFT(反向快速傅里叶变换)[30]、扩展频谱、QPSK 调制等处理。

信号经过多径信道(考虑加性高斯白噪声)到达接收端，按顺序进行信号解调、信号解扩、FFT(快速傅里叶变换)操作，之后通过计算得到的估计失真因子矩阵进行信号失真补偿。最终得到经过信号补偿的用户信息数据。

本节的系统仿真分别基于两种扩频序列进行。一种是基于传统 m 序列扩频，其不具有理想互相关函数(CCF)；另一种是具有完美正交特性的完全互补序列[31]，即对于除零位移

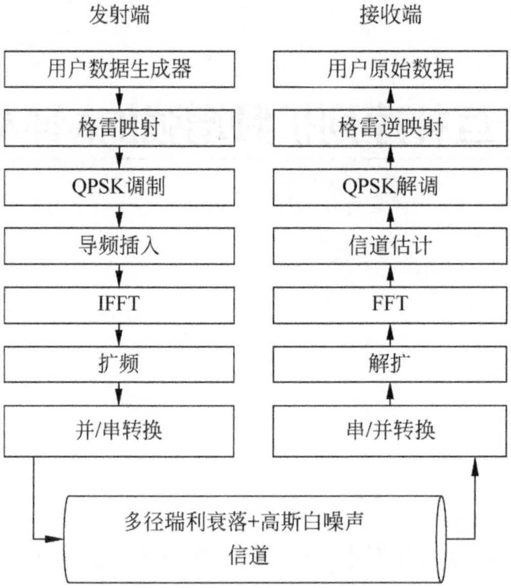

图 8.1 扩频增强 MIMO 系统流程图

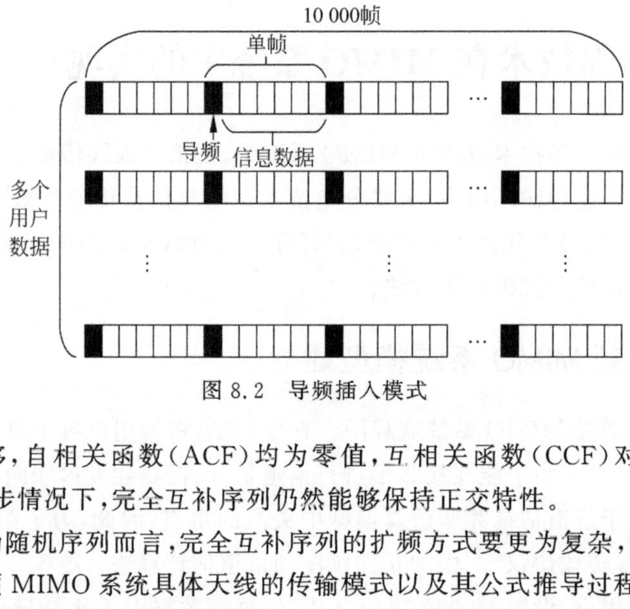

图 8.2 导频插入模式

情况外的所有位移，自相关函数(ACF)均为零值，互相关函数(CCF)对任意位移均为零值[32]。甚至在异步情况下，完全互补序列仍然能够保持正交特性。

相对于传统伪随机序列而言，完全互补序列的扩频方式要更为复杂，因此本节着重给出完全互补序列扩频 MIMO 系统具体天线的传输模式以及其公式推导过程。

图 8.3 是 2×1 扩频 MIMO 系统天线传输模式。从发射天线 T_1 和 T_2 到接收天线 R 的第一条信道参数分别由 h_1 和 h_{11} 表示。此外，h_2 和 h_{22} 分别代表第二条信道参数，其相对于 h_1 和 h_{11} 在时间上有相应的延迟。

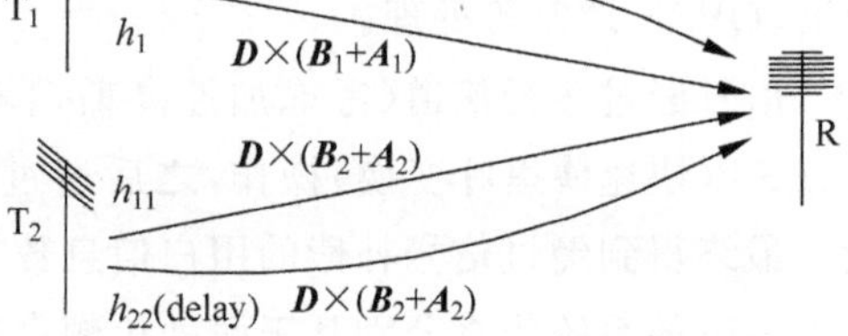

图 8.3 2×1 扩频 MIMO 系统天线传输模式

本章仿真的数学表达式与推导承接第 7 章式(7.9)，由于多天线系统的扩频方式差异，式(7.9)中的 $C_n(t)$ 重写为

$$
\begin{aligned}
C_n(t) &= A_{n,1}(t) + B_{n,1}(t-\tau_{ab}) + A_{n,2}(t) + B_{n,2}(t-\tau_{ab}) \\
&= \sum_{l=1}^{L}\sum_{i=1}^{2}\left[a_{n,i}^{l}\,\mathrm{rect}_c\left(\frac{t-lT_c}{T_d}\right) + b_{n,i}^{l}\,\mathrm{rect}_c\left(\frac{t-\tau_{ab}-lT_c}{T_d}\right)\right]
\end{aligned}
\tag{8.1}
$$

对于给定两个发射天线的情况，第 n 个用户的数据 $A_{n,1}$ 和 $B_{n,1}$ 被轮流经由天线 T_1 发送出去；相对应的，$A_{n,2}$ 和 $B_{n,2}$ 被轮流经由天线 T_2 发送出去。τ_{ab} 表示从 $a_{n,i}$ 到 $b_{n,i}$ 的时间延迟。

第 n 个用户的传输等效信号 $S_n(t)$ 可重写为

$$
\begin{aligned}
S_n(t) &= S_{n,T_1}(t) + S_{n,T_2}(t) \\
&= D_n(t)C_{n,1}(t) + D_n(t)C_{n,2}(t) \\
&= p(t)\sum_{l=1}^{L}\sum_{i=1}^{2}\left[d_n a_{n,i}^{l}\,\mathrm{rect}_c(t-lT_c) + d_n b_{n,i}^{l}\,\mathrm{rect}_c(t-\tau_{ab}-lT_c)\right] \\
&= \sum_{i=1}^{2}\left[s_{A_{n,i}}(t) + s_{B_{n,i}}(t-\tau_{ab})\right]
\end{aligned}
\tag{8.2}
$$

其中，$S_{n,T_1}(t)$ 和 $S_{n,T_2}(t)$ 分别代表从发射天线 T_1 和 T_2 传输的等效信号。

在天线 T_k 与 R_k 之间的瑞利衰落信道基带等效模型的信道脉冲响应可由以下公式给出：

$$
\begin{aligned}
H_{T_k,R_k}(t) &= \sum_{m=1}^{M} h_{T_k,R_k,m}\,\mathrm{e}^{\mathrm{j}2\pi f_c t}\,\delta(t-\tau_m) \\
&= \sum_{m=1}^{M} h_{T_k,R_k,m}\cos(\theta_{T_k,R_k,m})
\end{aligned}
\tag{8.3}
$$

式中，$h_{T_k,R_k,m}\cos(\theta_{T_k,R_k,m})$ 为一个复高斯随机变量，表示衰落信道复衰减因子[33]，其中，$h_{T_k,R_k,m}$ 服从瑞利分布。在仿真中设置 T_k 与 R_k 间的多径数目为 M 条，τ_m 表示多径时延，$\theta_{T_k,R_k,m}$ 表示一个 m 径的均匀分布相位。f_c 代表载波频率。

在接收端，由接收天线 R_k 接收到的第 n 个用户的信号可表示为

$$
\begin{aligned}
R_{n,R_k}(t) &= \sum_{m=1}^{M} h_{T_1,R_k,m}\left[s_{A_{n,1}}(t) + s_{B_{n,1}}(t-\tau_{ab})\right]\cos(\theta_{T_1,R_k,m}) \\
&\quad + \sum_{m=1}^{M} h_{T_2,R_k,m}\left[s_{A_{n,2}}(t) + s_{B_{n,2}}(t-\tau_{ab})\right]\cos(\theta_{T_2,R_k,m}) + v_n(t) \\
&= p(t)\cdot r_{n,R_k}(t)
\end{aligned}
\tag{8.4}
$$

其中主信号部分分别表示由发射天线 T_1 和 T_2 传输的信号。此外，$v_n(t)$ 代表噪声及其他各种加性干扰的总和；$r_{n,R_k}(t)$ 表示接收天线 R_k 接收到的信号。

解扩后的信号总和 $Y_n(t)$ 可表示为

$$
\begin{aligned}
Y_n(t) &= p(t)\sum_{k=1}^{\eta_R}\int_{\tau_m}^{\tau_m+T_b} C_{n,R_k}(t-\tau_m)\,r_{n,R_k}(t)\,\mathrm{d}t \\
&= p(t)\sum_{k=1}^{\eta_R}\int_{\tau_m}^{\tau_m+T_b} \frac{1}{2}\left[C_{n,1,R_k}(t-\tau_m) + C_{n,2,R_k}(t-\tau_m)\right] r_{n,R_k}(t)\,\mathrm{d}t \\
&= \frac{1}{2}p(t)\sum_{k=1}^{\eta_R}\sum_{i=1}^{2}\int_{\tau_m}^{\tau_m+T_b}\left[A_{n,i}(t-\tau_m) + B_{n,i}(t-\tau_{ab}-\tau_m)\right] r_{n,R_k}(t)\,\mathrm{d}t
\end{aligned}
\tag{8.5}
$$

式中，η_R 为接收天线总数；T_b 为每比特时间。

8.2.2 扩频增强技术在MIMO系统中的性能分析

表 8-1 给出了此次仿真的具体参数设置。为了保证研究结果更科学可靠、更贴近实际情况，仿真中选取了长度相近的传统伪随机序列和完全互补序列集。在多径仿真条件下，设置两条传输径，且第二径（延迟径）比第一径（主径）有一定延迟。并且，第二径的平均功率比第一径的平均功率要低 3dB。特别要说明的是，本书中所特指的单径仿真条件，表示仅存在主径而没有延迟径的仿真条件，因为多根发射天线的缘故，单径仿真条件下依然存在共信道干扰。

表 8-1 扩频增强 MIMO 系统仿真参数

仿真参数名称	仿真参数数值
每信噪比的仿真帧数目	10 000
每帧信息符号数目	6
每帧导频数目	1
每帧符号总数目	7
调制方式	QPSK
多普勒频移/Hz	150
时延/s	20×10^{-8}
m 序列长度	15
CC-S 长度	10
信道模型	Rayleigh fading＋AWGN

图 8.4 展示了单径条件下，m 序列扩频增强的 2×1MIMO 系统与未扩频 2×1MIMO 系统的性能比较结果图。从结果曲线可以很容易得到，当 MIMO 系统经过扩频增强后，误码率会有一定程度的降低。不过单径信道环境相对简单，扩频技术抵抗共信道干扰的优势并不十分显著。此外，从结果图中还能得出，当用户数增加时，性能将严重恶化，这是由于码间串扰的存在，即当系统中有 10 用户传输信息时，相比于仅有 2 用户来说有更高的误码率。本节的其他仿真分析中也均可得出此结论。

图 8.5 为前述仿真在多径条件下的仿真结果。虽然在单径情形下性能优势并不是非常明显，但在多径情形下，由于多径干扰的影响，当 MIMO 系统模型没有添加扩频处理时，误码率的下降幅度仅在 $10^0\sim10^{-1}$，抗误码效果非常不理想，但扩频技术却能够显著提升误码率性能表现，这充分体现了扩频增强技术在 MIMO 系统中的抗干扰能力。

图 8.6 与图 8.7 分别为单径及多径条件下，基于 CC-S 扩频增强的 2×1MIMO 系统与未扩频系统的性能比较结果图。与基于 m 序列的仿真结果类似，在单径环境下，未扩频处理的性能曲线也有一定程度的下降，所以经过扩频处理的性能优势并不显著。但在图 8.7 的多径信道仿真环境下，未扩频处理的误码率曲线下降幅度很小，而经过 CC-S 扩频增强后的误码率曲线却能随着信噪比增加而显著下降，这显然表明，使用完全互补序列扩频增强的系统也能有效抵抗 MIMO 系统中的共信道干扰。

本节进行了大量的仿真工作，通过设计基于传统伪随机序列以及基于完全互补序列扩频的 MIMO 传输系统，说明扩频增强技术的性能优势。仿真结果显而易见地证明，利用扩频作为增强技术降低 MIMO 系统中的共信道干扰影响是十分有效且可行的实现方法。

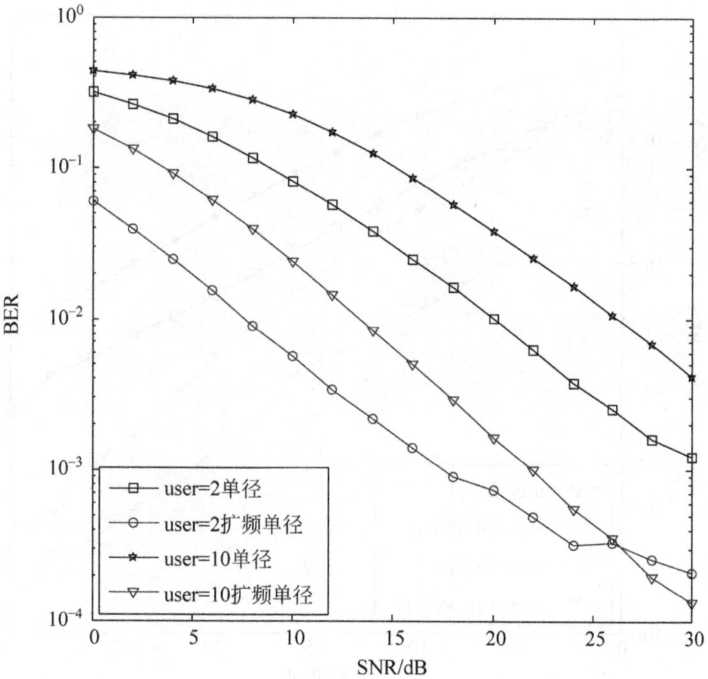

图 8.4　单径条件下 m 序列扩频系统与未扩频系统误码率比较

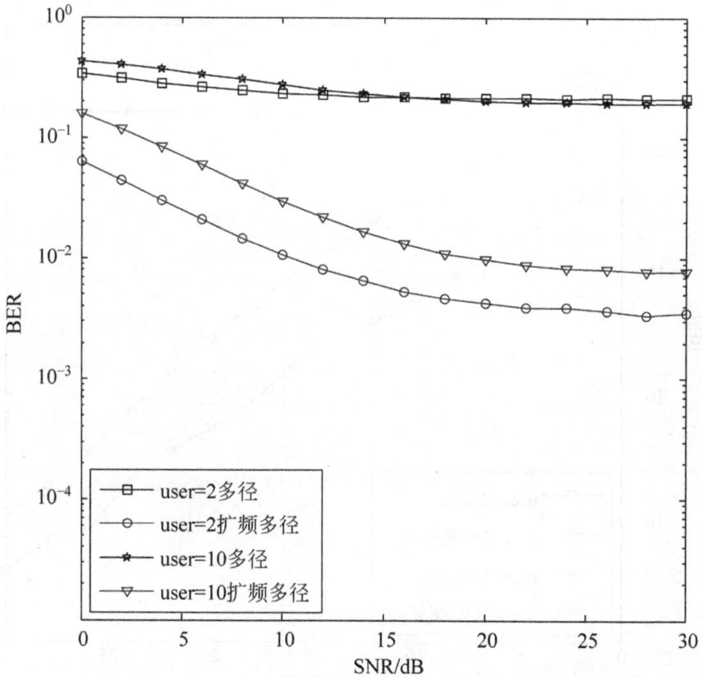

图 8.5　多径条件下 m 序列扩频系统与未扩频系统误码率比较

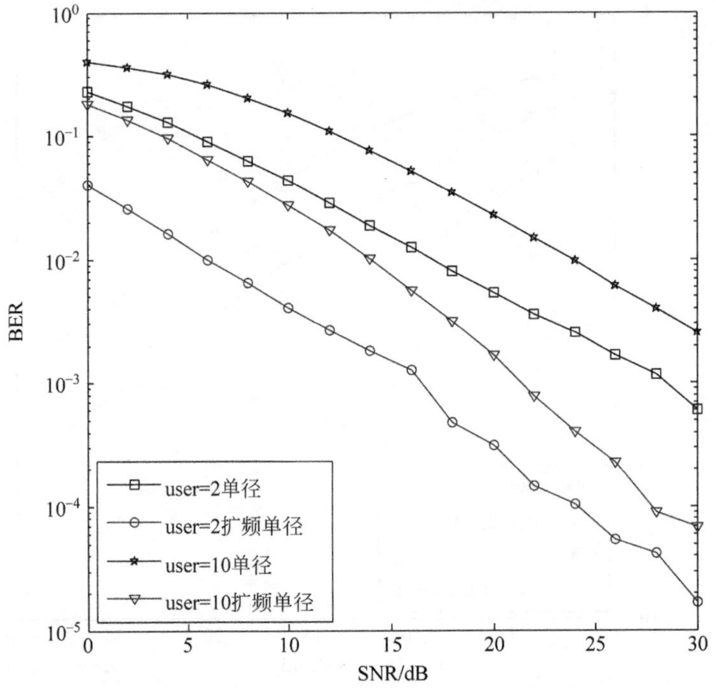

图 8.6 单径条件下 CC-S 扩频系统与未扩频系统误码率比较

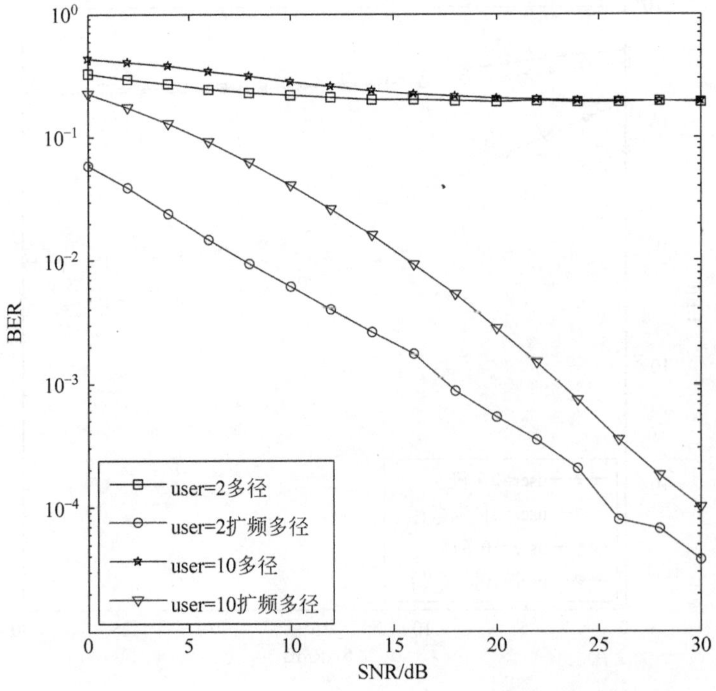

图 8.7 多径条件下 CC-S 扩频系统与未扩频系统误码率比较

8.3　基于互补序列扩频增强技术的 MIMO 系统实现

本节在 8.2 节的基础上，讨论互补序列扩频技术在 MIMO 系统中抵抗多径衰落的性能优势。需要说明的是，虽然在 8.2 节的讨论中已经成功将完全互补序列应用于 MIMO 传输系统中，但 8.2 节主要目的在于讨论扩频技术作为增强技术的可行性，而本节的重点则在于证明互补序列在扩频增强领域的优势。图 8.8 和图 8.9 分别展示了 MIMO 仿真系统的发射端与接收端结构图。

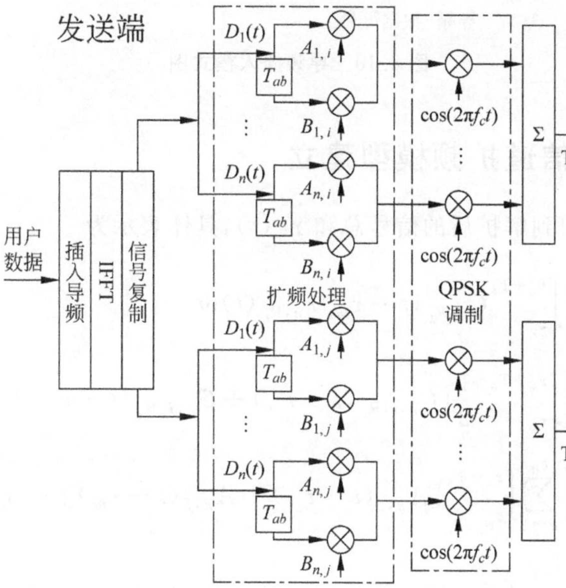

图 8.8　基于 CC-S 扩频 MIMO 仿真系统发送端结构

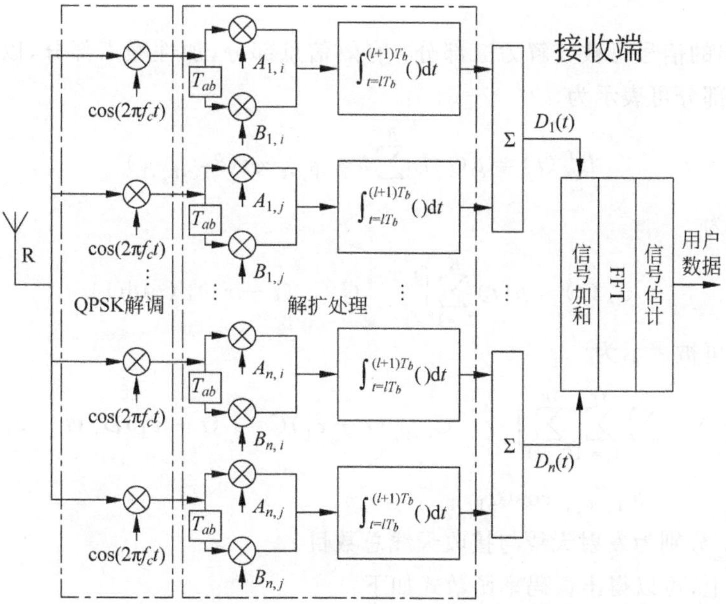

图 8.9　基于 CC-S 扩频 MIMO 仿真系统接收端结构

由于复杂多径衰落影响的存在，传输信号将会产生畸变，从而导致非常严重的信号失真，所以对于仿真系统模型，在接收端使用训练序列来进行频域信道估计是十分必要的一项仿真流程。本节依然采用8.2节中使用的802.11a中的长训练序列来进行信号导频插值，与8.2节的仿真设置一致，所以不再赘述，具体传输帧结构示意图如图8.10所示。

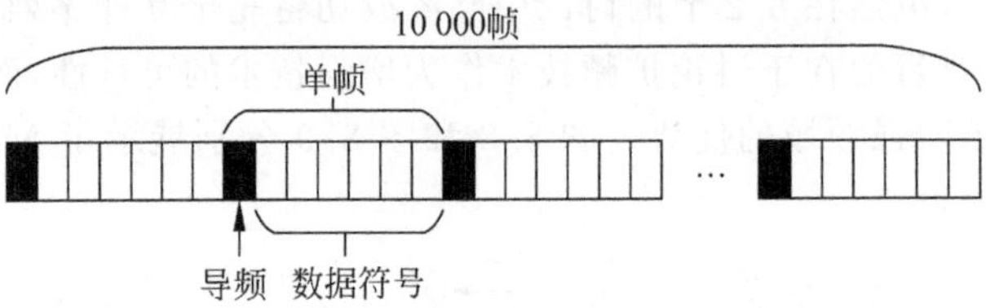

图8.10 导频插入模式图

8.3.1 多径信道扩频模型建立

在8.2节中已经得到解扩后的信号总和 $Y_n(t)$，具体表示为

$$\begin{aligned} Y_n(t) &= p(t)\sum_{k=1}^{\eta_R}\int_{\tau_m}^{\tau_m+T_b} C_{n,\mathrm{R}_k}(t-\tau_m) r_{n,\mathrm{R}_k}(t)\mathrm{d}t \\ &= p(t)\sum_{k=1}^{\eta_R}\int_{\tau_m}^{\tau_m+T_b} \frac{1}{2}[C_{n,i,\mathrm{R}_k}(t-\tau_m)+C_{n,j,\mathrm{R}_k}(t-\tau_m)] r_{n,\mathrm{R}_k}(t)\mathrm{d}t \\ &= \frac{1}{2}p(t)\left\{\sum_{k=1}^{\eta_R}\int_{\tau_m}^{\tau_m+T_b}[A_{n,i}(t-\tau_m)+A_{n,j}(t-\tau_m)]\, r_{n,\mathrm{R}_k}(t)\mathrm{d}t \right. \\ &\quad \left. +\sum_{k=1}^{\eta_R}\int_{\tau_m}^{\tau_m+T_b}[B_{n,i}(t-T_{ab}-\tau_m)+B_{n,j}(t-T_{ab}-\tau_m)]\, r_{n,\mathrm{R}_k}(t)\mathrm{d}t\right\} \end{aligned} \tag{8.6}$$

式(8.6)所给出的信号可被分解为三部分：有效信息部分，加性噪声部分，以及多径干扰部分。有效信息部分可表示为

$$D'_n(t) = p(t)L\sum_{k=1}^{K} h_{\mathrm{T}_k,\mathrm{R}_k,1}\cos(\theta_{\mathrm{T}_k,\mathrm{R}_k,1}) \tag{8.7}$$

噪声部分表示为

$$v'_n(t) = p(t)\sum_{k=1}^{K}\int_{\tau_1}^{\tau_1+T_b} C_{n,\mathrm{R}_k}(t-\tau_1)v(t)\mathrm{d}(t) \tag{8.8}$$

多径干扰部分可被表示为

$$\begin{aligned} W(t) = &\sum_{l=2}^{L}\sum_{\mathrm{T}_k=1}^{\eta_T}\sum_{\mathrm{R}_k=1}^{\eta_R}\int_{\tau_1}^{\tau_1+T_b} C_{n,\mathrm{R}_k}(t-\tau_1)C_{n,\mathrm{T}_k}(t-\tau_1)D_n(t-\tau_1)\mathrm{d}t \\ &\cdot h_{\mathrm{T}_k,\mathrm{R}_k,1}\cos(\theta_{\mathrm{T}_k,\mathrm{R}_k,1}) \end{aligned} \tag{8.9}$$

式中，η_T 与 η_R 分别为发射天线与接收天线总数目。

在此基础上，可以得出误码率函数式如下：

$$\mathrm{BER}=Q\left(\sqrt{\frac{\left[p(t)L\sum_{k=1}^{K}h_{\mathrm{T}_k,\mathrm{R}_k,1}\cos(\theta_{\mathrm{T}_k,\mathrm{R}_k,1})\right]^2}{\sigma_W^2+\sigma_v^2}}\right) \tag{8.10}$$

式中，σ_W^2 为多径干扰变量；σ_v^2 为噪声变量；$Q(\cdot)$表示高斯 Q 函数。

图 8.11 和图 8.12 分别描述了在 2×1 天线 MIMO 仿真系统中，基于传统伪随机序列与基于完全互补序列对扩频的传输模式示意图。h_1 和 h_{11} 分别代表发射天线 T_1 及 T_2 与接收天线 R 之间的首径；同理，h_2 和 h_{22} 分别代表发射天线 T_1 及 T_2 与接收天线 R 之间的延迟径。完全互补序列对的扩频模式较为特殊，信号序列 B 的传输相较于信号序列 A 有 T_{ab} 的延迟。

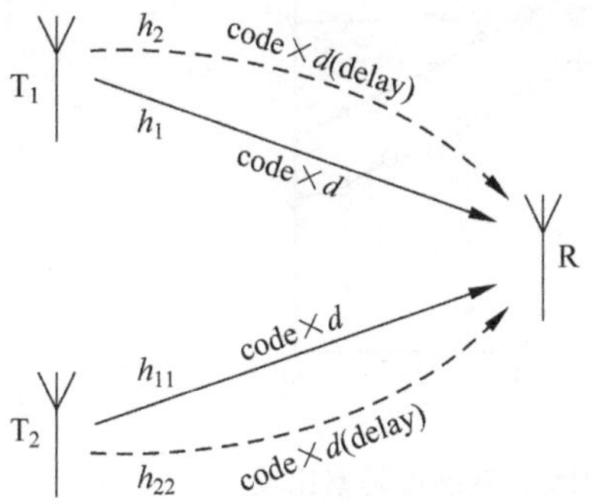

图 8.11　基于传统伪随机序列扩频的 2×1 天线 MIMO 传输模式

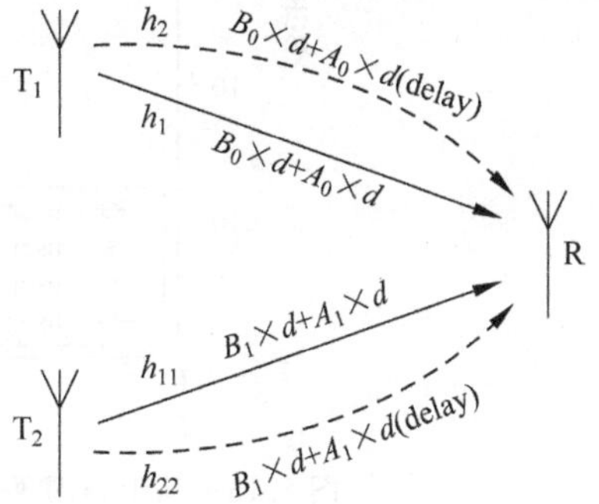

图 8.12　基于 CC-S 扩频的 2×1 天线 MIMO 传输模式

相似的，图 8.13 与图 8.14 分别描述了在 2×2 天线 MIMO 仿真系统中，基于传统伪随机序列与基于完全互补序列对扩频的传输模式示意图。需要特别指出的是，h_3 和 h_{33} 代表非对应的发射天线与接收天线间的交叉径，即从 T_1 到 R_2 以及由 T_2 到 R_1，并且它们具有另一个时延 delay2。仿真中对于传输径的设置，尽可能将各种典型的多径环境考虑周全，对于每种情况只设置一条径来进行仿真分析，这样既能保证所作的研究科学合理，又能兼顾仿真实现的简捷性。

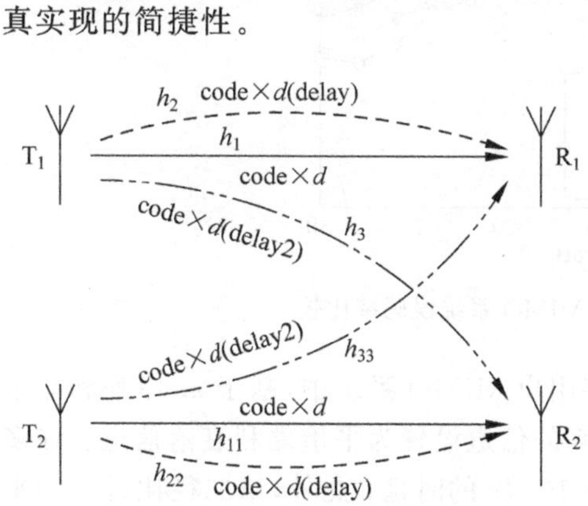

图 8.13　基于传统伪随机序列扩频的 2×2 天线 MIMO 传输模式

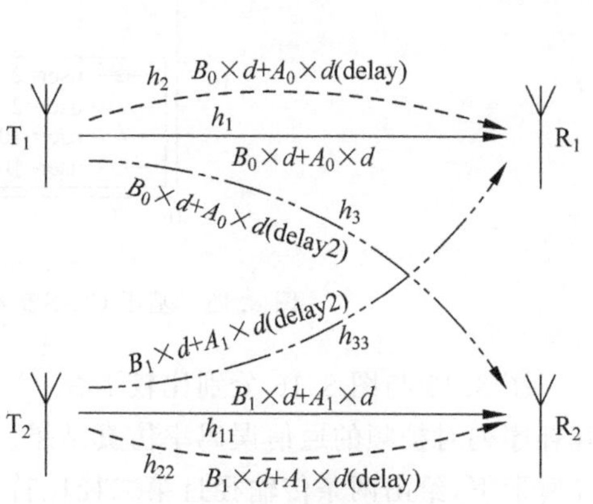

图 8.14　基于 CC-S 扩频的 2×2 天线 MIMO 传输模式

8.3.2 互补序列扩频抗衰落性能分析

本次仿真的参数设置与8.2.2节相同,具体数值见图8.1。仿真结果如图8.15和图8.16所示。

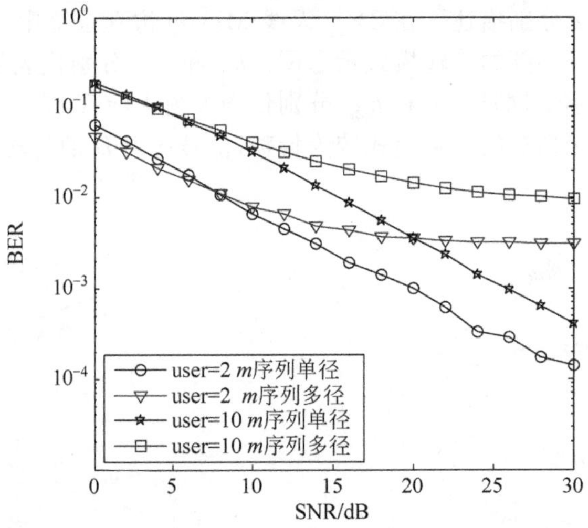

图8.15 基于 m 序列扩频的 2×1 MIMO 系统误码率比较

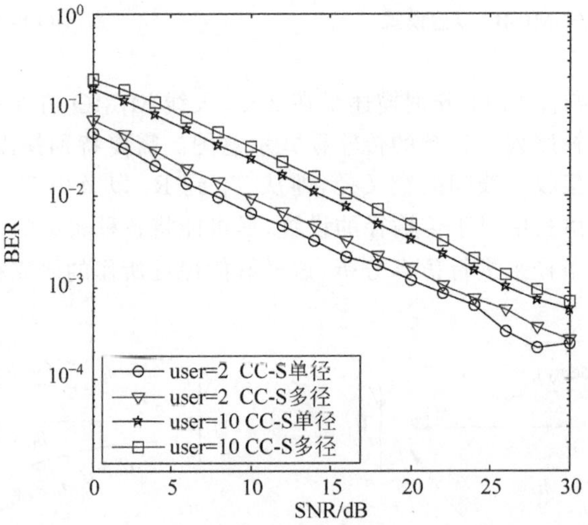

图8.16 基于 CC-S 扩频的 2×1 MIMO 系统误码率比较

图8.15与图8.16分别比较了在2×1天线多用户MIMO系统中,基于 m 序列和完全互补序列对扩频的通信误码率仿真结果。本次仿真的信道设置为平坦瑞利衰落信道。在多径情形下,给出两条传输径且第二径比首径有 20×10^{-8} s的时延;此外,第二径比首径的平均功率也要低3dB。从结果曲线可以很容易地得出,无论基于哪种扩频序列扩频,10用户比2用户传输都会导致更严重的误码情况,这也证实了理论分析的结论,即随着用户数量的增加,由于码间串扰影响的存在,性能表现会严重恶化。相比于单径信道传输,多径信道传

输时误码率显然更高，这是由于多径环境更为复杂，信号畸变更为严重。

图 8.17 与图 8.18 分别比较了 2×1 与 2×2 天线 MIMO 系统，在多径信道条件下基于两种扩频序列扩频的误码率性能表现。

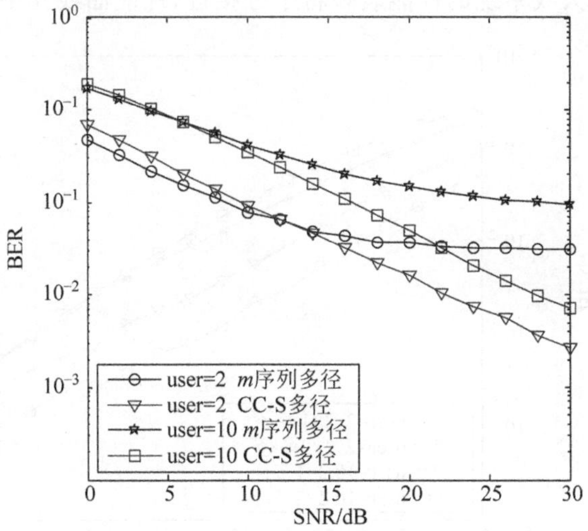

图 8.17　两种序列在多径 2×1 扩频 MIMO 系统中的误码率比较

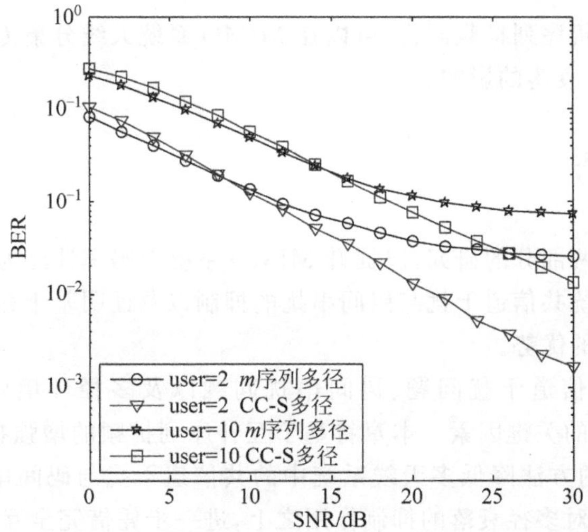

图 8.18　两种序列在多径 2×2 扩频 MIMO 系统中的误码率比较

从图 8.18 中可知，随着信噪比增加，m 序列误码率会随之下降，但当信噪比大约达到 20dB 处时，误码率曲线几乎处于一个稳定的水平，误码率不会再随着信噪比的升高而下降。反观基于完全互补序列对扩频的性能曲线，随着信噪比的增加，误码率变化曲线始终处于近似于线性递减的趋势。这正是得益于完全互补序列完美的正交特性，使其可以有效抵抗多径衰落的影响。

图 8.18 所示为 2×2 MIMO 传输系统在相同仿真条件下的性能曲线，与图 8.17 所示 2×1 MIMO 传输系统类似，2×2 传输系统也表现出了一致的性能仿真结果。

为了使得仿真结果更明显，单独给出图 8.19，目的是直观地比较基于完全互补序列的扩频模式，在 2×1 和 2×2 天线 MIMO 传输系统中的性能曲线。仔细观察可以发现，当用户数目为 10 时，或者说如果 MIMO 系统中传输数据的用户数目更多，当信噪比升高到一定数值时，2×1 与 2×2 天线系统的性能表现将十分接近，性能曲线几乎重合。

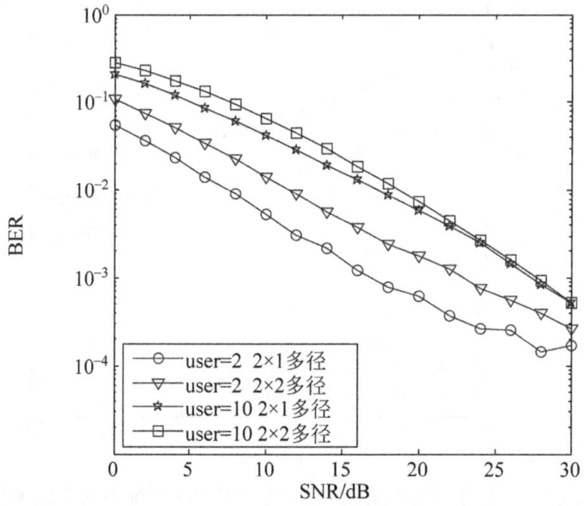

图 8.19 不同天线模式，多用户 CC-S 扩频 MIMO 系统误码率比较

相对于传统伪随机序列扩频而言，可以在 MIMO 系统天线分集传输抵抗多径衰落的基础上，进一步降低多径衰落的影响。

8.4 本章小结

本章主要进行了两部分的研究，以提升 MIMO 系统误码率性能为目标，由浅入深，实现扩频技术对多天线系统共信道干扰与码间串扰的抑制以及证明基于完全互补序列对扩频对于抵抗多径衰落影响的优势。

MIMO 系统的共信道干扰问题、码间串扰问题以及多径环境中的信号衰落是限制 MIMO 系统传输性能的关键因素。本章将基于互补序列扩频的增强技术应用于 MIMO 系统中，通过扩频增强的方法降低多天线系统中的共信道干扰与码间串扰的影响，并在原有 MIMO 天线分集技术对多径衰落的抑制作用之上，进一步凭借完全互补序列对理想的相关特性，降低多径衰落对信号所产生的误码影响。

首先，将扩频技术应用于 MIMO 多天线系统中，建立扩频的 MIMO 系统模型，对通信过程中信号的处理方式进行数学公式的推导和描述。之后进行编程仿真，采用多种扩频序列进行扩频 MIMO 系统中的扩频操作，与未进行扩频的 MIMO 系统进行同样的仿真比较，通过得出的误码率仿真曲线，分析仿真结果，来说明在 MIMO 系统中添加扩频增强技术的优势与可行性。

在前述仿真实验的基础上，提升 MIMO 仿真系统结构的复杂度，建立新的 MIMO 通信模式，从设定信道类型(单径信道与多径信道)、天线模式(2×1 与 2×2 天线)等不同系统条件的角度出发，进行系统仿真验证，将基于完全互补序列对扩频与传统伪随机序列扩频的误码率仿真结果相比较，分析并证明了完全互补序列对这种扩频序列在抵抗多径衰落方面的性能优势。

第9章 MIMO信道估计基本原理

9.1 引言

无线通信由于其不受地理位置的限制、部署更加便捷等优势，在当今通信领域发挥着至关重要的作用。但无线信道相比于有线信道具有更强的不稳定性，主要表现在无线通信的质量更容易受环境因素的干扰，传输环境的优劣直接对通信质量造成影响。

随着人们对无线通信速率、质量等指标要求的不断提升，越来越多的技术引入到了无线通信中，其中最引人注目的莫过于多天线技术[34]。MIMO 技术通过天线的空间间隔、交叉极化或角度配置等方法，信道矩阵可以表现出足够的统计独立性，则信号可以利用多个空间维度，从而相应地提升频谱效率。为了最大限度地提升系统性能，发射端需要了解信道状态信息，从而进行一系列的信号预处理。因此，准确的信道估计是提升系统性能的前提。

信道估计主要分为基于训练序列的信道估计、盲信道估计和半盲信道估计。其中，基于训练序列的信道估计是最普遍也是实际中应用最广泛的。在这方面，导频设计和信道估计算法对信道估计性能有一定的影响。对于时分复用系统，发射端可以凭借信道互易性得到信道状态信息；在频分复用系统中，发射端需要通过反馈信道得到信道状态信息，这一反馈过程可以通过码本实现。

9.2 无线信道衰落模型

在无线信号传输过程中，信号的某些特性，如幅值、相位等会发生变化，这些变化集成在一起称为信道增益[35]。在无线通信中，信道编/解码方案、发射端波束赋形、接收端信号处理算法都是依据信道模型的不同而有所调整。当信号从发射端发出后，信号在物理空间的传输过程中会受到各种因素的影响。衰落现象根据对信号干扰程度的大小可以分为大尺度衰落和小尺度衰落。除了物理环境因素外，电磁场的变化也会对无线通信信道产生影响，噪声也会干扰信号的有效传输。

信道衰落可以分为如图 9.1 所示的几类。

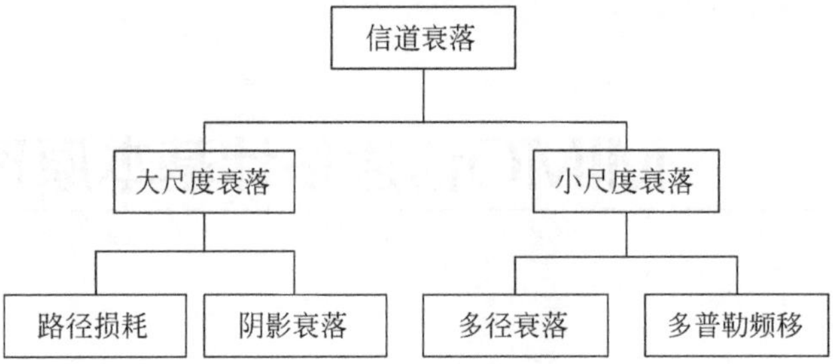

图 9.1 无线信道衰落模型分类

9.2.1 大尺度衰落模型

大尺度衰落模型主要包括距离引起的路径损耗以及高山、建筑物遮挡引起的阴影衰落。

1. 路径损耗

路径损耗指信号从发射机到接收机的长传输距离所引起的功率衰减。可以用以下公式表示：

$$P_R = P_T D\left(\frac{d_0}{d}\right)^r \tag{9.1}$$

式中，P_R 和 P_T 分别为信号的接收功率和发射功率；d_0 和 d 分别为参考距离和信号发收两端的实际距离；r 为路径损耗衰落系数；D 为路径损耗因子，其理论取值为 $D=20\lg(\lambda/4\pi d_0)$，$\lambda$ 为信号波长。当模拟不同物理环境下的路径损耗模型时，d_0、D、r 等参数要随之变化。自由空间衰落模型、Okumura-Hata 模型是常见的路径损耗模型。

2. 阴影衰落

信号在传输的过程中，受到物理环境如高大的建筑物、山峰、低谷等地形的影响，对信号产生遮蔽效应，这种干扰统称为阴影衰落。物理环境的干扰不同，如不同高度的遮挡物、不同材质的建筑物都会对信号造成不同情况的阴影衰落影响。在实际中，阴影衰落模型为统计模型，表示如下：

$$P(\psi) = \frac{\wp}{\sqrt{2\pi\sigma^2}\,\psi}\exp\left(\frac{10\lg\psi-\mu}{2\sigma^2}\right) \tag{9.2}$$

其中，$\psi=P_T/P_R$ 服从正态分布，$\wp=10/\ln 10$；μ、σ^2 分别为 $10\lg\psi$ 的均值和方差。

9.2.2 小尺度衰落模型

电磁波遇到障碍物时会产生直射、反射、散射、绕射等传播特性，从而使得信号从发射端到接收端经历不同的路径，产生多径效应，同时导致多径时延。信号幅度随着多径传播中相长干扰与相消干扰而快速变化的现象就是小尺度衰落。由于多径时延的存在，信号中相邻的码元会产生拖尾现象导致码元重叠，在接收端进行采样判决时就会造成误码。

引起小尺度衰落的常见因素有多径和时变，还与接收端的速度变化、信号带宽等因素相关。小尺度衰落可以分为：①基于时延展宽的频率选择性衰落和平坦衰落；②基于多普勒扩展的快、慢衰落。

1. 多径时延引起的衰落

时延扩展通常用均方根时延来描述，其定义如下：

$$\sigma_c = \sqrt{E(\tau^2) - (\bar{\tau})^2} \tag{9.3}$$

上式表示功率时延分布二阶矩的平方根。引入相干带宽的概念，相干带宽 B_c 表示为

$$B_c = \frac{1}{8\sigma_c} \tag{9.4}$$

当满足式(9.5)条件时，属于平坦衰落。当满足式(9.6)条件时，属于频率选择性衰落。

$$T \ll \sigma_c, \quad B \gg B_c \tag{9.5}$$

$$T < \sigma_c, \quad B > B_c \tag{9.6}$$

式中，B 为信号带宽；$T=1/B$ 为码片时间。

2. 多普勒扩展引起的衰落

无线信号在传输过程中，还具有时变特性。时变特性是由接收-发射端的相对运动造成的。某一时刻发射端向运动的接收端发射信号，信号达到接收端时频率相较于发射时候的频率有所偏差，则这个频率偏移称为多普勒频移 Δf，其表示如下：

$$\Delta f = \frac{f_c v}{c}\cos\theta = \frac{v}{\lambda}\cos\theta = f_D \cos\theta \tag{9.7}$$

式中，c 为光速；v 为收发端的相对移动速度；f_c、f_D 分别为载波频率和最大多普勒频移。

相干时间 T_c 与多普勒频移相关，其表示如下：

$$T_c = \frac{1}{f_d} \tag{9.8}$$

当信号周期 T 满足 $T > T_c$ 时，信号属于快衰落状态，瑞利衰落和赖斯衰落即为典型的快衰落；当信号周期 T 满足 $T \leqslant T_c$ 时，则属于慢衰落状态，阴影衰落属于慢衰落。

9.2.3 大规模MIMO信道估计算法概述

5G 大规模 MIMO 系统通过在基站和用户端部署大规模天线阵列，可以有效地提高系统吞吐量和频谱效率，但是随着天线阵列的增大，信号处理的复杂度也随之指数级提升。

传统的信道估计方法通常假设多径信道是稠密的，而物理环境和仿真分析结果表明许多实际情况中的无线信道呈现稀疏多径结构，对此可以采用压缩感知的方法去解[36]。大规模 MIMO 信道估计问题可以利用信道稀疏特性或近似稀疏特性来求解。信道估计问题建模成一个稀疏信号重构问题，通过求解基最小化问题还原出真实的信道矩阵。基于压缩感知的大规模 MIMO 信道估计方法在毫米波通信中尤为适用[37]。毫米波信道往往直接表现出稀疏性，其路径数量远小于信道矩阵的维数，从角度域[38]和波束域[39]出发，信道估计可以与匹配压缩感知算法完美匹配。

基于训练序列的信道估计方法随着天线阵列的增加，其训练序列的长度和反馈开销也

逐渐增大。相比于此,半盲信道估计算法通过使用未知数据完成信道估计,可以提高频率利用率;通过依靠少量的训练序列,半盲信道估计的性能可以得到较大的提升[40]。另一种信道估计为盲估计,其只依靠接收端的数据信号完成信道估计。文献[41]利用期望传播的思想,在信道矩阵奇异值分解的基础上,不需要依靠发射训练数据即可完成信道估计。但是,盲估计和半盲估计算法的复杂度要高于基于训练序列的估计方法,因此其实用性还有待提升。

与此同时,深度学习作为一种强有力的数据处理方法也被应用于信道估计[42]。文献[42]利用深度神经网络(Deep Neural Network,DNN)模拟无线信道的统计特性以及角度域的稀疏结构。首先,通过离线学习过程,不同的信道利用状态数据,DNN 结构得到训练;随后引入在线学习过程,根据不同的输入得到输出数据。深度学习通常利用神经网络,利用统计性完成对数据的拟合。基于深度学习的信道估计方法目前的应用复杂度过高,随着数据处理平台的提升,未来的应用前景广泛。

9.2.4 衰落统计模型

引起大尺度衰落的原因主要包括距离和阴影遮蔽,因此其变化较为缓慢。衰落统计模型指的是针对小尺度衰落而建立的传输信道模型。本节首先分析瑞利衰落信道(Rayleigh fading channel)模型[43]。

假设信号在传输过程中无直射波的参与,仅包含反射波,且信号满足多径数目众多的条件,其达到接收端的时延各不相同。因为统计模型的包络服从瑞利分布,相位服从均匀分布,故称为瑞利衰落信道模型。瑞利分布的概率密度函数为

$$\rho(d)=\begin{cases}\dfrac{d}{\sigma_d^2}\exp\left(-\dfrac{d^2}{2\sigma_d^2}\right), & d\geqslant 0\\ 0, & d<0\end{cases} \tag{9.9}$$

式中,$2\sigma_d^2$ 为多径信号平均功率;d 为接收到的最大信号幅值,d^2 为对应的功率。

赖斯(Rice)衰落的主要特点是除了多径反射波信号之外,还包含信号直射部分。由于直射路径只经历路径损耗,这一路信号的功率相比于其他多径路径信号功率要大得多,这样的衰弱服从赖斯衰弱,其概率密度函数为[44]

$$\rho(d)=\begin{cases}\dfrac{d}{\sigma_d^2}\exp\left(-\dfrac{d^2+\alpha^2}{2\sigma_d^2}\right)I_0\left(\dfrac{d\alpha}{\sigma_d^2}\right), & d\geqslant 0\\ 0, & d<0\end{cases} \tag{9.10}$$

式中,α 代表直射路径的最大幅度,$I_0(\cdot)$为修正后的贝塞尔(Bessel)函数。在赖斯分布中,定义$\aleph$为赖斯因子,用于表示视距路径功率分量与总功率之比,表示为

$$\aleph=\frac{\alpha^2}{2\sigma_d^2} \tag{9.11}$$

通常利用$\aleph$值来表征信道的衰落程度。$\aleph$值越大表示信道衰落越轻,$\aleph$值越小表示信道衰落越重;$\aleph$值为 0 时,表示直射信号不存在,赖斯分布退化为瑞利分布。$\aleph$值趋于无穷大时,表示多径成分不存在,信道为加性高斯白噪声信道。

9.3 MIMO系统

最初的无线通信系统，发射端、接收端均配置单根天线，称为单天线系统。随着无线通信需求的不断提升，依赖频带资源和调制方法提升通信速率的方式变得越来越不可取。人们开始探索空域资源，引入了多天线系统(MIMO系统)的概念[34]。

MIMO系统可以通过复用技术增加信道容量，通过在收、发双方配置多个天线实现空分复用，从而提高系统吞吐量。也可以在多条独立路径上传输相同的数据，接收端通过分集合并技术，抵抗信道衰落，提高通信传输的可靠性，称为MIMO分集技术。

9.3.1 MIMO系统模型及性能分析

1. MIMO系统模型

MIMO系统框图如图9.2所示。信息流经过空时编码器将信息映射到 N_T 个发射天线上发射出去，接收端部署的天线数量为 N_R。在接收端，每根天线接收到的信息为所有发射天线发射信息的叠加，随后利用空时解码器进行信息译码，从而还原出发射信号。

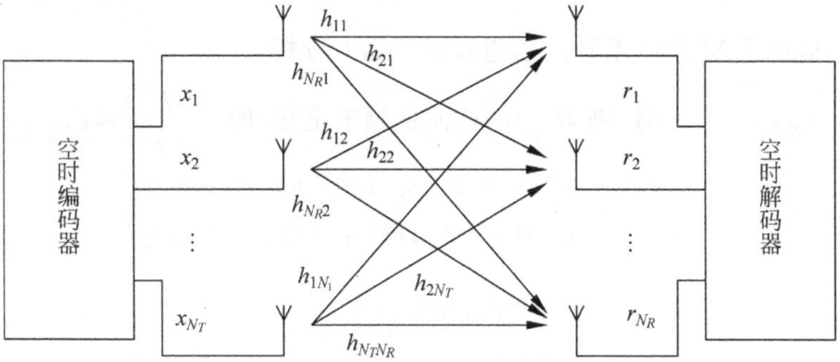

图9.2 MIMO系统框图

将单个符号周期内的发射信号当作一个信号向量，则发送端信号可以表示为 $\boldsymbol{x}=[x_1, x_2,\cdots,x_{N_T}]\in \mathcal{C}^{N_T\times 1}$，$\boldsymbol{y}=[y_1,y_2,\cdots,y_{N_R}]\in \mathcal{C}^{N_R\times 1}$ 表示接收信号向量。$\boldsymbol{H}=[h_{ij}]\in \mathcal{C}^{N_R\times N_T}$ 表示发射端与接收端的信道矩阵。其中，h_{ij} 表示第 i 根发射天线与第 j 根接收天线之间的衰落系数。$\boldsymbol{n}=[n_1,n_2,\cdots,n_{N_R}]\in \mathcal{C}^{N_R\times 1}$ 表示加性高斯白噪声(Additive White Gaussian Noise，AWGN)。

则MIMO系统上行传输模式表示为[45]

$$\boldsymbol{y}=\sqrt{p}\boldsymbol{H}\boldsymbol{x}+\boldsymbol{n} \tag{9.12}$$

式中，$\boldsymbol{y}$ 为基站端接收信号；$\boldsymbol{x}$ 为终端发送的信号向量；p 为归一化的发射功率；$\boldsymbol{n}$ 为服从 $\mathcal{CN}\sim(0,\sigma_n^2\boldsymbol{I}_{N_R})$ 分布的AWGN。

若采用TDD模式，利用信道互易性可以得到信道状态矩阵，下行传输可以表示为

$$\boldsymbol{y}=\sqrt{p}\boldsymbol{H}^{\mathrm{H}}\boldsymbol{x}+\boldsymbol{n} \tag{9.13}$$

式中，$\boldsymbol{y}$ 为终端接收信号；$\boldsymbol{x}$ 为发射端信号向量；$\boldsymbol{n}$ 为服从$\mathcal{CN}\sim(0,\sigma_n^2\boldsymbol{I}_{N_T})$分布的 AWGN。

2. MIMO 信道容量

基于香农理论，Lozano 和 Tulino[34]给出了 MIMO 容量的数学表达方法：

$$C=B\log_2\det(\boldsymbol{I}_{N_R}+(p/N_T)\boldsymbol{HH}^{\mathrm{H}}) \tag{9.14}$$

式中，B 为信道的带宽；N_T、N_R 分别为发射端和接收端的天线数量。将信道矩阵 $\boldsymbol{H}$ 中的传输归一化为 $\mathrm{tr}(\boldsymbol{HH}^{\mathrm{H}})\approx N_TN_R$，根据 Jensen 不等式，MIMO 容量的上下界表示如下[34]：

$$B\log_2(1+pN_R)\leqslant C\leqslant B\min(N_T,N_R)\log_2\left(1+\frac{p\max(N_T,N_R)}{N_T}\right) \tag{9.15}$$

由式(9.15)可知，MIMO 信道容量与矩阵 $\boldsymbol{HH}^{\mathrm{H}}$ 的奇异值相关，也可以表示成 MIMO 系统能支持的自由度。当所有的传输路径为视线传播时，信道容量退化到式(9.15)中描述的下界；当矩阵 $\boldsymbol{HH}^{\mathrm{H}}$ 的奇异值都相等时，系统自由度最高，此时可以获得最大的信道容量。可以通过判断奇异值的大小，判断信道的状态以及进行频谱和功率分配，从而最大化系统性能。

9.3.2 大规模 MIMO 系统模型及分析

式(9.15)描述了 MIMO 系统的信道容量。如上分析：

当 $N_T\gg N_R$，$N_T\to\infty$时，则 $\boldsymbol{H}$ 中的行向量趋于正交，即$\dfrac{(\boldsymbol{HH}^{\mathrm{H}})}{N_T}\approx\boldsymbol{I}_{N_R}$。$C$ 表示为

$$C\approx BN_R\log_2(1+p) \tag{9.16}$$

当 $N_R\gg N_T$，$N_R\to\infty$时，则 $\boldsymbol{H}$ 中的列向量趋于正交，C 表示为

$$C\approx BN_T\log_2\left(1+\frac{pN_R}{N_T}\right) \tag{9.17}$$

由上述分析可以看出，当在基站端、接收端配备大天线阵列时，可以显著提高系统容量。由于人们对通信速率要求的不断提升，大规模技术应运而生，引起了通信行业的广泛关注。

大规模 MIMO 是从 MIMO 系统发展而来的，通过在基站端、接收端配备大型天线阵列，进一步挖掘空域资源，提升传输速率和频谱利用率。大规模 MIMO 系统可以分为以下几个类别：大规模单用户 MIMO 系统、大规模多用户 MIMO 系统（即 MU-mMIMO）[40]、分布式大规模 MIMO 系统。MU-mMIMO 通过将数据流切割成子数据流进行并行传输，同时为多个用户提供通信服务，更符合现实应用场景。下面分析 MU-mMIMO 系统模型。

1. MU-*m*MIMO 系统模型

假设有 J 个通信小区，每个小区中心包含一个发射端，其部署 N_T 根天线，服务 K 个用户，用户配置单天线，则传输链路中的系数表示为[40]

$$h_{ilkn}=g_{ilkn}\sqrt{d_{ilk}} \tag{9.18}$$

式中，h_{ilkn} 为基站 l 的第 n 根天线与小区 i 的第 k 个用户之间的信道增益；d_{ilk}、g_{ilkn} 分别表示大尺度衰落和小尺度衰落。第 i 个小区终端与第 l 个基站之间的信道矩阵表示如下：

$$\boldsymbol{H}_{il}=\begin{bmatrix} h_{il11} & \cdots & h_{ilK1} \\ \vdots & \ddots & \vdots \\ h_{il1N_T} & \cdots & h_{ilKN_T} \end{bmatrix}=\boldsymbol{G}_{il}\boldsymbol{D}_{il}^{1/2} \tag{9.19}$$

式中，$\boldsymbol{G}_{il}=\begin{bmatrix} g_{il11} & \cdots & g_{ilK1} \\ \vdots & \ddots & \vdots \\ g_{il1N_T} & \cdots & g_{ilKN_T} \end{bmatrix}$；$\boldsymbol{D}_{il}=\mathrm{diag}[d_{il1},d_{il2},\cdots,d_{ilK}]$。

MU-mMIMO 系统的信道模型表示如下[40]：

$$\boldsymbol{y}_l=\sqrt{p}\sum_{i=1}^{J}\boldsymbol{H}_{il}\boldsymbol{x}_l+\boldsymbol{n}_l=\sqrt{p}\sum_{i=1}^{J}\boldsymbol{G}_{il}\boldsymbol{D}_{il}^{1/2}\boldsymbol{x}_l+\boldsymbol{n}_l \tag{9.20}$$

当发射天线数目满足 $N_T\to\infty$，传输矩阵趋于正交，满足

$$\boldsymbol{H}^{\mathrm{H}}\boldsymbol{H}=\boldsymbol{D}^{1/2}\boldsymbol{G}^{\mathrm{H}}\boldsymbol{G}\boldsymbol{D}^{1/2}\approx N_T\boldsymbol{D} \tag{9.21}$$

2. MU-mMIMO 信道容量

上行链路用户总传输容量表示如下[48]：

$$\begin{aligned} C_{UL}&=\log_2\det(\boldsymbol{I}+p\boldsymbol{H}^{\mathrm{H}}\boldsymbol{H}) \\ &\approx\log_2\det(\boldsymbol{I}+N_{\mathrm{T}}p\boldsymbol{D}) \\ &=\sum_{k=1}^{K}\log_2\det(\boldsymbol{I}+N_Tpd_k) \end{aligned} \tag{9.22}$$

考虑 TDD 模式下的 MU-mMIMO 下行链路用户的总传输容量，表示如下：

$$\begin{aligned} C_{DL}&\overset{N_T\gg K}{=}\max_{r_K}\log_2\det(\boldsymbol{I}_K+p\boldsymbol{D}_r^{1/2}\boldsymbol{G}\boldsymbol{G}^{\mathrm{H}}\boldsymbol{D}_r^{1/2}) \\ &\approx\max_{r_K}\log_2\det(\boldsymbol{I}_K+N_Tp\boldsymbol{D}_r\boldsymbol{D}_\beta) \\ &=\max_{r_K}\sum_{k=1}^{K}\log_2\det(1+N_Tpr_k\beta_k),\quad r\geqslant 0 \end{aligned} \tag{9.23}$$

9.4 信道估计的基本理论

信道估计可以分为基于训练序列的信道估计、盲估计方法等。其中，基于训练序列的信道估计是目前应用性最强的方法。根据不同的系统模型，在应用信道估计算法时也有所区别，需要考虑系统有效性与可靠性的折中。此外，随着通信技术和终端计算能力的不断提升，也发展出一系列新的信道估计方法，如基于压缩感知的信道估计[49]、基于机器学习的信道估计[42]等。

相比于盲估计和半盲估计，基于训练序列的信道估计方法是相对简单的一类，也是目前实用性最强的一类算法。在基于训练序列的信道估计中，线性算法如基于最小二乘(Least Square，LS)准则的算法[50]和基于最小均方误差(Minimum Mean Square Error，MMSE)准则算法[48]是最常见的。下面分别介绍这两种线性算法。

1. LS 算法

依据最小二乘准则,LS 信道估计需要最小化目标函数如下:

$$\begin{aligned} f_{\text{cost\_LS}}(\hat{\boldsymbol{H}}) &= \| \boldsymbol{y} - \hat{\boldsymbol{H}}\boldsymbol{x} \|^2 \\ &= (\boldsymbol{y} - \hat{\boldsymbol{H}}\boldsymbol{x})^{\mathrm{H}}(\boldsymbol{y} - \hat{\boldsymbol{H}}\boldsymbol{x}) \\ &= \boldsymbol{y}^{\mathrm{H}}\boldsymbol{y} - \boldsymbol{y}^{\mathrm{H}}\hat{\boldsymbol{H}}\boldsymbol{x}c - \boldsymbol{x}^{\mathrm{H}}\hat{\boldsymbol{H}}\boldsymbol{y} + \hat{\boldsymbol{H}}\boldsymbol{x}^{\mathrm{H}}\boldsymbol{x}\hat{\boldsymbol{H}} \end{aligned} \tag{9.24}$$

式中,$\boldsymbol{y}$、$\boldsymbol{x}$、$\hat{\boldsymbol{H}}$ 分别为接收信号矩阵、发送的训练序列信号矩阵和信道估计的估计值。若让目标函数最小,则 $f_{\text{cost}}(\hat{\boldsymbol{H}})$ 关于 $\hat{\boldsymbol{H}}$ 的偏导数为 0:

$$\frac{\mathrm{d}f_{\text{cost}}(\hat{\boldsymbol{H}})}{\mathrm{d}\hat{\boldsymbol{H}}} = -2(\boldsymbol{x}^{\mathrm{H}}\boldsymbol{y})^* + 2(\boldsymbol{x}^{\mathrm{H}}\boldsymbol{x}\hat{\boldsymbol{H}})^* = 0 \tag{9.25}$$

由式(9.25)可得,$\boldsymbol{x}^{\mathrm{H}}\boldsymbol{x}\hat{\boldsymbol{H}} = \boldsymbol{x}^{\mathrm{H}}\boldsymbol{y}$,则 LS 信道估计的解表达如下:

$$\hat{\boldsymbol{H}}_{\text{LS}} = (\boldsymbol{x}^{\mathrm{H}}\boldsymbol{x})^{-1}\boldsymbol{x}^{\mathrm{H}}\boldsymbol{y} = \boldsymbol{x}^{-1}\boldsymbol{y} \tag{9.26}$$

2. MMSE 算法

LS 信道估计的算法复杂度较低,只需要依靠发射端数据和接收端数据即可求得。但是其在低信噪比的情况下,受噪声的干扰较大,性能恶化严重,算法的鲁棒性差。下面介绍基于最小均方误差准则的 MMSE 估计算法[51]。

首先引入加权矩阵 $\boldsymbol{Q}$,定义 MMSE 估计为 $\hat{\boldsymbol{H}} \triangleq \boldsymbol{Q}\widetilde{\boldsymbol{H}}$,则 MMSE 信道估计 $\hat{\boldsymbol{H}}$ 的均方误差表示如下:

$$f_{\text{cost\_MMSE}}(\hat{\boldsymbol{H}}) = \mathbb{E}\{\|\boldsymbol{e}\|^2\} = \mathbb{E}\{\|\boldsymbol{H} - \hat{\boldsymbol{H}}\|^2\} \tag{9.27}$$

该算法的目标即是调整加权矩阵 $\boldsymbol{Q}$,使得 $f_{\text{cost\_MMSE}}(\hat{\boldsymbol{H}})$ 取得最小值。利用正交性原理得

$$\begin{aligned} \mathbb{E}\{\boldsymbol{e}\widetilde{\boldsymbol{H}}\} &= \mathbb{E}\{(\boldsymbol{H} - \hat{\boldsymbol{H}})\widetilde{\boldsymbol{H}}\} \\ &= \mathbb{E}\{(\boldsymbol{H} - \boldsymbol{Q}\widetilde{\boldsymbol{H}})\widetilde{\boldsymbol{H}}\} \\ &= \mathbb{E}\{\boldsymbol{H}\widetilde{\boldsymbol{H}}\} - \boldsymbol{Q}\mathbb{E}\{\widetilde{\boldsymbol{H}}\widetilde{\boldsymbol{H}}\} \\ &= \boldsymbol{R}_{\boldsymbol{H}\widetilde{\boldsymbol{H}}} - \boldsymbol{Q}\boldsymbol{R}_{\widetilde{\boldsymbol{H}}\widetilde{\boldsymbol{H}}} = 0 \end{aligned} \tag{9.28}$$

式中,$\boldsymbol{R}_{\boldsymbol{H}\widetilde{\boldsymbol{H}}}$ 表示矩阵 $\boldsymbol{H}$ 与 $\widetilde{\boldsymbol{H}}$ 的互相关矩阵。求解上式,可以得到

$$\boldsymbol{Q} = \boldsymbol{R}_{\boldsymbol{H}\widetilde{\boldsymbol{H}}}\boldsymbol{R}_{\widetilde{\boldsymbol{H}}\widetilde{\boldsymbol{H}}}^{-1} \tag{9.29}$$

则 MMSE 信道估计结果可以表示如下:

$$\hat{\boldsymbol{H}} = \boldsymbol{R}_{\boldsymbol{H}\widetilde{\boldsymbol{H}}}\boldsymbol{R}_{\widetilde{\boldsymbol{H}}\widetilde{\boldsymbol{H}}}^{-1}\widetilde{\boldsymbol{H}} = \boldsymbol{R}_{\boldsymbol{H}\widetilde{\boldsymbol{H}}}(\boldsymbol{R}_{\boldsymbol{H}\boldsymbol{H}} + \text{SNR} \cdot \boldsymbol{I})^{-1}\widetilde{\boldsymbol{H}} \tag{9.30}$$

由推导过程可以看到,相比于 LS 估计,MMSE 估计将噪声考虑在内,有效抑制了噪声的影响,其性能要优于 LS 估计。但是,MMSE 求解过程需要对信道矩阵求逆,计算复杂度要远高于 LS 估计,尤其是在面向大规模天线系统,天线阵列数量较大时,MMSE 估计的复杂度很高。

9.5 本章小结

本章主要讲述了 MIMO 信道估计的基本原理。首先给出了无线衰落信道模型和 MIMO 系统的模型，推导论述了 MIMO 系统的优势；随后给出了信道估计的基本原理，推导了两种传统的线性估计方法。同时，分析了当前大规模 MIMO 系统所应用的信道估计方法。

第10章 基于互补序列的MIMO信道估计

10.1 引言

信道估计通常可以分为三大类：基于训练序列的信道估计、盲信道估计和半盲信道估计。其中，基于训练序列的信道估计是最普遍也是实际中应用最广泛的。在这一研究领域，训练序列的设计、信道估计算法都对信道估计性能有所影响。当进行时域信道估计时，训练序列的周期自相关特性的优异与否是极其重要的。m 序列，作为典型的 PN 序列，由于具有二值自相关特性以及优良的峰值旁瓣比，已经在数字电视地面多媒体广播系统中有所应用[52]。而互补序列的自相关特性为单值特性，相比于基于传统 PN 序列的时域信道估计，基于互补序列的信道估计在理论上是更优的。

本章从训练序列的设计入手，通过利用完全互补序列优良的相关性能完成信道估计。首先分析了传统扩频序列，即 m 序列和 Gold 序列，包括其构造方式及其应用于信道估计时的弊端。随后给出了完全互补序列的理论和简单的构造方法。基于此，分析了完全互补序列应用于时域信道估计时的性能，同时针对 MIMO 系统，推导了最优训练序列的设计。最后给出了仿真分析，仿真实验表明互补序列在应用于信道估计时，同等条件下，其性能优于传统的伪随机序列。

10.2 扩频序列概述

扩频通信，指的是在信息传输过程中，通过带宽来换取信噪比的一种通信手段[53]。在传输速率不变的情况下，发射端采用扩频序列来提高传输带宽，从而降低了通信对信噪比的要求。接收端通过利用扩频码的相关性进行解扩操作，达到有效通信的目的。

扩频码的长度决定频谱扩展的程度，因此，信噪比可以在扩频码较长的情况下得到一个很低的水平，甚至可以被淹没在噪声之下。因此，扩频通信首先应用于军事保密通信，随后也逐渐应用于民用通信。扩频码的优点在第三代移动通信中也得到了应用，它依靠 CDMA 技术取得了巨大的成功。

扩频通信的理论基础是香农定理。香农公式可以表示如下：

$$C = B\log_2\left(1+\frac{S}{N}\right) \tag{10.1}$$

式中，C 为信道容量，单位 b/s；B 为信号频谱带宽，单位 Hz；S、N 分别代表信号功率和噪声功率，单位 W。

从上述公式中可以看出，在保证信道容量 C 一定的情况下，可以通过增大信号带宽 B 满足低信噪比下通信的要求。扩频通信本质上是利用高速扩频序列实现信号的频谱扩频，以换取更强的抗干扰性能。

10.2.1 扩频序列的特点

香农编码定理是这样定义：当信息传输速率 R_a 不超过信道容量 C 时，总是可以找到某种编码方式，在码字长度相当长的条件下，可以几乎无差错地从白噪声干扰的信号中恢复出传输的信息[54]。

香农在验证上述定理时，提出了用具有白噪声统计特性的信号来进行编码。白噪声作为一种随机过程，其自相关函数和功率谱分别表示为

$$R_n = \frac{n_0}{2}\delta(\tau) \tag{10.2}$$

$$G_n(\omega) = \frac{n_0}{2} \tag{10.3}$$

式中，$n_0/2$ 为白噪声的双边噪声功率谱密度。在实际应用时，只能采用具有类似白噪声统计特性的伪随机(Pseudo Noise，PN)序列去逼近白噪声，并作为扩频码。

Golomb 提出了 PN 序列应当满足如下 3 个条件：

(1) 平衡性；

(2) 游程平衡性；

(3) 自相关函数应为二值函数。理想情况下应为 delta 函数①。

目前所知的 PN 序列有很多种，主要包括 m 序列以及以 m 序列为基础构建的其他类型的 PN 序列，如 Gold 序列等。

10.2.2 常见扩频序列简介及应用

1. *m* 序列

m 序列是由多级移位寄存器及其延时元件通过线性反馈生成的最长码序列。根据不同的线性反馈寄存器系数，可以产生不同的 m 序列[54]。若反馈移位寄存器包含 n 级，除去全 0 状态，则共可以产生(2^n-1)种不同状态。因此，m 序列最长为(2^n-1)位，其中 n 为反馈移位寄存器的级数。

图 10.1 给出的是 n 级 Fabonacci 型移位寄存器。图中，$C_0, C_1, C_2, \cdots, C_{n-1}, C_n$ 为反馈系数，1、0 分别表示有无此反馈链接。以 n 次多项式的形式表示反馈逻辑，则为

$$G(x) = C_0 + C_1 x^1 + C_2 x^2 + \cdots + C_n x^n = \sum_{i=0}^{n} C_i x^i \tag{10.4}$$

---

① dleta 函数为二值函数，其定义如下：$\delta[n] = \begin{cases} 1, & n=0 \\ 0, & 其他 \end{cases}$

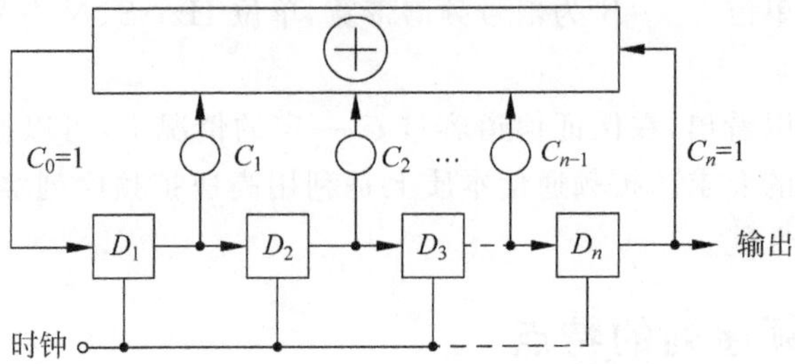

图 10.1　n 级 Fabonacci 型移位寄存器

m 序列具有良好的伪随机性，其自相关性较好。自相关函数可以表示为

$$R_x(\tau)=\frac{1}{N}\sum_{i=1}^{N}x_i x_{i+\tau}=\begin{cases}1, & \tau=0\\ -\dfrac{1}{N}, & \tau\neq 0\end{cases} \tag{10.5}$$

式中，$N=2^n-1$ 为 m 序列的长度。

式(10.5)体现了二值特性。图 10.2、图 10.3 分别展示了周期为 31(5 阶 m 序列)和周期为 255 的 m 序列的自相关特性。

图 10.2、图 10.3 展示的为未进行归一化的 m 序列自相关函数。由这两幅图可以看出，m 序列的自相关特性呈现二值特性，其未归一化的自相关函数值分别为 −1、N。若进行归一化操作，则与式(10.5)中描述的一致。

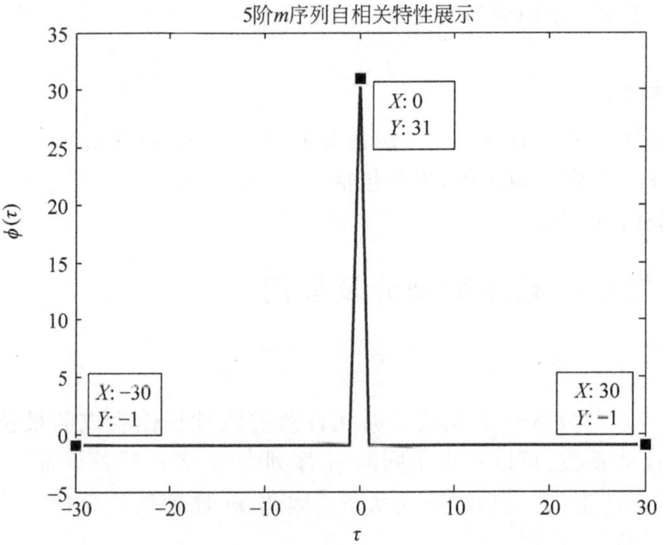

图 10.2　周期 $N=31$ 的 5 阶序列自相关特性

m 序列作为扩频序列，已经得到广泛的应用。对于 CDMA 系统，不仅要求 PN 序列具有良好的相关特性，同时也需要作为地址码的 PN 序列有足够多的数量。m 序列虽然有良好的相关特性且生成方式简单，但 m 序列的数目少，仅为 $\Phi(2^n-1)/n$，其中 $\Phi(n)$ 为欧拉函数，定义如下：

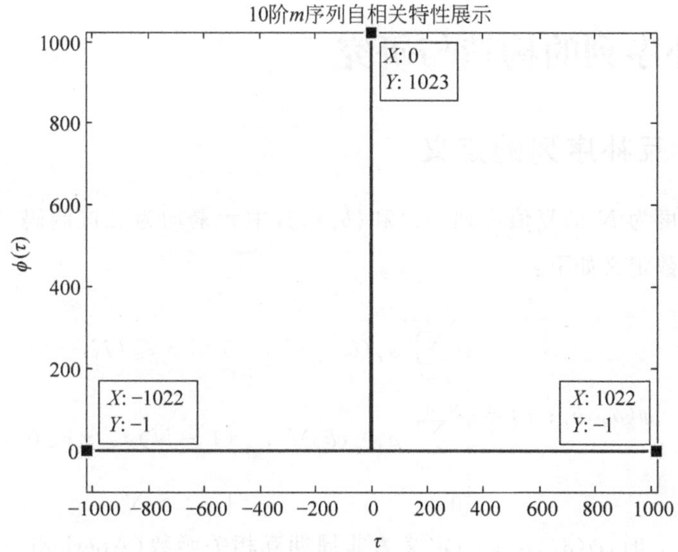

图 10.3　周期 $N=1023$ 的 10 阶序列自相关特性

$$\Phi(n)=\begin{cases}1, & n=1\\ \prod_{i=1}^{k} p_i^{a_i-1}(p_i-1), & n=\prod_{i=1}^{k} p_i^{a_i-1}\text{（素数分解）}\\ p-1, & (n-p)\text{ 为素数}\end{cases}\tag{10.6}$$

2. Gold 序列

Gold 序列是在 m 序列的基础上产生的，尽管其相关特性不如 m 序列。但是，Gold 序列的数量要远超 m 序列。同时，Gold 序列也具有良好的自相关和互相关性能，在工程上得到了广泛的应用。

Gold 序列是由 m 序列优选对产生的。m 序列优选对定义如下：

定义 10.1.1　在 m 序列集中，若两个 m 序列$\{a\}$、$\{b\}$的互相关函数最大值的绝对值 $|R_{ab}|_{\max}$ 满足下列条件：

$$|R_{ab}(\tau)|\leqslant\begin{cases}2^{\frac{n+1}{2}}+1, & n\text{ 为奇数}\\ 2^{\frac{n+2}{2}}+1, & n\text{ 为偶数且不是 4 的整数倍}\end{cases}\tag{10.7}$$

则$\{a\}$、$\{b\}$称为一对 m 序列优选对。其中，$\{a\}$、$\{b\}$分别是由 n 阶本原多项式 $f(x)$、$g(x)$ 产生的 m 序列。

产生 Gold 序列的结构形式包括两种：①串联型。将 m 序列优选对的特征多项式相乘得到新的 $2n$ 次特征多项式，根据新的特征多项式构建 Fabonacci 型移位寄存器，从而得到 Gold 序列。②并联型。将 m 序列优选对产生的输出序列进行模 2 和运算得到 Gold 序列。

每改变该优选对 m 序列的相对位置，即可产生一个新的 Gold 序列。优选对 m 序列的相对位移可以为 $1,2,\cdots,2^n-1$，因此可以得到(2^n-1)个 Gold 序列，加上原有的 m 序列优选对序列，Gold 序列的数量可以达到(2^n+1)个。

10.3 互补序列的构造与研究

10.3.1 互补序列的定义

给定两个长度为 N 的复值序列 $\{a_t\}$ 和 $\{b_t\}$，其中元素均为二进制码，其在时移为 τ 时的非周期相关函数定义如下：

$$\psi(a_t, b_t; \tau) = \begin{cases} \sum_{t=0}^{N-1-\tau} a_t (b_{t+\tau})^*, & 0 \leqslant \tau \leqslant (N-1) \\ \sum_{t=0}^{N-1+\tau} a_{t-\tau} (b_t)^*, & (1-N) \leqslant \tau < 0 \\ 0, & |\tau| \geqslant N \end{cases} \tag{10.8}$$

当 $\{a_t\} \neq \{b_t\}$ 时，$\psi(a_t, b_t; \tau)$ 定义为非周期互相关函数(Aperiodic Cross-correlation Function, ACCF)；否则，$\psi(a_t, b_t; \tau)$ 定义为非周期自相关函数(Aperiodic Auto-correlation Function, AACF)。为了表示简便，本书中用 $\psi(a_t; \tau)$ 表示序列 $\{a_t\}$ 的 AACF。

定义 10.3.1 序列 $\{a_t\}$、$\{b_t\}$ 当满足如下条件时，就称作一对互补码(Complementary Sequence, C-S)，又称作 Golay 互补对：

$$\psi(a_t; \tau) + \psi(b_t; \tau) = C\delta(\tau) \tag{10.9}$$

式中，C 为正常数，其值为序列 $\{a_t\}$、$\{b_t\}$ 的长度之和。

本书中，用 $\boldsymbol{C}(K, M, N)$ 表示相互正交的互补序列集(Mutually Orthogonal Complementary Code Set, MOCCS)。

$\boldsymbol{C}$ 的非周期相关函数，即"非周期相关之和"可以表示为

$$\Psi(\boldsymbol{C}^{(i)}, \boldsymbol{C}^{(j)}, \tau) = \sum_{m=0}^{M-1} \psi(c_m^i, c_m^j; \tau), \quad 0 \leqslant i, j \leqslant K-1 \tag{10.10}$$

定义 10.3.2 对任意 $i \neq j$ 或 $i = j, \tau \neq 0$ 的情况下，如果满足 $\Psi(\boldsymbol{C}^{(i)}, \boldsymbol{C}^{(j)}, \tau) = 0$，那么序列集合 $\boldsymbol{C}$ 即为 MOCCS。

在这种情况下，每对互补码可以称为一个互补矩阵，每个行序列称作组成序列。需要指出的是，K 的上界为 M(组成序列的数量)，即 $K \leqslant M$[55]。

定义 10.3.3 当 $K = M$ 时，$\boldsymbol{C}$ 即为完全互补序列(Complete Complementary Sequence, CC-S)集。当 $M = 2, K = 1$ 时，互补矩阵即为 Golay 互补对，每个组成序列成为 Golay 序列。

$\boldsymbol{C}$ 包含 K 组 CC-S，每个 CC-S 集合用 $\boldsymbol{C}^{(k)}, k \in \{0, 1, 2, \cdots, K-1\}$ 表示，其大小为 $M \times N$。例如：

$$\boldsymbol{C}^{(k)} = \begin{bmatrix} c_0^{(k)} \\ c_1^{(k)} \\ \vdots \\ c_{M-1}^{(k)} \end{bmatrix}_{M \times N} = [d_0^{(k)} \quad d_1^{(k)} \quad \cdots \quad d_{N-1}^{(k)}]_{M \times N} \tag{10.11}$$

式中，$c_p^{(k)}$ $(0\leqslant p\leqslant M-1)$ 和 $d_e^{(k)}$ $(0\leqslant e\leqslant N-1)$ 分别表示 $\boldsymbol{C}^{(k)}$ 中的第 p 行序列和第 e 列序列。

$\boldsymbol{C}^{(k)}$ 包含 M 个长度为 N 的序列 c_m^k，$m\in\{0,1,2,\cdots,M-1\}$。$\boldsymbol{C}^{(k)}$ 可以展开为如下矩阵形式：

$$\boldsymbol{C}^{(k)}=\begin{bmatrix} c_0^{(k)} \\ c_1^{(k)} \\ \vdots \\ c_{M-1}^{(k)} \end{bmatrix}=\begin{bmatrix} c_{0,0}^{(k)} & \cdots & c_{0,N-1}^{(k)} \\ \vdots & & \vdots \\ c_{M-1,0}^{(k)} & \cdots & c_{M-1,N-1}^{(k)} \end{bmatrix} \tag{10.12}$$

式中，$c_{m,n}^{(k)}$ 为CC-S集合中具体的序列，其值满足二值特性 $c_{m,n}^{(k)}\in\{1,-1\}$，且 $m\in\{0,1,2,\cdots,M-1\}$，$n\in\{0,1,2,\cdots,N-1\}$，$k\in\{0,1,2,\cdots,K-1\}$。

10.3.2　互补序列的新型构造方法

在完全互补序列的构造方法上，传统方法采用 N 倍移位自正交和 N 倍移位互正交构造完全互补序列[56]。在这个过程中，需要至少选择 3 个正交矩阵，计算存储复杂。文献[57]提出了生成树构造方法，具体步骤见算法 1。

算法 1：构建 CC-S 的生成树算法

1：给定基础码组 CC-S X_i

2：当 $i\in\mathbf{N}^+$ 时，进行算法迭代

3：　计算矩阵 $\boldsymbol{X}_i$ 的行数 l 和列数 w

4：　定义大小为 $2l\times 2w$ 的零矩阵

5：　　当 $p=1:l/2$ 执行迭代

6：　　　　选取矩阵 $\boldsymbol{X}_i$ 的每行，构成 $\boldsymbol{X}_p$

7：　　　　　分别选择矩阵 $\boldsymbol{X}_{p1}=\boldsymbol{X}_p(1:1,1:w/2)$ $\boldsymbol{X}_{p1}=\boldsymbol{X}_p(1:1,w/2+1:w)$

8：　　　　　　　　　　$\boldsymbol{X}_{p3}=\boldsymbol{X}_p(2:2,1:w/2)$ $\boldsymbol{X}_{p4}=\boldsymbol{X}_p(2:2,w/2+1:w)$

9：　　　　　构建新矩阵：

10：
$$\boldsymbol{X}_{lp}=\left[\begin{array}{cc|cc} \boldsymbol{X}_{p1} & \boldsymbol{X}_{p3} & \boldsymbol{X}_{p2} & \boldsymbol{X}_{p4} \\ \boldsymbol{X}_{p1} & \overline{\boldsymbol{X}_{p3}} & \boldsymbol{X}_{p2} & \overline{\boldsymbol{X}_{p4}} \\ \boldsymbol{X}_{p3} & \boldsymbol{X}_{p1} & \boldsymbol{X}_{p4} & \boldsymbol{X}_{p2} \\ \boldsymbol{X}_{p3} & \overline{\boldsymbol{X}_{p1}} & \boldsymbol{X}_{p4} & \overline{\boldsymbol{X}_{p2}} \end{array}\right]$$

11：　　　　　如果矩阵元素 x 为实数

12：　　　　　　　$\overline{\boldsymbol{X}_{p1}}$ 是 $\boldsymbol{X}_{p1}$ 的逻辑否运算

13：　　　　　如果矩阵元素 x 为复数

14：　　　　　　　$\overline{\boldsymbol{X}_{p1}}$ 是 $\boldsymbol{X}_{p1}$ 的共轭转置

15：　　　　提取矩阵 $\boldsymbol{Z}((4p-3):4p,:)=\boldsymbol{X}_{lp}$

16：　　　结束步骤 5

17：　　用矩阵 $\boldsymbol{Z}$ 更新 CC-S $\boldsymbol{X}_i$

18：结束步骤 2

接下来给出一个例子，具体讨论说明利用生成树算法构造完全互补序列，以及完全互补序列的相关特性。

首先给出一个基础码组：

$$\boldsymbol{X}_i=\begin{bmatrix}1 & 1 & -1 & 1\\ 1 & -1 & -1 & -1\end{bmatrix} \tag{10.13}$$

根据生成树算法，第一次迭代后的 $\boldsymbol{X}_{lp}$ 应当表示为

$$\boldsymbol{X}_{lp}=\begin{bmatrix}1 & 1 & 1 & -1 & -1 & 1 & -1 & -1\\ 1 & 1 & -1 & 1 & -1 & 1 & 1 & 1\\ 1 & -1 & 1 & 1 & -1 & -1 & -1 & 1\\ 1 & -1 & -1 & -1 & -1 & -1 & 1 & -1\end{bmatrix} \tag{10.14}$$

通过生成树算法，可以用简单的矩阵操作得到扩充后的互补序列集。假设经过两次迭代，可以得到 MOCCS，表示为 $\boldsymbol{C}(2,4,4)$，取 $\boldsymbol{C}^{(1)}$ 其表示如下：

$$\boldsymbol{C}^{(1)}=\begin{bmatrix}1 & 1 & 1 & -1 & 1 & 1 & -1 & 1 & -1 & 1 & -1 & -1 & -1 & 1 & 1 & 1\\ 1 & 1 & 1 & -1 & -1 & -1 & 1 & -1 & -1 & 1 & -1 & -1 & 1 & -1 & -1 & -1\\ 1 & 1 & -1 & 1 & 1 & 1 & 1 & -1 & -1 & 1 & 1 & 1 & -1 & 1 & -1 & -1\\ 1 & 1 & -1 & 1 & -1 & -1 & -1 & 1 & -1 & 1 & 1 & 1 & 1 & -1 & 1 & 1\end{bmatrix} \tag{10.15}$$

将四行序列切割为四部分，分别定义为 a_{00}、b_{00}、a_{01}、b_{01}，则互补序列对的 AACF 和 ACCF 的计算结果如下：

$$\psi(a_{00};\tau)+\psi(b_{00};\tau)=\psi(a_{01};\tau)+\psi(b_{01};\tau)=32*\delta(\tau) \tag{10.16}$$

$$\psi(a_{00},b_{00};\tau)+\psi(a_{01},b_{01};\tau)=0 \tag{10.17}$$

其 MATLAB 计算仿真如图 10.4、图 10.5 所示。

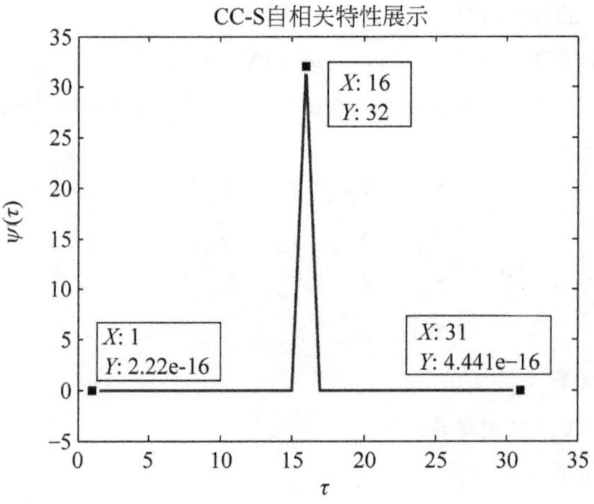

图 10.4　长度为 16 互补序列自相关特性

如图 10.4 所示，未进行归一化的 CC-S 自相关函数为单值特性，与式(10.15)的结果相匹配。CC-S 的自相关特性优于传统的 PN 序列。图 10.5 所示的是 CC-S 的互相关函数。图 10.5 显示出 CC-S 的互相关函数特性，其移位互相关值均为 0，与式(10.17)的理论结果一致。

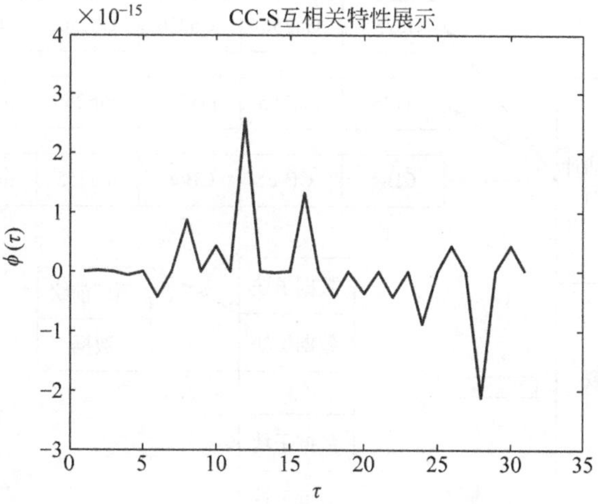

图 10.5　长度为 16 互补序列互相关特性

10.4　基于互补序列的信道估计

10.4.1　互补序列时域信道估计

相比于频域信道估计，时域信道估计由于估计的参数更少，从而可以取得更好的信道估计性能[58]。当采用时域信道估计时，训练序列的周期自相关特性的优异与否是极其重要的。m 序列作为典型的 PN 序列，由于其具有二值自相关特性以及优良的峰值旁瓣比(Peak Side Lobe Ratio，PSLR)，已被应用于广播电视系统。

在该系统中，发射端首先对信息流进行正交相移键控(Quadrature Phase Shift Keying，QPSK)调制。将符号流转化为数据子块，数据子块包括数据和循环前缀(Cyclic Prefix，CP)；整个包结构包括传输负载以及信道估计序列，传输负载包括一系列的数字子块，其中信道估计序列位于整个包的前端。包结构如图 10.6 所示，信道估计序列描述见 10.4 节仿真部分①。

借助一对 C-S 完成时域信道估计。具体来讲，发射端发送由互补序列构成的信道估计序列；在接收端，通过 Golay 相关器完成相关操作。由于 C-S 的完美正交特性，只需要在接收端找到时延长度，其与信道冲激响应(Channel Impulse Resposne，CIR)相关；由于 C-S 由两个序列构成，还需要进行求和操作。

考虑一个慢衰落多径信道，则接收端信道估计序列表示为

$$\boldsymbol{r}_{\mathrm{CES}}(t)=\sum_{t'=0}^{T_L-1}\boldsymbol{h}(t')\boldsymbol{s}(t-t')+\boldsymbol{n}(t) \tag{10.18}$$

式中，$\boldsymbol{h}(t')$ 包括 CIR 以及发射端和接收端的升余弦滚降滤波器三部分；T_L 为 CIR 的长

---

① 本节部分内容可见于：Li S，Wu H，Jin L. Channel estimation in time domain using complementary sequence，Proc. 3rd IEEE International Conference on Control Science and Systems Engineering (ICCSSE)，Beijing，2017：474-477.

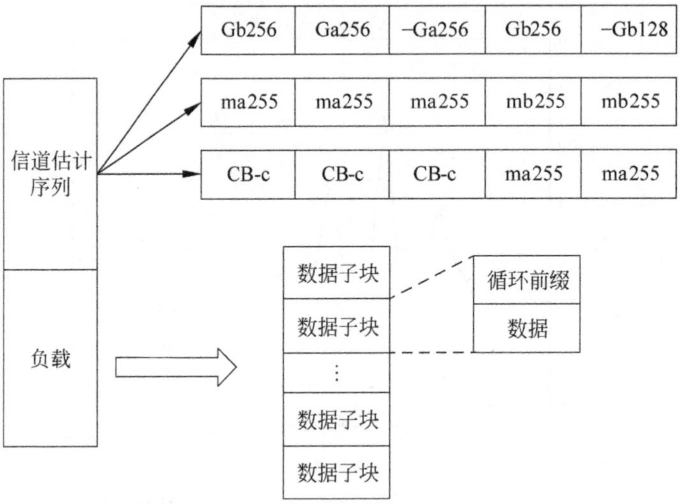

图 10.6 互补序列时域信道估计传输包格式

度；$\boldsymbol{n}(t)$为 AWGN。

在接收端，分别用 C-S 的两个子序列 $a_{N_{\text{CES}}}(l)$和 $b_{N_{\text{CES}}}(l)$与式(10.18)进行相关操作：

$$\begin{cases} \boldsymbol{a}(t)=\dfrac{1}{N_{\text{CES}}}\displaystyle\sum_{l=0}^{N_{\text{CES}}-1}\boldsymbol{a}_{N_{\text{CES}}}^{*}(l)\boldsymbol{r}_{\text{CES}}(t-N_{\text{CES}}+1-l) \\ \boldsymbol{b}(t)=\dfrac{1}{N_{\text{CES}}}\displaystyle\sum_{l=0}^{N_{\text{CES}}-1}\boldsymbol{b}_{N_{\text{CES}}}^{*}(l)\boldsymbol{r}_{\text{CES}}(t-N_{\text{CES}}+1-l) \end{cases} \tag{10.19}$$

式中，N_{CES} 为用于信道估计 C-S 的长度。

因此 CIR 的估计值 $\hat{\boldsymbol{h}}(t)$表示为

$$\hat{\boldsymbol{h}}(t)=\boldsymbol{a}(t)+\boldsymbol{b}(t)=\frac{1}{2N_{\text{CES}}}\sum_{t'=0}^{T_L-1}\boldsymbol{h}(t')*\delta(t'-t_d) \tag{10.20}$$

式中，t_d 为 C-S 自相关特性与 CIR 导致的时延。

仿真分析见 10.5.1 节。10.5.1 节通过利用不同的 PN 序列，如 m 序列和 Barker 码序列，验证 C-S 用于时域信道估计的有效性。通过归一化均方误差(Normalized Mean Square Error，NMSE)和误码率(Bit Error Rate，BER)的对比，论证了互补序列作为时域信道估计训练序列的优越性。

10.4.2 互补序列 MIMO 信道估计

基于 CC-S 的 MIMO 信道估计模型框图如图 10.7① 所示。假设 MIMO 系统配备 M 个发射天线和 N 个接收天线，每个天线传输的信号为数据信号 $\boldsymbol{c}(k)$和导频信号 $\boldsymbol{s}(k)$，其中 $s(k)$由 CC-S 构成，分别表示如下：

$$\boldsymbol{c}(k)=[c_1(k),c_2(k),\cdots,c_M(k)]^{\text{T}} \tag{10.21}$$

① 本节部分内容可见于：Li S，Wu H，Jin L. Channel estimation based on complete complementary sequence for MIMO system，Journal of Computers，2017，28(4)：170-178.

$$\boldsymbol{s}(k)=\begin{bmatrix} s_m^a(k) \\ s_m^b(k) \end{bmatrix}=\begin{bmatrix} s_1^a(k) & s_2^a(k) & \cdots & s_M^a(k) \\ s_1^b(k) & s_2^b(k) & \cdots & s_M^b(k) \end{bmatrix}^{\mathrm{T}} \tag{10.22}$$

pair　pair　…　pair

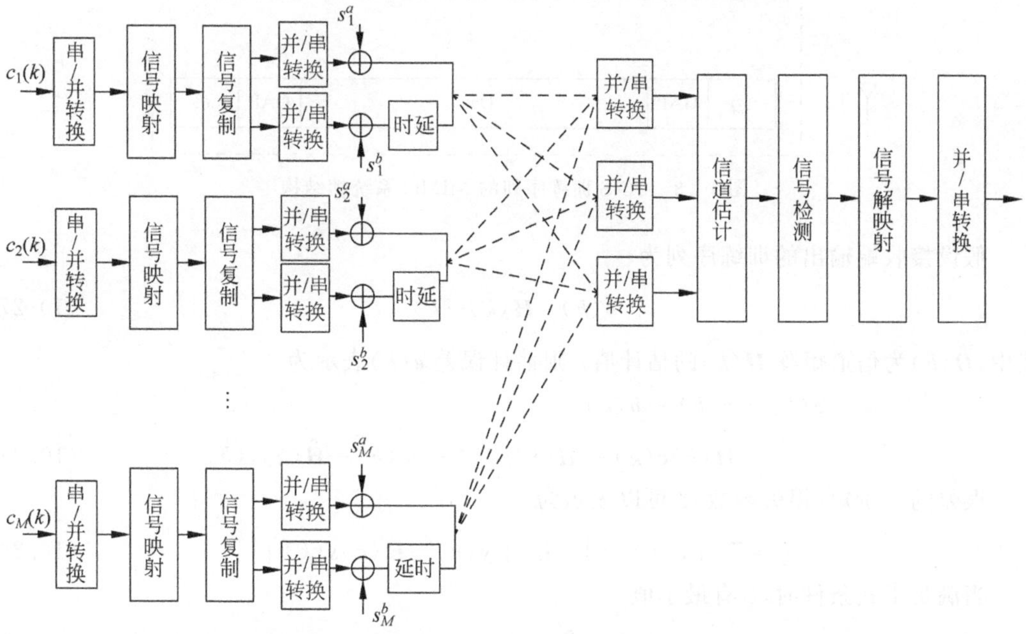

图 10.7 基于 CC-S 的 MIMO 信道估计机制

在发射端，第 m 个发射符号及发射端的信号分别表示为

$$x_m(k)=c_m(k)+s_m^a(k)+c_m(k+D)+s_m^b(k+D) \tag{10.23}$$

$$\boldsymbol{x}(k)=\boldsymbol{c}(k)+\boldsymbol{s}(k) \tag{10.24}$$

接收端的接收信号 $\boldsymbol{y}(k)$ 表示为

$$\boldsymbol{y}(k)=\{\boldsymbol{y}_n(k)\}_{n=1}^N$$

$$\begin{aligned}\boldsymbol{y}(k)&=\boldsymbol{H}(k)(\boldsymbol{c}(k)+\boldsymbol{s}(k))+\boldsymbol{n}(k)\\&=\boldsymbol{H}(k)\boldsymbol{x}(k)+\boldsymbol{n}(k)\end{aligned} \tag{10.25}$$

式中，$\boldsymbol{H}$ 为 $N\times M$ 维复信道矩阵：

$$\boldsymbol{H}(k)=\begin{bmatrix} h_{11}(k) & \cdots & h_{1M}(k) \\ \vdots & & \vdots \\ h_{N1}(k) & \cdots & h_{NM}(k) \end{bmatrix} \tag{10.26}$$

$\boldsymbol{n}(k)=[n_1(k),n_2(k),\cdots,n_N(k)]^{\mathrm{T}}$ 为服从$(0,\sigma_n^2)$分布的 AWGN；$(\cdot)^{\mathrm{T}}$ 为转置操作。

基于 CC-S 的 MIMO 信道估计帧结构如图 10.8 所示。在图 10.8 中，序列 A 和序列 B 分别在发射端交替发送。GAP 代表保护间隔。文献[61]指出，将 CC-S 应用于 MIMO 系统，当 MIMO 系统发射端天线数目为奇数时，将增加一个虚拟天线使其天线数目变为偶数，从而与 CC-S 成对存在的特性相匹配。因此，CC-S 作为训练序列实现 MIMO 信道估计时，无须受限于系统发射天线的数量。

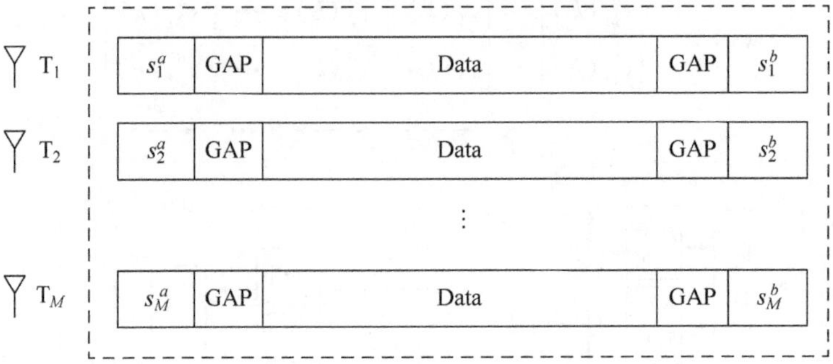

图 10.8　CC-S 训练序列的 MIMO 系统帧结构

假设接收端输出的训练序列为

$$\boldsymbol{b}(k)=\hat{\boldsymbol{H}}(k)\boldsymbol{s}(k) \tag{10.27}$$

式中，$\hat{\boldsymbol{H}}(k)$为信道矩阵 $\boldsymbol{H}(k)$的估计值；则估计误差 $\boldsymbol{e}(k)$表示为

$$\begin{aligned}\boldsymbol{e}(k)&=\boldsymbol{y}(k)-\boldsymbol{b}(k)\\&=\boldsymbol{H}(k)\boldsymbol{c}(k)+\boldsymbol{H}(k)\boldsymbol{s}(k)+\boldsymbol{v}(k)-\hat{\boldsymbol{H}}(k)\boldsymbol{s}(k)\end{aligned} \tag{10.28}$$

误差的二阶矩(损失函数)ζ 可以表示为

$$\zeta=\mathbb{E}[|\boldsymbol{e}(k)|^2]=\mathbb{E}[|\boldsymbol{y}(k)-\hat{\boldsymbol{H}}(k)\boldsymbol{s}(k)|^2] \tag{10.29}$$

当满足下式条件时，ζ 有最小值：

$$\mathbb{E}\{[\boldsymbol{y}(k)-\hat{\boldsymbol{H}}(k)\boldsymbol{s}(k)]\boldsymbol{s}^*(k)\}=0 \tag{10.30}$$

式中，$(\cdot)^*$ 表示共轭转置；$\mathbb{E}(\cdot)$表示对变量求期望。由式(10.30)，得

$$\mathbb{E}[\hat{\boldsymbol{H}}(k)\boldsymbol{s}(k)\boldsymbol{s}^*(k)]=\mathbb{E}[\boldsymbol{y}(k)\boldsymbol{s}^*(k)] \tag{10.31}$$

进一步推导可得

$$\hat{\boldsymbol{H}}(k)\boldsymbol{R}_{ss}(k)=\boldsymbol{R}_{ys}(k) \tag{10.32}$$

则可推导出$\hat{\boldsymbol{H}}(k)$表示如下：

$$\hat{\boldsymbol{H}}(k)=\boldsymbol{R}_{ys}(k)\boldsymbol{R}_{ss}^{-1}(k) \tag{10.33}$$

式中，$\boldsymbol{R}_{ss}(k)$、$\boldsymbol{R}_{ys}(k)$分别表示 $\boldsymbol{s}(k)$与 $\boldsymbol{s}(k)$、$\boldsymbol{y}(k)$与 $\boldsymbol{s}(k)$的相关矩阵。

由式(10.25)可得

$$\boldsymbol{R}_{ys}(k)=\boldsymbol{H}(k)\boldsymbol{R}_{xs}(k)+\boldsymbol{R}_{ns}(k) \tag{10.34}$$

由于变量 $x(k)$与 $s(k)$是不相关的，因此式(10.34)可以写为

$$\boldsymbol{R}_{ys}(k)=\boldsymbol{H}(k)\boldsymbol{R}_{ss}(k)+\boldsymbol{R}_{ns}(k) \tag{10.35}$$

式中，$\boldsymbol{R}_{ns}(k)$为 $n(k)$与 $x(k)$的相关矩阵。因此 $\boldsymbol{H}(k)$可以进一步表示为

$$\boldsymbol{H}(k)=\boldsymbol{R}_{ys}(k)\boldsymbol{R}_{ss}^{-1}(k)-\boldsymbol{R}_{ns}(k)\boldsymbol{R}_{ss}^{-1}(k) \tag{10.36}$$

因此，MIMO 系统的信道估计误差为

$$\boldsymbol{e}_H=\hat{\boldsymbol{H}}(k)-\boldsymbol{H}(k)=\boldsymbol{R}_{ns}(k)\boldsymbol{R}_{ss}^{-1}(k) \tag{10.37}$$

MIMO 信道估计均方误差(Mean Square Error，MSE)表示如下：

$$\mathrm{MSE}=\mathrm{tr}[\mathbb{E}(\boldsymbol{e}_H^{\mathrm{H}}\boldsymbol{e}_H)]$$

$$=\mathrm{tr}[\mathbb{E}(\boldsymbol{R}_{ss}^{-\mathrm{H}}(k)\boldsymbol{R}_{ns}^{\mathrm{H}}(k)\boldsymbol{R}_{ns}(k)\boldsymbol{R}_{ss}^{-1}(k))] \tag{10.38}$$

式中，$(\cdot)^{\mathrm{H}}$ 表示厄米(Hermite)转置；$\boldsymbol{R}_{ns}(k)$的期望可以表示为

$$\mathbb{E}(\boldsymbol{R}_{ns}^{\mathrm{H}}(k)\boldsymbol{R}_{ns}(k))=N\sigma_n^2\boldsymbol{R}_{ss}(k) \tag{10.39}$$

因此，MIMO 系统信道估计 MSE 可以表示为

$$\mathrm{MSE}=N\sigma_n^2\,\mathrm{tr}[\boldsymbol{R}_{ss}^{-\mathrm{H}}(k)] \tag{10.40}$$

根据式(10.40)及优化理论，选择合适的训练序列 $s(k)$即可以最小化 MIMO 系统信道估计 MSE。当训练序列不具备满足完美正交性时，$\boldsymbol{R}_{ss}(k)$不能表示成对角矩阵(diagonal matrix)的形式。此时，通过将训练序列 $\boldsymbol{s}(k)$转化为$\boldsymbol{\varphi}(k)\boldsymbol{s}(k)$，即可最小化 MSE。其中，$\varphi(k)$要满足下式的条件：

$$\begin{aligned}\boldsymbol{R}_{(\varphi s)(\varphi s)}(k)&=(\boldsymbol{\varphi}(k)\boldsymbol{s}(k))^{\mathrm{H}}(\boldsymbol{\varphi}(k)\boldsymbol{s}(k))\\&=\boldsymbol{s}^{\mathrm{H}}(k)(\boldsymbol{\varphi}^{\mathrm{H}}(k)\boldsymbol{\varphi}(k))\boldsymbol{s}(k)\\&=\boldsymbol{\Lambda}\end{aligned} \tag{10.41}$$

式中，$\boldsymbol{\Lambda}$ 表示对角矩阵。式(10.41)为 MIMO 系统训练序列的选择指明了优化方向。

10.5 仿真结果与分析

10.5.1 互补序列时域信道估计仿真分析

本节对 10.4.1 节的理论进行实验验证。将 C-S 与传统的 PN 序列、m 序列和 Barker 码序列进行了对比，用 NMSE 衡量信道估计的误差，以及利用 BER 衡量系统的有效性。

$$\mathrm{NMSE}=\frac{\mathbb{E}\left[\sum_{t'=0}^{T_L-1}\|h(t')-\hat{h}(t)\|_2^2\right]}{\mathbb{E}\left[\sum_{t'=0}^{T_L-1}\|h(t')\|_2^2\right]} \tag{10.42}$$

本节中的具体仿真参数见表 10-1。

表 10-1 互补序列时域信道估计仿真参数

仿真参数	参数值
符号率/(Mb·s^{-1})	1.76
滚降因子	0.25
群延时	16
互补序列长度	256
m 序列长度	255
组合 Barker 码长度	143
循环前缀符号数	64
数据符号数	448
子块个数	120
调制方式	QPSK

选取了长度为256的C-S、长度为255的m序列以及组合出长度为143的组合Barker码序列进行实验对比。

首先，图10.9展示了3种序列的AACF特性。由图10.9可以看出，互补序列具有单值特性，m序列具有二值特性，而组合Barker码序列的自相关呈现多值特性。AACF特性会直接对信道估计误差和系统性能产生影响。

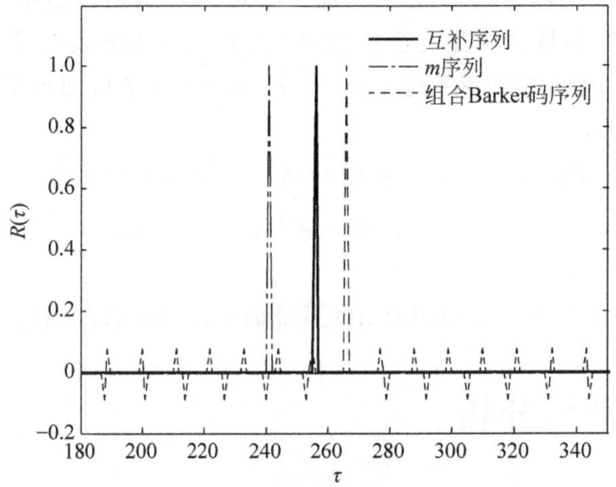

图10.9 不同训练序列的AACF对比

在实验中，首先对比了C-S、m序列、组合Barker码序列作为时域信道估计序列时的NMSE性能。由图10.10可以看出，C-S作训练序列进行信道估计时的NMSE最小，其信道估计性能要优于m序列以及组合Barker码序列。同时，随着信噪比(SNR)的增大，m序列和组合Barker码序列的估计性能有所下降，曲线逐渐平缓；而C-S的信道估计性能依然保持良好。实验比较了3种序列用于信道估计的准确性，后续将验证三种序列用于信道估计时的系统BER性能。

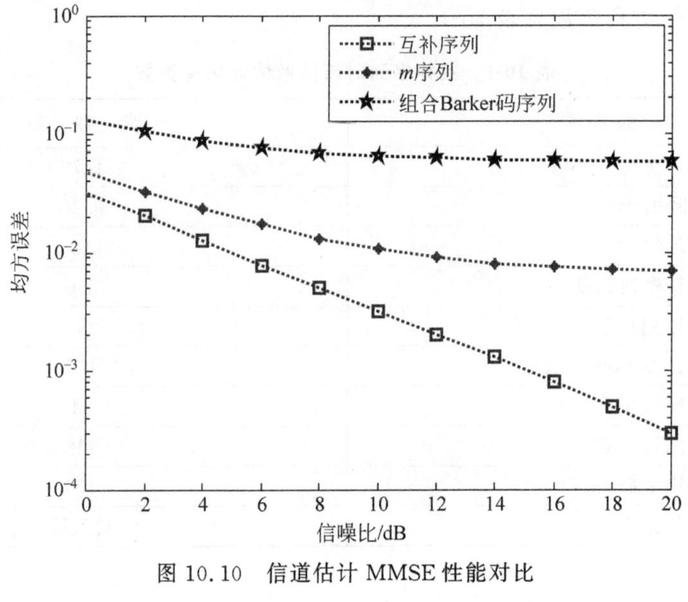

图10.10 信道估计MMSE性能对比

由图 10.11 可以看出，在 SNR 较低时，3 种序列作为信道估计序列的系统 BER 差距较小。但是当 SNR 达到 10dB 以及更高时，C-S 作为互补序列时候的系统误码率要明显优于其他两种序列。当 SNR 达到 20dB 时，基于 C-S 的系统误码率达到了 2.2×10^{-5}。该实验结果论证了互补序列作为训练序列可以用于时域信道估计，并且结果要优于传统的 m 序列和组合 Barker 码序列。

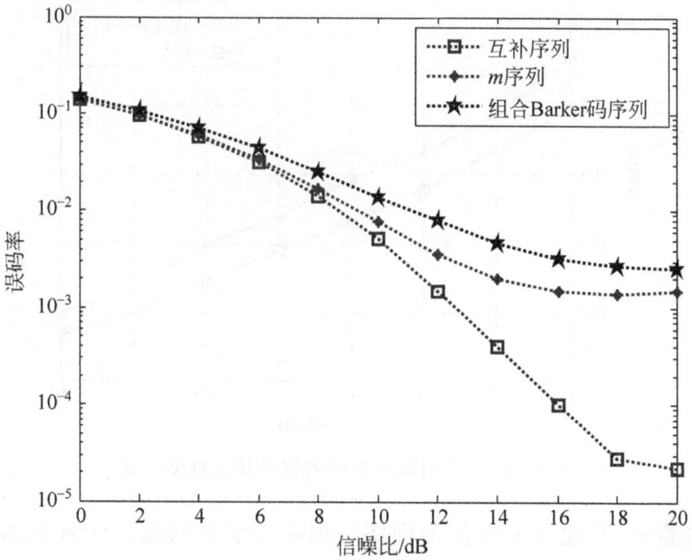

图 10.11　系统 BER 性能对比

10.5.2　互补序列 MIMO 信道估计仿真分析

本节对 10.4.2 节的理论进行实验验证。如同 10.5.1 节，用 NMSE 衡量信道估计的性能，其在本节中表示为

$$\text{NMSE}=\mathbb{E}\left(\frac{\|\hat{\boldsymbol{H}}(k)-\boldsymbol{H}(k)\|^2}{\|\boldsymbol{H}(k)\|^2}\right)\tag{10.43}$$

主要仿真参数见表 10-2。

表 10-2　互补序列 MIMO 信道估计仿真参数

仿 真 参 数	参 考 值
C-S 的长度	20,40
m 序列的长度	31
载波频率/GHz	2.5
发射天线数目	4,2,1
接收天线数目	4,2,1
传输信号波特率/MBaud/s	1.28
调制方式	QPSK

图 10.12 对比了在单天线条件下，不同序列作为信道估计训练序列时的信道估计性能。由图 10.12 可以看出，C-S 作为训练序列时的信道估计性能要优于 m 序列。同时，按照上述分析，对 m 序列做优化处理，优化 m 序列也可以取得与 C-S 相同的性能。这也论证了上文推导的正确性。

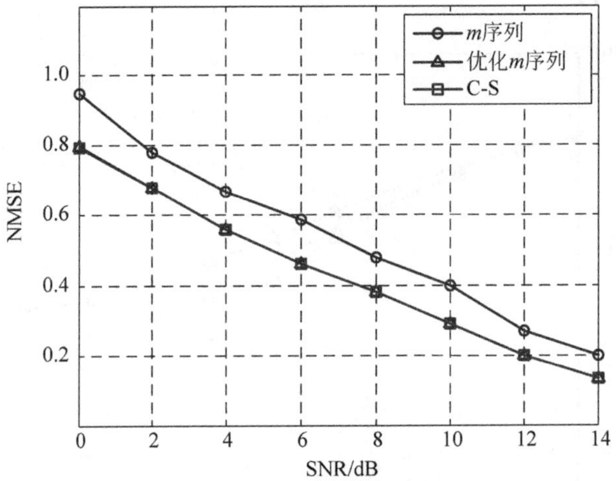

图 10.12 不同训练序列的信道估计性能对比

在下一个实验中，对比了 C-S 作为训练序列应用于不同收发天线数量的 MIMO 系统中的信道估计性能。天线数目分别设置为 $M=4, N=4$；$M=2, N=2$。由图 10.13 可知，随着 SNR 的增加，各个系统的信道估计误差均减小；其次，通过比较图中的 3 条曲线可以得知，当发射端天线较少时，整个系统的性能会更好，这就说明当发射情况越复杂，不同信道之间的相互干扰越强，精确的信道估计越难获得，这样就会导致通信系统性能的降低。

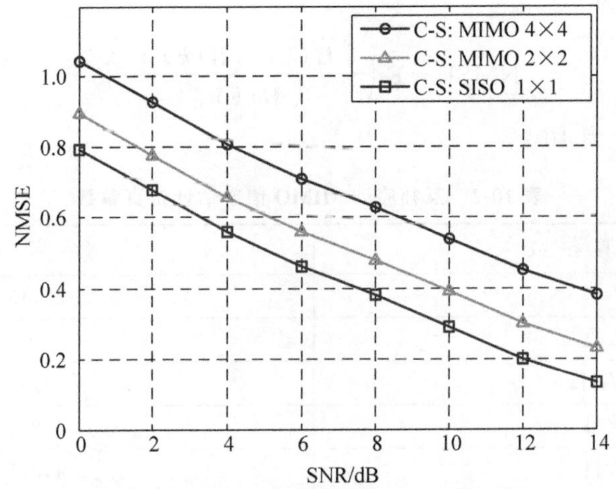

图 10.13 不同天线数目下的信道估计性能对比

10.6　本章小结

本章主要研究了基于互补序列的信道估计技术，将互补序列应用于时域信道估计以及MIMO信道估计的理论推导及仿真分析。首先对PN序列和互补序列进行了描述，其次对互补序列的简单生成方式进行了阐述。接下来阐述了将互补序列应用于时域信道估计和MIMO信道估计的实现方法，最后给出了两种情况下的信道估计情况仿真。在仿真过程中，本章对照了完全互补序列与其他PN序列作为训练序列的信道估计性能，仿真论证了互补序列作为信道估计训练序列的可行性。

第11章 基于压缩感知的MIMO信道估计

11.1 引言

本书第10章分析了MIMO系统正交训练序列的构造，通过构造良好正交性的导频序列，可以利用自相关性、互相关性进行信道估计和干扰消除。正交导频序列虽然具有良好的信道估计性能，但由于导频开销随着MIMO系统天线数量的增大而增加，在有限的时频资源导致导频的正交性也无法得到满足。因此，非正交导频成为研究热点[62-65]。文献[62]证明了多小区大规模MIMO系统中，在训练时隙足够小时，非正交导频可以取得与正交导频近似的效果，而正交导频在训练时隙足够小时是不可实现的。文献[63]将非正交导频应用于大规模连接场景中解决碰撞检测容量问题，同时提升信道估计性能。Li在文献[64]提出了当导频信号足够长时，利用Procrustes准则可以重构相互正交的导频信号；但当信号不够长时，最优导频序列可以通过Procrustes准则和额外的块矩阵(Additional Block Matrix)方法重构。文献[65]研究了导频长度不足情况下的最优训练信号设计。

除了非正交导频的研究之外，压缩感知[36]应用于5G与MIMO系统估计也有了广泛的研究。该理论的应用得益于无线通信系统在时延域信道冲激响应的稀疏性。研究表明，传统基于训练序列线性重构信道状态的方法适用于路径数量较多的多径信道环境。而物理环境和仿真分析结果表明，许多实际情况中的无线信道呈现稀疏多径结构，可以采用压缩感知的方法去解决[66]。文献[44]采用分布式压缩感知的方法解决MIMO-OFDM系统的稀疏信道估计问题，通过优化导频设置以及利用压缩感知提高了信道估计性能和系统有效性。Alkhateeb等研究了毫米波通信系统中信道估计和预编码问题，借助压缩感知的思想完成毫米波通信中的信道估计[49]。毫米波通信除了典型的信道稀疏性之外，还存在角度扩散问题，其呈现低秩结构。Li和Fang等利用多径稀疏性和低秩结构将毫米波信道估计过程分为两个阶段完成[67]。总结来看，实际中的无线信道呈现稀疏性或近似稀疏性，对于未来5G中的毫米波通信系统，甚至直接可以利用稀疏性这一特性，完成信号处理算法的设计。因此，本章从压缩感知技术出发，通过这一低复杂度的信号处理计算进行MIMO信道估计，从而降低MIMO信道估计的计算复杂度。

本章研究了基于压缩感知的MIMO信道估计问题，利用压缩感知理论对信道估计问题进行求解。本章首先介绍了压缩感知理论的实施框架，包括信号稀疏表示、传感矩阵设计和恢复算法设计，并对其中的传感矩阵设计进行了具体研究，主要包括基于互补序列的特性构建了新型的确定性 Topelitz 结构传感矩阵。相比于传统的高斯随机矩阵，在满足压缩感知理论有限等距特性(Restricted Isometry Property，RIP)的前提下，Toeplitz 结构传感矩阵具有更低的生成复杂度。同时，通过理论分析证明了其满足 Spark 特性。此外，在信道估计性能方面，本章提出的 Topelitz 结构传感矩阵可以与高斯随机矩阵取得近乎相同的效果。

11.2 压缩感知理论

压缩感知技术是近些年来信号处理领域的热点研究技术，其本质上是利用了“稀疏特性”(或近似稀疏特性)。一个稀疏向量只包含“少量”非零值和“许多”零值。在本书中，使用 ℓ_0 为模统计向量中的非零元素个数。

定义 11.2.1：ℓ_0 范数

$$\|\boldsymbol{x}\|_0 \triangleq \{\boldsymbol{x}\text{ 中元素 } x_i \neq 0 \text{ 的个数}\} \tag{11.1}$$

ℓ_0 范数由于其不满足绝对同质性(Absolute Homogenity)[①]，并不符合真正范数的条件。放缩该条件限制，如果向量的 ℓ_0 范数远小于向量维数，则该向量即可被视作“稀疏的”。更具体来说，如果一个 N 维的向量满足 $\|\boldsymbol{x}\|_0=K$，$K\ll N$，则该向量 $\boldsymbol{x}$ 为 K 稀疏的。

定义 11.2.2：标准压缩感知问题：$\boldsymbol{y}\in\mathcal{C}^M$ 为通过如下线性系统得到的测量向量

$$\boldsymbol{y}=\boldsymbol{A}\boldsymbol{x}+\boldsymbol{n} \tag{11.2}$$

其中，信号向量 $\boldsymbol{x}\in\mathcal{C}^N$ 可以通过测量矩阵 $\boldsymbol{A}\in\mathcal{C}^{M\times N}$ 得到观测值；$\boldsymbol{n}\in\mathcal{C}^M$ 为测量噪声。在该系统中，$\|\boldsymbol{x}\|_0=K<M<N$。则标准 CS 问题即为在变量 $\boldsymbol{y}$ 和测量矩阵 $\boldsymbol{A}$ 已知，测量噪声 $\boldsymbol{e}$ 随机的条件下，恢复出向量 $\boldsymbol{x}$ 的过程。除非另外说明，假设噪声 $\boldsymbol{e}$ 是服从独立同分布(i. i. d.，independent identically distributed)的白噪声。

将信号 $\boldsymbol{x}$ 所在空间称为“信号空间($\mathcal{C}^N$)”，向量 $\boldsymbol{y}$ 所在的空间称为“测量空间($\mathcal{C}^M$)”。在本书中，只考虑实向量和实矩阵。信号 $\boldsymbol{x}$ 中的非零元素通过支撑集描述，其定义如下。

定义 11.2.3：支撑集：支撑集$\mathcal{S}\subseteq\{1,2,\cdots,N\}$为一个有序集合，其序号与稀疏向量 $\boldsymbol{x}$ 中的元素相关。用 Ω 表示全支撑集：

$$\Omega\triangleq\{1,2,\cdots,N\} \tag{11.3}$$

则支撑集补表示为

$$\mathcal{S}^{c}\triangleq\Omega\backslash\mathcal{S} \tag{11.4}$$

对任何支撑集$\mathcal{S}\subseteq\{1,2,\cdots,N\}$，则必存在下列两种情况中的一种：

$\boldsymbol{x}_{\mathcal{S}}$ 为 $\boldsymbol{x}$ 的子向量，其包含$\mathcal{S}$索引下的元素。例：假设 $\boldsymbol{x}=[a,0,b,0,c]^{\mathrm{T}}$ 和$\mathcal{S}=[1,3,4]$，则 $\boldsymbol{x}_{\mathcal{S}}=[a,b,0]^{\mathrm{T}}$。

$\boldsymbol{x}_{\mathcal{S}}$ 为全 N 维向量，包含 $\boldsymbol{x}$ 在$\mathcal{S}$索引下所有的值，即 $\boldsymbol{x}_{\mathcal{S}^c}=\phi$。例：假设 $\boldsymbol{x}=[a,0,b,0,c]^{\mathrm{T}}$ 和$\mathcal{S}=[1,3,4]$，则 $\boldsymbol{x}_{\mathcal{S}}=[a,0,b,0,c]^{\mathrm{T}}$。

如图 11.1 所示，压缩感知过程主要包括三步：①根据信号的特性选择一组合适的正交基，使原始信号呈现稀疏状态；②通过一个与正交基不相关的矩阵(在本书中称作观测矩

---

① 绝对同质性：对 $\forall\alpha\neq0$，$\forall\boldsymbol{x}\neq0$，有 $\|\alpha\boldsymbol{x}\|=\|\alpha\|\|\boldsymbol{x}\|$

阵),对稀疏信号进行欠采样,得到一组观测数据,该观测数据的维数远远低于原始信号;③在信号恢复阶段,采用非线性重构的方法恢复出原始信号。压缩感知的三个主要部分将于11.2节介绍。

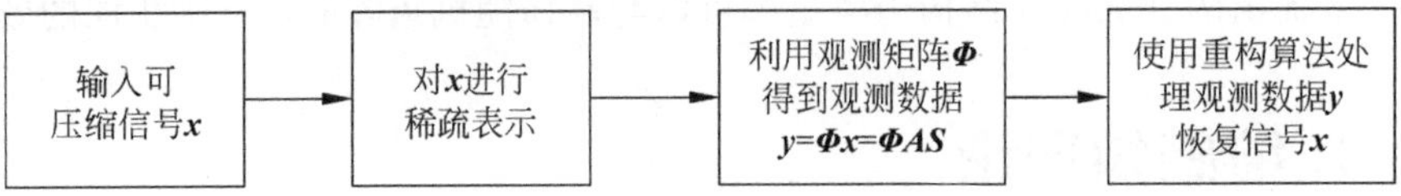

图11.1 压缩感知信号处理过程

11.2.1 信号的稀疏表示

压缩感知技术的前提是信号呈现"稀疏性"("稀疏"的概念上文已经给出)。"稀疏性"这一概念指的可以是信号本身是稀疏的,或者是在某个变换域内是稀疏的,抑或是在某一组基下呈现稀疏特性。因此,压缩感知的第一步是使得待处理信号变为稀疏的,即信号的稀疏表示。

考虑信号 $\boldsymbol{x}\in\mathcal{C}^N$ 为一个 $N\times 1$ 维的离散信号,其稀疏表示过程可以通过一组正交基向量 $\{\boldsymbol{a}_k\}_{k=1}^N$ 线性实现,即

$$\boldsymbol{x}_{N\times 1}=\sum_{k=1}^{N}\boldsymbol{a}_k s_k=\boldsymbol{AS} \tag{11.5}$$

式中,$\boldsymbol{A}=[\boldsymbol{a}_1,\boldsymbol{a}_2,\cdots,\boldsymbol{a}_N]\in\mathcal{C}^{N\times N}$ 表示正交基向量构成的正交基矩阵;$\boldsymbol{S}=[s_1,s_2,\cdots,s_N]$ 代表其对应的正交基权系数。通过向量内积 $s_k=\langle x_k,\boldsymbol{a}_k\rangle=(\boldsymbol{a}_k)^{\mathrm{T}}x_k$ 可以求得。式(11.5)中,如果信号 $\boldsymbol{S}$ 中非零元素的个数 K 远小于其维度 $N(K\ll N)$,那么可以将信号 $\boldsymbol{S}$ 称为 K 稀疏的,K 即为信号 $\boldsymbol{S}$ 的稀疏度。通过一个正交基矩阵 $\boldsymbol{A}$,信号 $\boldsymbol{x}$ 可以变换为在 $\boldsymbol{A}$ 域内的稀疏信号。因此,当信号在时间空间域内未呈现稀疏状态时,需要找到一组正交基底,通过线性表示,使其满足压缩感知稀疏表示的条件。常见的正交基底包括离散傅里叶矩阵、离散余弦变换矩阵等。此外,当信号不能用正交基底表示时,可以通过冗余字典的方式进行稀疏表示[68]。

11.2.2 观测矩阵的设计

在11.2.1节中已经得知,在压缩感知中,信号首先要表示为稀疏形式。维度为 N 的信号 $\boldsymbol{x}$ 在一组正交基向量 $\{\boldsymbol{a}_k\}_{k=1}^N$ 下可以表示为另一种向量的形式,同时该向量是 K 稀疏的。在完成信号稀疏化之后,就要进行观测矩阵的设计。通过利用观测矩阵进行数据处理,可以得到一个维度为 $M(M\ll N)$ 的低维观测向量 y:

$$\boldsymbol{y}=\boldsymbol{\Phi x}=\boldsymbol{\Phi AS}=\boldsymbol{\Theta S} \tag{11.6}$$

式中,$\boldsymbol{\Theta}=\boldsymbol{\Phi A}$ 表示维度为 $M\times N$ 的测量矩阵;$\boldsymbol{\Phi}$ 为观测矩阵;$\boldsymbol{y}$ 为观测到的低维向量。

在式(11.6)中,由于测量矩阵 $\boldsymbol{\Theta}$ 的维度为 $M\times N(M\ll N)$,当求解 $\boldsymbol{x}$ 时,上式是一个欠定方程,方程的个数远小于未知数的个数,直接求解是非常困难的。如果观测样本 $\boldsymbol{y}$ 的维数与原始信号在变换域中的稀疏度可以满足 $M>K$,测量矩阵 $\boldsymbol{\Theta}$ 满足一定条件,稀疏向量恢复过程可以视作由测量值 $\boldsymbol{y}$ 求解最优 ℓ_0 范数问题[69],即

$$\hat{S}=\operatorname{argmin}\|S\|_0 \quad \text{s.t.} \quad \boldsymbol{\Theta}S=y \tag{11.7}$$

在求得信号S的情况下，如果知道S中K个非零元素的位置，则可以将原$M\times N$的欠定方程转化为$M\times K$的方程进行求解。如果可以得到S中K个非零元素的值，则可以通过下式恢复出原始信号x：

$$x=\sum_{k=1}^{N}a_k s_k=AS \tag{11.8}$$

在这一过程中，系数为$M\times K(M\geqslant K)$方程的解并非唯一的。但整个压缩恢复过程需要保证唯一性，因此就对测量矩阵$\boldsymbol{\Theta}$提出了要求。文献[70]提出，测量矩阵$\boldsymbol{\Theta}$需要满足RIP条件，即可完成稀疏信号的重构。

定义 11.2.4：RIP条件：对于任意向量集合$c\in\mathcal{C}^{|T|}$和常数$\delta_K\in(0,1)$，如果下式成立，则称测量矩阵$\boldsymbol{\Theta}$满足RIP条件：

$$(1-\delta_K)\|c\|_2^2\leqslant\|\boldsymbol{\Theta}_T c\|_2^2\leqslant(1+\delta_K)\|c\|_2^2 \tag{11.9}$$

式中，$T\subset\{1,2,\cdots,N\}$，$|T|\leqslant K$；$\boldsymbol{\Theta}_T$为测量矩阵$\boldsymbol{\Theta}$由索引T指示构成的维数为$K\times|T|$的子矩阵。

通常，对于一个K稀疏的信号S(K个非零元素位置未知)，利用式(11.7)由y重构出信号S的充分条件是：对于任意向量集合c和常数$\delta_{2K}\in(0,1)$满足下式，即满足$2K$阶RIP条件：

$$(1-\delta_{2K})\|c\|_2^2\leqslant\|\boldsymbol{\Theta}_T c\|_2^2\leqslant(1+\delta_{2K})\|c\|_2^2 \tag{11.10}$$

式中，$T\subset\{1,2,\cdots,N\}$，$|T|\leqslant 2K$。

在测量矩阵的构造中，$2K$阶RIP条件比较难以满足。文献[71]指出，测量矩阵满足RIP条件等价于观测矩阵$\boldsymbol{\Phi}$与正交基A不相关。换言之，要求矩阵$\boldsymbol{\Phi}$中的行ϕ_j不能由A中的列a_i稀疏表示，且A中的列a_i不能由$\boldsymbol{\Phi}$中的行ϕ_j稀疏表示。由于正交基A是固定的，因此测量矩阵$\boldsymbol{\Theta}$的RIP条件可以通过设计观测矩阵$\boldsymbol{\Phi}$实现。

关于观测矩阵$\boldsymbol{\Phi}$的设计，文献[70,72]提出了当观测矩阵$\boldsymbol{\Phi}$为高斯随机矩阵(维数为$M\times N$，其内元素值满足$N(0,1/N)$的独立正态分布)时，测量矩阵$\boldsymbol{\Theta}$可以以较大概率满足RIP条件。由于高斯随机矩阵几乎与任意稀疏信号都不相关，因此可以较大概率满足文献[71]的要求。

除此之外，观测矩阵$\boldsymbol{\Phi}$的设计类型还包括一致球测量矩阵、局部傅里叶矩阵、局部哈达玛测量矩阵以及Toeplitz矩阵等[73]。当测量矩阵$\boldsymbol{\Phi}$的列在球S^{n-1}上呈现i.i.d.(独立同分布)时，且当测量次数$M\geqslant O(K\ln(N))$时，成功重构信号的概率较大，此时测量矩阵$\boldsymbol{\Phi}$称为一致球测量矩阵[74]。局部傅里叶矩阵是从$N\times N$的傅里叶矩阵中随机选取M行，随后对该新矩阵进行正则化得到[73]，其优势为可以利用快速傅里叶变换实现，劣势为其能否满足相关性依赖于稀疏信号的性质。局部哈达玛测量矩阵是从$N\times N$的傅里叶矩阵中随机选取M行得到[75]。文献[75]比较了上述几种观测矩阵应用于压缩感知时的性能。

在关于压缩感知研究的内容中，一般采用高斯随机矩阵。但高斯随机矩阵存在应用缺陷，由于满足随机特性，矩阵生成和存储过程都需要大量的存储空间和计算复杂度。基于此，11.3节提出了一种新型的Toeplitz观测矩阵，通过应用完全互补序列优异的相关特性，设计了一种基于完全互补序列的Toeplitz观测矩阵。当应用于压缩感知信道估计时，其可以与传统的高斯随机矩阵取得相近的信道估计性能，但测量矩阵实现的复杂度更低。

11.2.3 信号的恢复算法

压缩感知中的信号恢复过程指的是在传感矩阵$\boldsymbol{\Phi}$与稀疏变换正交基$\boldsymbol{A}$已知的条件下，尽可能准确地恢复原始信号。在实际求解中，主要依赖于向量范数进行求解

定义 11.2.5：对于一个向量$\boldsymbol{x}=[x_1 \quad x_2 \quad \cdots \quad x_N]^{\mathrm{T}}$，其$p$范数$\ell_p$定义如下：

$$\|\boldsymbol{x}\|_p=\left[\sum_{i=1}^{N}|x_i|^p\right]^{1/p} \tag{11.11}$$

当$p=0$时，向量的ℓ_0范数可以表示其内非零元素的个数。直观来看，稀疏向量$\boldsymbol{S}$的恢复过程可以视作由测量值$\boldsymbol{y}$通过求解最优ℓ_0范数的问题[69]，即式(11.7)。求解式(11.7)时，只能通过排列组合的方式找出最优解，计算复杂度高难以求解，属于NP-hard问题。文献[69]证明了，在观测矩阵满足RIP条件时，上述ℓ_0范数的问题可以转化为ℓ_1范数问题：

$$\hat{\boldsymbol{S}}=\operatorname{argmin}\|\boldsymbol{S}\|_1 \quad \text{s.t.} \quad \boldsymbol{\Theta S}=\boldsymbol{y} \tag{11.12}$$

通过线性规划(Linear Programming)的方法可以求解式(11.12)，计算复杂度为$O(N^3)$，这种方法称为BP算法[76]。

此外，还可以通过以MP算法为代表的贪婪迭代算法进行求解。其基本原理为：在一个过完备字典集合$\boldsymbol{\Phi}$中选取其原子(atom，每一个列向量称为一个原子)，选取规则为该原子与当前信号最匹配。每一次迭代中，通过选取最匹配的原子达到信号的稀疏近似，同时该生成的结果与测量值$\boldsymbol{y}$存在残差；在下一次迭代中，该残差被视作目标信号，在过完备字典集合$\boldsymbol{\Phi}$选取另一个与之匹配的原子。经过多次迭代，当残差低于门限值时，即可完成信号重构。在压缩感知实际研究中，主要的贪婪算法包括OMP算法、SP算法、CoSaMP算法等[37]。

11.3 新型观测矩阵下的压缩感知信道估计

压缩感知中，观测矩阵的设计和信号的恢复算法是研究重点。观测矩阵的设计需要在可以满足信号恢复要求的前提下，尽可能具备实用性。如上文提到的由于高斯随机矩阵几乎与任意稀疏信号都不相关，因此可以以较大概率满足RIP条件的要求。但高斯随机矩阵存在应用缺陷，由于满足随机特性，矩阵生成和存储过程都需要大量的存储空间和计算复杂度。

Bajwa和Haupt等提出了Toeplitz结构型观测矩阵以及循环矩阵[77]。Toeplitz结构型观测矩阵在很多应用领域都是一个理想的选择，其主要包括以下三个原因：

(1) 高斯随机矩阵(i. i. d.观测矩阵)需要生成$O(kn)$个独立随机变量，在向量维数高的情况下，这是不可取的。相反，Toeplitz型观测矩阵只需要生成$O(n)$个独立随机变量。

(2) 信号处理过程中，i. i. d.观测矩阵"相乘"时需要$O(kn)$次操作，导致大维数数据的获取和重建需要较长时间。而Toeplitz型观测矩阵"相乘"可以利用快速傅里叶变换(FFT)实现，复杂度为$O(n\log_2(n))$。

(3) Toeplitz型观测矩阵可以应用于特定领域，如其与线性时变系统是匹配；而i. i. d.

观测矩阵则不适用于这种场景。

本节提出了基于互补序列的 Toeplitz 结构观测矩阵。由于互补序列具有优良的互相关特性，因此可以满足观测矩阵的非相关性条件。同时，分析了该类矩阵的 Spark 特性，证明了其可以满足作为观测矩阵的要求。随后，将 Toeplitz 型观测矩阵应用于压缩感知 MIMO 信道估计的场景中。实验结果表明，本章提出的传感矩阵可以与高斯随机矩阵取得近似的信号恢复效果，得益于其 Toeplitz 结构，本节提出的新型传感矩阵更具有实用性。

11.3.1 基于互补序列的 Toeplitz 结构观测矩阵设计

在 11.2.2 节中提到，测量矩阵需要满足 RIP 条件，才能以很高的概率恢复出原始信号。在观测矩阵设计中，观测矩阵的 Spark（最小线性相关列数）值也是关注重点[78]。下面给出 Spark 值的定义：

定义 11.3.1：观测矩阵$\boldsymbol{\Phi}$ 的 Spark 值定义为

$$Sp(\boldsymbol{\Phi}) = \min\{ \| \boldsymbol{\omega} \|_0 : \boldsymbol{\omega} \in \boldsymbol{\Phi}_{\mathrm{Nullsp}_{\mathcal{C}}^*} \} \tag{11.13}$$

其中，$\boldsymbol{\Phi}_{\mathrm{Nullsp}_{\mathcal{C}}^*}$ 定义如下：

$$\boldsymbol{\Phi}_{\mathrm{Nullsp}_{\mathcal{C}}^*} = \{ \boldsymbol{\omega} \in \mathcal{C}^N : \boldsymbol{\Phi}\boldsymbol{\omega} = 0, \boldsymbol{\omega} \neq 0 \} \tag{11.14}$$

文献[79]证明了，当观测矩阵$\boldsymbol{\Phi}$ 的 Spark 值满足如下条件时，可以通过求解式(11.7)的最小 ℓ_0 范数优化问题得到信号估计值。

$$Sp(\boldsymbol{\Phi}) \geqslant 2K \tag{11.15}$$

传统的 i. i. d. Toeplitz 矩阵的形式如下：

$$\boldsymbol{\Phi} = \begin{bmatrix} a_N & a_{N-1} & \cdots & a_2 & a_1 \\ a_{N+1} & a_N & \cdots & a_3 & a_2 \\ \vdots & \vdots & \ddots & \vdots & \vdots \\ a_{N+M-1} & a_{N+M-2} & \cdots & \cdots & a_M \end{bmatrix} \tag{11.16}$$

其内元素$\{a_i\}_{i=1}^{N+M-1}$服从概率为 $P(a)$的 i. i. d 分布，同时进行列向量归一化（行向量同时也归一化）。取前 M 行，则构成了上述部分 Toeplitz 矩阵的形式。与上文提到的式(11.9)相似。文献[70,73,77]证明了，对常数 $\delta_{3K} \in (0,1/3)$，当满足 $K \geqslant \mathrm{const} \cdot M^3 \ln(N/M)$时，i. i. d. Toeplitz 矩阵可以很高的概率满足 3K 阶 RIP 条件。

i. i. d. Toeplitz 矩阵，其元素选取服从概率为 $P(a)$的 i. i. d 分布，由于元素分布问题，i. i. d. Toeplitz 矩阵中的原子（atom，即矩阵的列向量）可以满足相关性的要求。不同于传统的 i. i. d. Toeplitz 矩阵，本节提出的基于互补序列的 Toeplitz 结构观测矩阵的元素是确定性的。

下面给出基于互补序列的 Toeplitz 结构观测矩阵的形式①：

$$\boldsymbol{\Phi} = \left[\begin{array}{cccc:cccc} a_0 & a_1 & \cdots & a_{N-2} & a_{N-1} & b_0 & b_1 & \cdots & b_{N-2} & b_{N-1} \\ a_1 & a_2 & \cdots & a_{N-1} & a_0 & b_1 & b_2 & \cdots & b_{N-1} & b_0 \\ \vdots & \vdots & \ddots & \vdots & \vdots & \vdots & \vdots & \ddots & \vdots & \vdots \\ a_{N-1} & a_0 & \cdots & a_{N-3} & a_{N-2} & b_{N-1} & b_0 & \cdots & b_{N-3} & b_{N-2} \end{array}\right] \tag{11.17}$$

---

① 本节部分内容可见于 Li S, Wu H, Jin L, et al, Construction of compressed sensing matrix based on complementary sequence, Proc. IEEE 17th International Conference on Communication Technology (ICCT), Chengdu, 2017: 23-27.

式中，$\{a_i\}_{i=0}^{N-1}$ 和 $\{b_i\}_{i=0}^{N-1}$ 为一对长度为 N 的互补序列，各元素在二元域 $\{1,-1\}$ 上取值。如式(11.17)所示，直接生成的基于互补序列的 Toeplitz 结构观测矩阵维数为 $N\times 2N$，则采样率为 0.5。类似利用 PN 序列构造观测矩阵的研究见文献[80,81]。

利用互补序列，通过循环结构可以构成 Toeplitz 结构观测矩阵。当将 Toeplitz 结构观测矩阵应用于压缩感知信号恢复时，其可以取得与高斯随机矩阵近似的性能。11.3.2 节将从理论上分析基于互补码的 Toeplitz 结构观测矩阵，通过分析其 Spark 特性，来论证其作为观测矩阵的可行性。

11.3.2 新型 Toeplitz 矩阵 Spark 特性分析

由式(11.15)及 11.3.1 节可知，当信号的稀疏度满足 $K\leqslant Sp(\boldsymbol{\Phi})/2$，可以通过求解式(11.7)的最小 ℓ_0 范数优化问题得到信号估计值。然而，计算矩阵 Spark 值存在难度。通过将 Spark 值转化为计算观测矩阵相关性值可以更为简便地判断该矩阵是否符合压缩感知观测矩阵的要求。具体来说，通过计算观测矩阵相关性可以确定矩阵 Spark 值的范围[78]。下面给出观测矩阵相关性的定义：

定义 11.3.2：对于矩阵 $\boldsymbol{\Phi}=(\boldsymbol{\varphi}_1,\boldsymbol{\varphi}_2,\cdots\boldsymbol{\varphi}_N)\in\mathcal{C}^{M\times N}$，其相关性 $\mu(\boldsymbol{\Phi})$ 为

$$\mu(\boldsymbol{\Phi})=\max_{1\leqslant p\neq q\leqslant N}\frac{|\langle\boldsymbol{\varphi}_p,\boldsymbol{\varphi}_q\rangle|}{\|\boldsymbol{\varphi}_p\|_2\|\boldsymbol{\varphi}_q\|_2}\tag{11.18}$$

式中，$\langle\boldsymbol{\varphi}_p,\boldsymbol{\varphi}_q\rangle=\boldsymbol{\varphi}_q^{\mathrm{T}}\boldsymbol{\varphi}_p$ 表示向量内积。

当给定矩阵的相关性时，存在如下关系：

$$Sp(\boldsymbol{\Phi})\geqslant 1+1/\mu(\boldsymbol{\Phi})\tag{11.19}$$

下面从相关性 $\mu(\boldsymbol{\Phi})$ 入手，来分析基于互补序列的 Toeplitz 结构观测矩阵的 Spark 性质。

由于序列 $\{a_i\}_{i=0}^{N-1}$ 和 $\{b_i\}_{i=0}^{N-1}$ 均在二元域 $\{1,-1\}$ 上取值，则有

$$\|\boldsymbol{\varphi}_p\|_2=\|\boldsymbol{\varphi}_q\|_2=\Big(\sum_{i=0}^{N-1}a_i^2\Big)^{1/2}=\Big(\sum_{i=0}^{N-1}b_i^2\Big)^{1/2}=N^{1/2}\tag{11.20}$$

$$\langle\boldsymbol{\varphi}_p,\boldsymbol{\varphi}_q\rangle=\boldsymbol{\varphi}_q^{\mathrm{T}}\boldsymbol{\varphi}_p=\begin{cases}\sum\limits_{i=0}^{N-1}a_ia_{i+j}, & \boldsymbol{\varphi}_p=\{a_i\},\boldsymbol{\varphi}_q=\{a_{i+j}\}, \quad j\neq 0\\ \sum\limits_{i=0}^{N-1}a_ib_{i+j}, & \boldsymbol{\varphi}_p=\{a_i\},\boldsymbol{\varphi}_q=\{b_{i+j}\},\\ \sum\limits_{i=0}^{N-1}b_ib_{i+j}, & \boldsymbol{\varphi}_p=\{b_i\},\boldsymbol{\varphi}_q=\{b_{i+j}\} \quad j\neq 0\end{cases}\tag{11.21}$$

将式(11.20)和式(11.21)代入式(11.18)，可以得到矩阵的相关值为

$$\begin{aligned}\mu(\boldsymbol{\Phi})&=\max_{1\leqslant p\neq q\leqslant N}\frac{|\langle\boldsymbol{\varphi}_p,\boldsymbol{\varphi}_q\rangle|}{\|\boldsymbol{\varphi}_p\|_2\|\boldsymbol{\varphi}_q\|_2}\\&=\max\left(\frac{1}{N}\left|\sum_{i=0}^{N-1}a_ia_{i+j}\right|,\frac{1}{N}\left|\sum_{i=0}^{N-1}a_ib_{i+j}\right|,\frac{1}{N}\left|\sum_{i=0}^{N-1}b_ib_{i+j}\right|\right)\end{aligned}\tag{11.22}$$

计算上式可得两个值

$$\mu(\boldsymbol{\Phi}) = \max\{1,0\} \tag{11.23}$$

但在 MATLAB 计算中，{1,0}两个值出现的概率相差很大，$P\{\mu(\boldsymbol{\Phi})=0\} \gg P\{\mu(\boldsymbol{\Phi})=1\}$。通过式(11.19)和式(11.23)，可以计算出互补序列的 Toeplitz 结构观测矩阵的 Spark 下界，即

$$Sp(\boldsymbol{\Phi}) \geqslant 1 + \frac{1}{\mu(\boldsymbol{\Phi})} = \{\infty, 2\} \tag{11.24}$$

定理：信号的稀疏度满足下式时，可以通过求解式(11.7)的最小 ℓ_0 范数优化问题得到信号估计值

$$K \leqslant Sp(\boldsymbol{\Phi})/2$$

由上述推理，K 有两种取值：

(1) 当 $K=1$ 时，可以通过求解式(11.7)的最小范数优化问题得到信号估计值。当实际中 $K>1$，可以通过增大测量次数实现信号重构。

(2) 当 K 不受限时，但在实际压缩感知问题中，相比于原始信号向量的维数，K 为有限常数($K \ll N$)。

在这两种情况下，基于互补码的 Toeplitz 结构观测矩阵都可以高概率恢复原信号。因此，通过 Spark 特性分析，可以得出：Toeplitz 结构观测矩阵可作为观测矩阵应用于压缩感知。

11.4　仿真结果与分析

本节将比较本章所提出的基于互补码的 Toeplitz 结构观测矩阵与高斯随机矩阵在压缩感知框架下的性能差异。在本节中，信号的稀疏表示过程采用离散傅里叶基；传感矩阵分别为基于互补序列的 Toeplitz 结构观测矩阵和高斯随机矩阵两种，如无特殊说明，则采用 $\boldsymbol{\Phi} \in \mathcal{C}^{64\times 256}$；信号恢复算法采用 OMP 算法。下面先简要叙述 OMP 核心算法步骤：

输入：观测矩阵 $\boldsymbol{\Phi}$、观测向量 $\boldsymbol{y}$、稀疏度 K；

输出：$\boldsymbol{x}$ 的系数逼近向量 $\hat{\boldsymbol{x}}$；

初始化：$\boldsymbol{r}_0=\boldsymbol{y}$，索引集 $\Gamma_0=\varnothing$，$t=1$；

循环执行步骤 1～5：

步骤 1：找出残差 $\boldsymbol{y}_r$ 与观测矩阵中的列 $\boldsymbol{\varphi}_i$ 积中最大值所对应的位置 i^*，即 $i_t = \operatorname{argmax}_{j=1,2,\cdots,N} |\langle \boldsymbol{r}_{t=1}, \boldsymbol{\varphi}_j \rangle|$；

步骤 2：更新索引集 $\Gamma_t=\Gamma_t \cup \{i_t\}$，记录在传感矩阵中的重建原子集合 $\boldsymbol{\Phi}_t=[\boldsymbol{\Phi}_{t-1}, \boldsymbol{\varphi}_{i_t}]$；

步骤 3：计算 $\hat{\boldsymbol{x}}_t = \operatorname{argmin} \| \boldsymbol{y} - \boldsymbol{\Phi}_t \hat{\boldsymbol{x}} \|_2$；

步骤 4：更新残差 $\boldsymbol{r}_t = \boldsymbol{y} - \boldsymbol{\Phi}_t \hat{\boldsymbol{x}}$，$t=t+1$；

步骤 5：判断是否满足 $t>K$。若满足，停止迭代；否则，执行步骤 1。

首先利用基于互补序列的 Toeplitz 结构观测矩阵对无噪声信号进行了重构。采样率设置为 $\eta=(64/256)*100\%=25\%$。信号 x 表示如下：

$$x = 0.4\cos(2\pi f_1 t_s) + \cos(2\pi f_2 t_s) + \sin(2\pi f_3 t_s) + 0.8\cos(2\pi f_4 t_s) \tag{11.25}$$

式中，$f_1=50\text{Hz}$；$f_2=100\text{Hz}$；$f_3=200\text{Hz}$；$f_4=400\text{Hz}$。

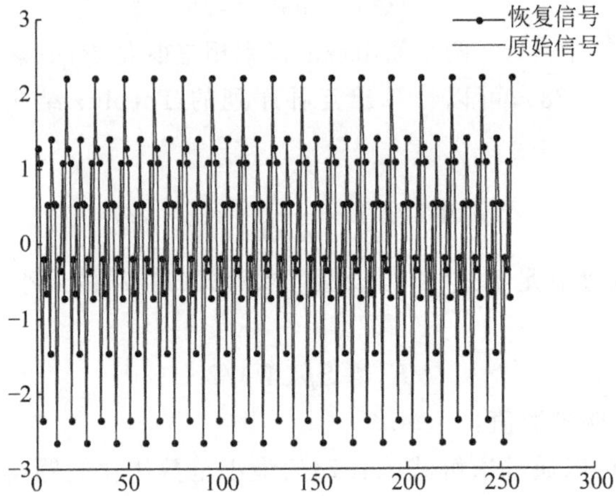

图 11.2　基于互补序列的 Toeplitz 结构观测矩阵无噪声信号重构

由图 11.2 可以看出，在无噪声情况下，基于互补序列的 Toeplitz 结构观测矩阵在信号重构时可以取得良好的效果。

另外，仿真了有噪声信号重构的场景。模拟了 DVB-T 多径信道，取其信道增益最大的 12 个路径。则在本次实验中，$K=12$，采样率 $\eta=25\%$，50%，信噪比设置为 20dB。由图 11.3 可以看出，基于互补序列的 Toeplitz 结构观测矩阵可以对含噪声信号进行重构，其重构误差随着采样率的升高而逐渐降低。其归一化均方误差在信噪比为 20dB 时可以分别达到 3.9×10^{-4}、1.2×10^{-4}。

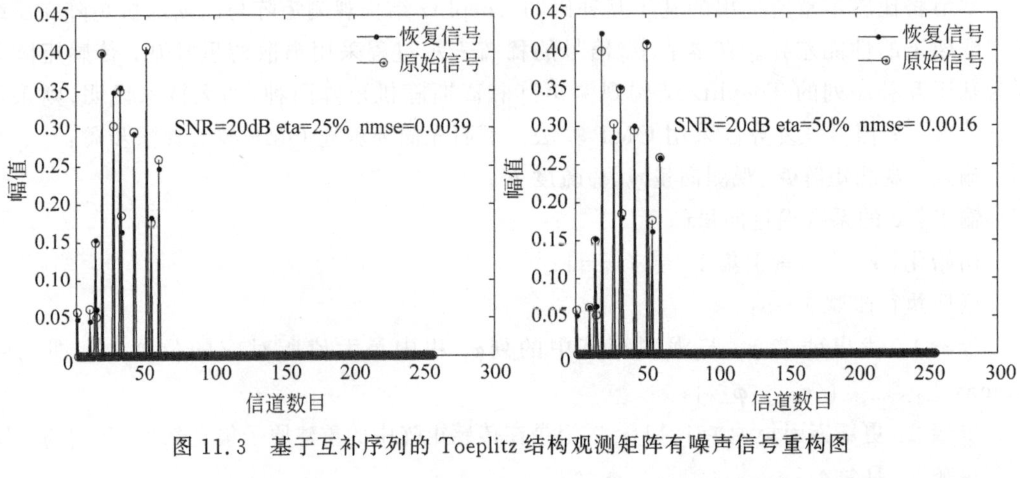

图 11.3　基于互补序列的 Toeplitz 结构观测矩阵有噪声信号重构图

图 11.4 对比了基于互补序列的 Toeplitz 结构观测矩阵在不同的压缩采样率以及不同的信噪比条件下的信号重构性能。由图 11.4 可得，随着采样率的不断提升，信号重构的性能是不断提升的。在同一采样率下，随着信噪比的提升，压缩感知信道估计的效果是逐渐变好的。

图 11.5 对比了基于互补序列的 Toeplitz 结构观测矩阵与高斯随机矩阵在同等条件下

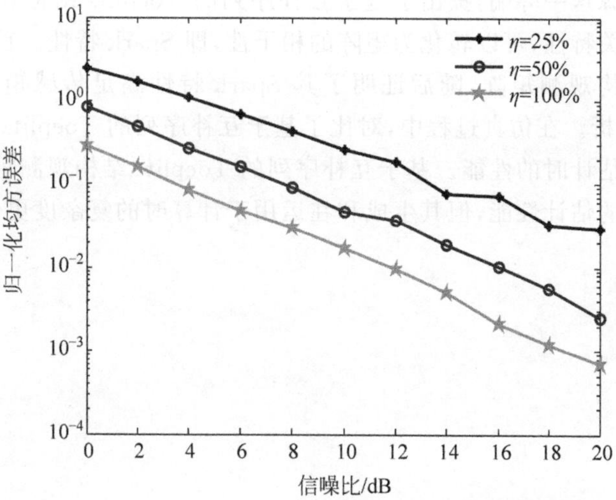

图 11.4 基于互补序列的 Toeplitz 结构观测矩阵重构性能分析

的信号重构性能，同时还引入了基于 PN 序列的信道估计。由图 11.5 可以看出，不论是采样率为 25%或是 50%，基于互补序列的 Toeplitz 结构观测矩阵都能与高斯随机矩阵取得近似的信号重构性能。当压缩率为 50%，信噪比高于 12dB 时，压缩感知信道估计的效果要优于 PN 序列。

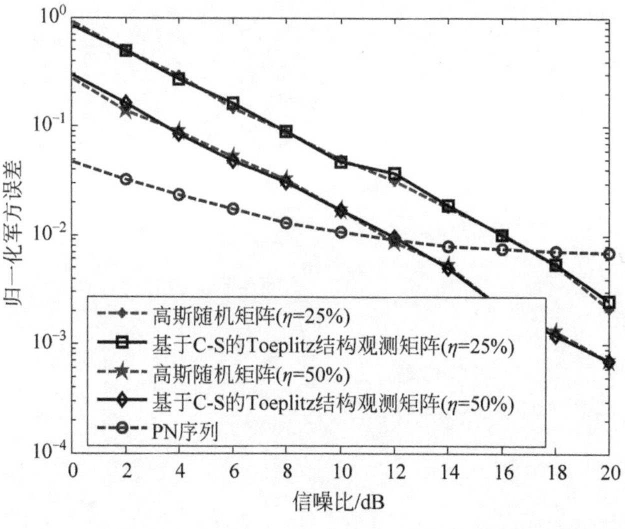

图 11.5 基于互补序列的 Toeplitz 结构观测矩阵与高斯随机矩阵重构性能分析

11.5 本章小结

本章主要研究了基于压缩感知的 MIMO 信道估计，通过压缩感知这一技术降低信道估计的复杂度。首先描述了压缩感知的理论基础，包括信号的稀疏表达、观测矩阵的设计、信号的重构算法三个方面。针对第二个部分，即观测矩阵设计问题，分析了高斯随机矩阵的产生需要占用大量资源这一弊端，提出了基于互补序列的 Toeplitz 结构观测矩阵。由于互补序列具有良好的相关特性，可以转化为矩阵的相干性，即 Spark 特性。首先构造了基于互补序列的 Toeplitz 结构观测矩阵，随后证明了其 Spark 特性满足传感矩阵的条件。最后在 11.4 节给出仿真分析。在仿真过程中，对比了基于互补序列的 Toeplitz 结构观测矩阵和高斯随机矩阵在信道估计时的性能。基于互补序列的 Toeplitz 结构观测矩阵可以取得与高斯随机矩阵近乎相当的估计性能，但其生成和在运用于计算时的复杂度更低。

第12章 5G大规模MIMO信道估计及DOA估计研究

12.1 引言

正交导频序列虽然具有良好的信道估计性能，但由于导频开销随着 MIMO 系统天线数量的增大而增加，有限的时频资源导致导频的正交性也无法得到满足，这种情况在未来的 5G 大规模 MIMO 系统中尤为突出。伴随着人们对通信速率、信道容量要求的不断提升，未来 5G 通信将会使用甚高频(Very High Frequency，VHF)频段进行通信，即毫米波通信[82]。毫米波通信呈现新的传输特性，电磁波的物理传输特性导致信道建模及信号处理都发生一系列的变化。此外，在有限的天线阵列中，可以布置更多的毫米波天线，构成毫米波大规模 MIMO 系统。这一结合具有诸多优势：①天线数量的增多可以提升 MIMO 系统的自由度(Degree of Freedom，DoF)，从而使提升系统容量成为可能；②天线数量的增多可以进行波束赋形，从而抵抗毫米波通信巨大的路径损耗；③多天线协作使得通信系统自适应程度更强。通过窄波束完成大能量信息传输，更符合未来 5G 发展的要求。与此同时，大规模 MIMO 系统的信号处理技术，如信道估计也相应地发生一系列变化：①传统信道估计算法的计算复杂度会随着天线数量的增多而急剧增长；②在 MU-MIMO 系统中，导频复用会形成导频污染问题；③在毫米波大规模 MIMO 系统中，射频(Radio Frequency，RF)链路数量会与天线数量不匹配，需要重新设计 MIMO 预编码算法等。

对于 FDD 大规模 MIMO 系统，文献[83]通过利用信道统计提出了下行信道估计的导频设计方法；文献[84]通过利用时域 CIR 稀疏性提出了稀疏信道估计方法。在压缩感知的基础上，文献[85]提出了自适应信道估计和码本反馈机制，首先设计了非正交下行导频信号，在每一个时隙中根据信道稀疏度可以进行自适应压缩感知 CSI 获取。

对于毫米波大规模 MIMO 系统，信道估计可以分解为角度估计和增益估计两个部分①，研究主要集中于混合预编码毫米波 MIMO 系统。与上述研究不同，文献[86]通过利用辅助波束对进行幅度对比，可以取得更好的估计性能，同时摆脱文献[67]中码本的限制。通过利用角度域信道稀疏性，量化角度域的数值从而满足压缩感知的要求，文献[87]可以用更低的反馈开销达到信道估计的目的。

---

① 通过角度估计完成信道估计时，需要收、发两端的角度。因此，角度估计包括等效到达角和离开角(Angle of Arrivals/Departures，AoAs/AoDs)，当只估计一端时，可以认为是 DOA 估计。具体原理见 5.2 节。

本章从5G移动通信中的大规模MIMO系统出发，首先分析了参数化信道估计模型，推导了阵列信号的表示方法。在该信道模型的基础上，信道估计过程可以分解为角度估计和增益估计两个部分。随后分析了常用的大规模MIMO系统DOA估计算法，在此基础上，引入了码本反馈的概念。具体来说，在12.4节，首先通过分析信号传输特性，提出了一种新型的信号帧结构用于下行链路传输；在此基础上，将码本反馈的概念引入传统的DOA估计算法中，提出了基于码本辅助的大规模MIMO DOA估计算法，并引入低秩矩阵恢复理论用于DOA重构。将每一帧传输过程分为两个部分，在第二个部分进行码本辅助DOA估计。通过引入码本反馈，大大降低了DOA估计的复杂度。仿真结果论证了该算法的有效性。

12.2 基于射线追踪模型的参数信道估计

12.2.1 天线阵列模型

假设一个包含 M 个阵元的天线阵列，同时有 $L(M>L)$ 个信号源，其中心频率均为 ω_0，波长为 λ，入射到该天线阵列的方向分别为 $[\bar{\omega}_1,\bar{\omega}_2,\cdots,\bar{\omega}_L]$。其中，$\bar{\omega}_\ell=(\theta_\ell,\phi_\ell)$，$\ell=1,2,\cdots,L$，$\theta_\ell$、$\phi_\ell$ 分别表示第 ℓ 个入射信号的方位角和俯仰角。

天线阵列第 m 个阵元的输出表达式为

$$x_m(t)=\sum_{\ell=1}^{L}s_\ell(t)\mathrm{e}^{\mathrm{j}\omega_0\tau_m(\bar{\omega}_\ell)}+n_m(t) \tag{12.1}$$

式中，$s_\ell(t)$ 为第 ℓ 个入射信号；$n_m(t)$ 为第 m 个阵元的AWGN；$\tau_m(\bar{\omega}_\ell)$ 为来自 $\bar{\omega}_\ell$ 方向的信号入射到第 m 个阵元时的时延，表示如下：

$$\boldsymbol{x}(t)=[x_1(t),x_2(t),\cdots,x_M(t)]^{\mathrm{T}}$$

$$\boldsymbol{n}(t)=[n_1(t),n_2(t),\cdots,n_M(t)]^{\mathrm{T}} \tag{12.2}$$

入射信号 $\boldsymbol{s}(t)$ 表示为

$$\boldsymbol{s}(t)=[s_1(t),s_2(t),\cdots,s_L(t)]^{\mathrm{T}} \tag{12.3}$$

方向矩阵 $\boldsymbol{A}(\bar{\omega})\in\mathcal{C}^{M\times L}$ 表示为

$$\boldsymbol{A}(\bar{\omega})=[\boldsymbol{a}(\bar{\omega}_1),\boldsymbol{a}(\bar{\omega}_2),\cdots,\boldsymbol{a}(\bar{\omega}_L)] \tag{12.4}$$

式中，$\boldsymbol{a}(\bar{\omega}_\ell)\in\mathcal{C}^{M\times 1}$ 为阵元响应向量，入射信号方向为 $\bar{\omega}_\ell$：

$$\boldsymbol{a}(\bar{\omega}_\ell)=[\mathrm{e}^{\mathrm{j}\omega_0\tau_1(\bar{\omega}_\ell)},\mathrm{e}^{\mathrm{j}\omega_0\tau_2(\bar{\omega}_\ell)},\cdots,\mathrm{e}^{\mathrm{j}\omega_0\tau_M(\bar{\omega}_\ell)}]^{\mathrm{T}} \tag{12.5}$$

则阵列接收信号模型可以表示如下：

$$\boldsymbol{x}(t)=\boldsymbol{A}(\bar{\omega})\boldsymbol{s}(t)+\boldsymbol{n}(t) \tag{12.6}$$

1. 均匀线性阵列

M 个间隔为 $d(d\leqslant\lambda/2)$ 的阵元依次排列在一条直线上构成均匀线性阵列(Uniform Linear Array，ULA)。假设有 L 个远场窄带信号①$(\bar{\omega}_\ell=\theta_\ell)$入射到ULA，则阵元响应向量

① 对于窄带信号，有 $\omega_0=2\pi f_0=2\pi c/\lambda$。远场信号可以使得阵列接收的电磁波为平面波。

表示为

$$\boldsymbol{a}(\bar{\omega}_\ell)=[1,\mathrm{e}^{-\mathrm{j}2\pi d\sin\theta_\ell/\lambda},\cdots,\mathrm{e}^{-\mathrm{j}2\pi(M-1)d\sin\theta_\ell/\lambda}]^{\mathrm{T}} \tag{12.7}$$

方向矩阵表示为

$$\begin{aligned}\boldsymbol{A}(\bar{\omega})&=[\boldsymbol{a}(\bar{\omega}_1),\boldsymbol{a}(\bar{\omega}_2),\cdots,\boldsymbol{a}(\bar{\omega}_L)]\\&=\begin{bmatrix}1 & 1 & \cdots & 1\\ \mathrm{e}^{-\mathrm{j}2\pi d\sin\theta_1/\lambda} & \mathrm{e}^{-\mathrm{j}2\pi d\sin\theta_2/\lambda} & \cdots & \mathrm{e}^{-\mathrm{j}2\pi d\sin\theta_L/\lambda}\\ \vdots & \vdots & \ddots & \vdots\\ \mathrm{e}^{-\mathrm{j}2\pi(M-1)d\sin\theta_1/\lambda} & \mathrm{e}^{-\mathrm{j}2\pi(M-1)d\sin\theta_2/\lambda} & \cdots & \mathrm{e}^{-\mathrm{j}2\pi(M-1)d\sin\theta_L/\lambda}\end{bmatrix}\end{aligned} \tag{12.8}$$

2. 均匀平面阵列

在大规模 MIMO 中,由于天线阵元数量的提升,物理空间已经不能满足其 ULA 形式的排列要求,因此在基站一端采用均匀平面阵列(Uniform Rectangular Array,URA)的天线配置形式,如图 12.1 所示。

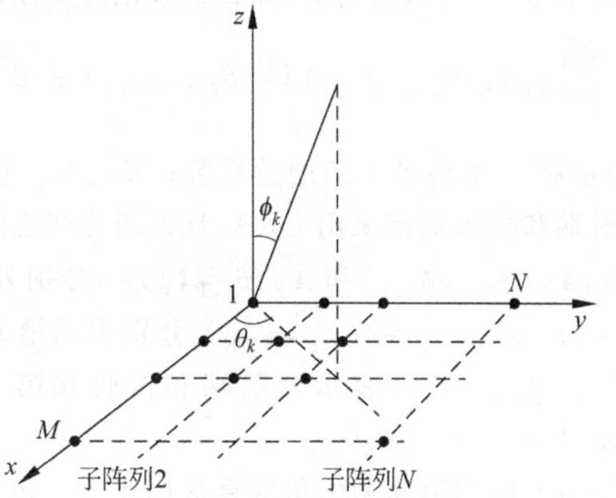

图 12.1 均匀平面阵列几何模型

如上述几何模型所示,二维 URA 的天线数目为 $M\times N$,其中 M、N 分别表示在 x、y 轴方向的天线数目,$d=\lambda/2$。假设有 L 个远场窄带信号,入射角度分别为 $\bar{\omega}_\ell=(\theta_\ell,\phi_\ell)$,$\ell=1,2,\cdots,L$。

参考阵元设为原点阵元时,发射端的方向矩阵 $\boldsymbol{A}_{\mathrm{T}}(\theta_{\ell,\mathrm{T}},\phi_{\ell,\mathrm{T}})$①可以表示如下:

$$\boldsymbol{A}_{\mathrm{T}}(\theta_{\ell,\mathrm{T}},\phi_{\ell,\mathrm{T}})=\boldsymbol{a}_{y,\mathrm{T}}(\theta_{\ell,\mathrm{T}},\phi_{\ell,\mathrm{T}})o\,\boldsymbol{a}_{x,\mathrm{T}}(\theta_{\ell,\mathrm{T}},\phi_{\ell,\mathrm{T}}) \tag{12.9}$$

其中,$\boldsymbol{a}_{x,\mathrm{T}}(\theta_{\ell,\mathrm{T}},\phi_{\ell,\mathrm{T}})$、$\boldsymbol{a}_{y,\mathrm{T}}(\theta_{\ell,\mathrm{T}},\phi_{\ell,\mathrm{T}})$分别表示 x、y 轴方向的方向向量:

$$\begin{aligned}\boldsymbol{a}_{x,\mathrm{T}}(\theta_{\ell,\mathrm{T}},\phi_{\ell,\mathrm{T}})&=\frac{1}{\sqrt{M}}[1,\ \mathrm{e}^{-\mathrm{j}2\pi d\sin\phi_{\ell,\mathrm{T}}\cos\theta_{\ell,\mathrm{T}}/\lambda},\ \cdots,\ \mathrm{e}^{-\mathrm{j}2\pi(M-1)d\sin\phi_{\ell,\mathrm{T}}\cos\theta_{\ell,\mathrm{T}}/\lambda}]^{\mathrm{T}}\\ \boldsymbol{a}_{y,\mathrm{T}}(\theta_{\ell,\mathrm{T}},\phi_{\ell,\mathrm{T}})&=\frac{1}{\sqrt{N}}[1,\ \mathrm{e}^{-\mathrm{j}2\pi d\sin\phi_{\ell,\mathrm{T}}\sin\theta_{\phi,\mathrm{T}}/\lambda},\ \cdots,\ \mathrm{e}^{-\mathrm{j}2\pi(M-1)d\sin\phi_{\ell,\mathrm{T}}\sin\theta_{\ell,\mathrm{T}}/\lambda}]^{\mathrm{T}}\end{aligned} \tag{12.10}$$

---

① 为下文推导方便,采用发射端—接收端的表示方法。

$\circ$ 代表 Khatri-Rao 积。

式(12.9)可以表示为如下形式：

$$\boldsymbol{A}_{\mathrm{T}}=[\boldsymbol{a}_{y,\mathrm{T}}(\theta_{1,\mathrm{T}},\phi_{1,\mathrm{T}})\otimes\boldsymbol{a}_{x,\mathrm{T}}(\theta_{1,\mathrm{T}},\phi_{1,\mathrm{T}}),\cdots,\boldsymbol{a}_{y,\mathrm{T}}(\theta_{\ell,\mathrm{T}},\phi_{\ell,\mathrm{T}})\otimes\boldsymbol{a}_{x,\mathrm{T}}(\theta_{\ell,\mathrm{T}},\phi_{\ell,\mathrm{T}})]\in\mathcal{C}^{NM\times L} \tag{12.11}$$

式中，$\otimes$表示 Kronecker 积。

12.2.2 射线追踪信道模型

作为一种参数化的多径信道模型，射线追踪模型是根据无线通信多径信道的各个参数建立的。在大规模 MIMO 研究中，采用这种信道模型进行信道估计时更为直观和简便。有研究表明，实际的无线传输并非具备丰富散射条件。相反，只有很有限的路径是有意义的。特别是对 5G 毫米波大规模 MIMO 通信，毫米波通信的路径损耗极为严重，而这大大限制了传输路径的数量。因此，只需要估计少数的路径参数信息（角度和增益信息）即可得到毫米波模型。该模型也已被广泛应用于 5G 中的大规模 MIMO、毫米波通信的信道模型中。

假设传输信号为窄带信号，多径数量为 L，那么参数化的多径信道模型可以表示为

$$\boldsymbol{H}=\sum_{\ell=1}^{L}g_{\ell}\boldsymbol{A}_{\mathrm{R}}(\theta_{\ell,\mathrm{R}},\phi_{\ell,\mathrm{R}})\boldsymbol{A}_{\mathrm{T}}^{\mathrm{H}}(\theta_{\ell,\mathrm{T}},\phi_{\ell,\mathrm{T}})\in\mathcal{C}^{N_{\mathrm{R}}\times N_{\mathrm{T}}} \tag{12.12}$$

式中，$g_{\ell}\overset{\text{i.i.d.}}{\sim}\mathcal{CN}(0,\sigma_{\ell}^{2})$表示第 k 条路径上的增益系数；N_{R}、N_{T} 分别为接收端和发射端的天线阵列数量。假设发射端和接收端都采用 URA，且天线阵列之间以 1/2 波长等间隔排列($d=\lambda/2$)。如 12.2.1 节，$\boldsymbol{A}_{\mathrm{T}}(\theta_{\ell,\mathrm{T}},\phi_{\ell,\mathrm{T}})$和 $\boldsymbol{A}_{\mathrm{R}}(\theta_{\ell,\mathrm{T}},\phi_{\ell,\mathrm{T}})$分别表示发射端和接收端的天线阵列响应；$\bar{\omega}_{\ell,\mathrm{T}}=(\theta_{\ell,\mathrm{T}},\phi_{\ell,\mathrm{T}})$、$\bar{\omega}_{\ell,\mathrm{R}}=(\theta_{\ell,\mathrm{R}},\phi_{\ell,\mathrm{R}})$ 分别表示第 ℓ 个入射信号的 AoDs 和 AoAs；$(\theta_{\ell,\mathrm{T}}、\phi_{\ell,\mathrm{T}})$、$(\theta_{\ell,\mathrm{R}}、\phi_{\ell,\mathrm{R}})$分别表示发射端和接收端第 ℓ 个入射信号的方位角(azimuth angle)和俯仰角(horizontal angle)。

文献[35]指出，式(12.12)的信道模型中角度衰落属于大尺度衰落，而路径增益变化属于小尺度衰落。由 9.2 节，大尺度衰落的变化较慢而小尺度衰落变化较快。故无线信道随机性由路径增益 g_{ℓ} 产生，而在此变化过程中，角度在各路径上的方向保持不变。式(12.12)写为矩阵形式如下：

$$\boldsymbol{H}=\boldsymbol{A}_{\mathrm{R}}\gamma_{g}\boldsymbol{A}_{\mathrm{T}}^{\mathrm{H}} \tag{12.13}$$

式中，$\gamma_{g}=\mathrm{diag}[g_{1},g_{2},\cdots,g_{L}]\in\mathcal{C}^{L\times L}$ 表示路径增益矩阵；$\boldsymbol{A}_{\mathrm{R}}\in\mathcal{C}^{N_{R}\times L}$、$\boldsymbol{A}_{\mathrm{T}}\in\mathcal{C}^{N_{T}\times L}$ 分别表示接收方向矩阵和发射方向矩阵。

12.3 5G 大规模 MIMO DOA 估计算法

DOA 估计问题是阵列信号处理中的重点研究领域，同时也是定位、雷达、声呐等领域的重要技术问题。DOA 估计问题根据场景不同可以分为相干信源 DOA 估计和非相干信源 DOA 估计；根据天线阵列的不同可以分为一维 DOA 估计和二维 DOA 估计，二者的区别是估计参数有所不同。在一维 DOA 估计中，只需要估计方位角，二维 DOA 估计需要估计方位角和俯仰角两个参数[88]；根据信号处理方法的不同，DOA 估计算法可以分为信号子

空间法和其他方法。由于天线阵列的增加以及计算复杂度的提升，许多 DOA 估计研究围绕着如何降低 DOA 复杂度这一话题展开。其中，压缩感知技术在 DOA 估计中也有所应用。

在 5G 大规模 MIMO 中，3D 波束成型技术对于高速率通信和链路稳定性尤为重要，大规模 MIMO DOA 估计需要准确估计出方位角和俯仰角，从而完成 3D 波束赋形。因此，对于未来的大规模 MIMO 系统，低复杂度和高精度的 DOA 估计算法是很有研究意义的。

12.3.1 信号子空间法

信号子空间法 DOA 估计是利用来波方向信号的统计数据完成的。通过对阵列接收信号 $x(t)$进行二阶矩甚至四阶矩分析处理，利用特征值分解等数学方法，找到特征值、特征向量与零向量空间的分割关系。经典信号子空间算法包括：多重信号分类算法（Multiple Signal Classification，MUSIC）[88]及改进算法（root-MUSIC 算法等）和基于旋转不变技术的信号参数估计（Estimating Signal Parameter via Rotational Invariance Techniques，ESPRIT）[89]及改进算法（LS-ESPRIT、TLS-ESPRIT、Unitary-ESPRIT[90]等）。

假设天线阵列行形式为 ULA，阵列数量为 N，信源数量为 L，MUSCI 算法步骤可以简单描述如下：

（1）计算阵列接收信号向量 $\boldsymbol{x}(t)$的协方差矩阵 $\boldsymbol{R}_x$。

（2）将 $\boldsymbol{R}_x$ 进行特征值分解，得到特征值 Λ_i 及其对应的特征向量。

（3）对特征值进行排序，L 个较大特征值对应的特征向量构成即为信号子空间，剩余$(N-L)$个特征值与噪声功率相关，其对应的特征向量构成噪声子空间。根据较大特征值的个数即可判断信源数量。

（4）调整角度方向 θ_i 进行功率谱搜索，通过判断方向为 θ_i 时的方向向量与噪声空间向量的关系，来判断 θ_i 是否为 DOA 估计值。

由上述分析可以看出，MUSIC 算法是一种网格式算法。当进行第（4）步时，需要将搜索方向细分为很多个角度，从而尝试用这些角度去进行向量匹配。该算法有两个弊端：①受困于分辨力的限制，MUSIC 算法对于非网格角度的估计会有偏差；②MUSIC 的计算复杂度与角度分割直接相关，如果相邻角度偏差小，则 MUSIC 算法的复杂度是很高的。如果进行二维 DOA 估计，需要对角度进行二维分割，MUSIC 算法的复杂度更是极高的。但 MUSIC 算法作为一种超瑞利限算法（估计的分辨率不取决于阵列长度），得到了广泛的应用。

MUSIC 应用于 URA 天线阵列时的复杂度很高。相反，ESPRIT 没有谱峰搜索的过程，因此在二维 DOA 估计时，ESPRIT 算法的复杂度要低于 MUSIC 算法。此外，ESPRIT 的估计精度与网格设置无关。ESPRIT 主要依靠阵列的“移不变性”，阵列的移不变性引起信号子空间的旋转不变性。下面给出一维 ESPRIT 算法描述。

假设天线阵列为两行，每行阵列数量为 N，信源数量为 L，ESPRIT 算法步骤可以简单描述如下：

（1）给出参考阵列的阵列响应及相对于参考阵列的平行阵列的阵列响应。二者的关系可以表示如下：

$$\boldsymbol{x}_1=\boldsymbol{\Xi}\boldsymbol{x}_{st} \tag{12.14}$$

式中，x_{st} 和 x_1 分别为参考阵列和其平行阵列的阵列响应；Ξ 为 $L\times L$ 的对角矩阵，其对角元素为 L 个信源在任一阵元偶之间的相位延迟

$$\Xi=\mathrm{diag}\{\mathrm{e}^{\mathrm{j}\mu_1},\mathrm{e}^{\mathrm{j}\mu_2},\cdots,\mathrm{e}^{\mathrm{j}\mu_L}\} \tag{12.15}$$

式中，$\mu_\ell=\omega_0\Delta\sin\theta_\ell/c$，$\ell=1,2,\cdots,L$，$\Delta$ 为两个阵元之间相差的位移向量。

(2) 合并阵列响应 $x=[x_{st}\quad x_1]^{\mathrm{T}}$，求协方差矩阵并对其进行特征值分解。$L$ 个较大特征值对应的特征向量构成信号子空间 E_s；剩下的$(2N-L)$个特征值近乎为0。则存在唯一一个非奇异 $L\times L$ 为满秩矩阵 T，使下式成立：

$$E_s=xT=\begin{bmatrix}E_{x_{st}}\\E_{x_1}\end{bmatrix}=\begin{bmatrix}x_{st}T\\x_{st}\Xi T\end{bmatrix} \tag{12.16}$$

(3) 将信号子空间 E_s 分解成 $E_{x_{st}}$、E_{x_1} 部分。

(4) 计算 $F=E_{x_{st}}^{\dagger}E_{x_1}$ 的特征值 $\lambda_\ell(\ell=1,2,\cdots,L)$。

(5)计算到达角估计值 $\hat{\theta}_\ell=\arcsin\{c\cdot\mathrm{angle}(\lambda_\ell)/(\omega_0\Delta)\}$。

12.3.2 基于压缩感知的 DOA 估计算法

为了解决大规模 MIMO DOA 估计的复杂度问题，许多研究将压缩感知技术应用于 DOA 估计[91-94]。DOA 估计的表达形式与标准化的压缩感知问题是很近似的，这为压缩感知的应用奠定了基础。文献[91]为了解决时变信道中的 CSI 获取问题，从 DOA 估计入手。第一步，通过压缩感知技术减小 DOA 估计的复杂度；第二步，再次利用压缩感知进行多普勒频移的估计，从而达到 CSI 估计的目的。文献[93]首先将 DOA 估计转化成压缩感知信号恢复形式，利用空间平滑技术消除相干信源的干扰，提高了相干信源 DOA 估计的分辨率。

在压缩感知 DOA 估计中，角度量化是一个很重要的问题。当角度估计出现在非网格(off-grid)的情况下，会导致压缩感知 DOA 估计性能变差。在此基础上，文献[92]提出了一种半定规划-集合最小二乘(SDP-TLS)算法解决压缩感知 DOA 估计角度落在非网格上的情况；文献[94]用压缩感知方法估计网格角度，并用迭代字典学习的方法解决非网格角度的 DOA 估计。总体来看，压缩感知作为一种低复杂度的信号处理技术，在 DOA 估计上也有很大的应用前景。

12.4 码本辅助下的大规模 MIMO DOA 估计算法

在 12.3 节中，回顾了 DOA 估计算法以及其存在的问题。对于大规模 MIMO DOA 估计中，计算复杂度会随着天线阵列的增多而急剧增长，对于设备提出了更高的计算要求。因此，本节从这一问题出发，提出了码本辅助的 DOA 估计算法①。通过利用角度变化和增益变化的区别，分析了信号传输特性，将每一帧信号传输的 DOA 估计分为两个部分。引入码

① 本节部分内容可见于 Li S，Wu H，Jin L，Codebook-aided DOA estimation algorithm for massive MIMO system，*Electronics*，2019，8：26.

本的概念，在第二次 DOA 估计时，缩小算法执行角度区间，从而达到降低在大规模 MIMO 系统中 DOA 估计计算复杂度高的目的。

具体来看，本节的主要内容包括：

(1) **下行传输的新型帧结构**。通过利用路径角度(Angle of Departures，AoDs)变化与路径增益的速率差异，提出一种用于下行传输的新型帧结构：①从理论上证明了 AoDs 的变化特性；②由于 AoDs 的变化特性，将 AoDs 估计分为两个阶段，在 AoDs 训练阶段Ⅰ和 AoDs 训练阶段Ⅱ分别进行角度估计。

(2) **基于低秩矩阵恢复理论的 DOA 重构**。除了经典的 MUSIC 算法外，提出了基于低秩矩阵恢复理论的 DOA 重构算法，在本节中称为"凸优化"算法。通过引入弹性正则化因子将接收信号的协方差矩阵重构问题转化为半正定规划(Semi-definite Programming，SDP)问题。

(3) **码本辅助的 DOA 估计算法**。在新型帧结构下，将 AoDs 计算分为两个阶段，提出了码本辅助的 DOA 估计算法降低计算复杂度，称为码本辅助 MUSIC 算法和码本辅助的凸优化算法。在码本和 AoDs 训练阶段Ⅰ计算得到的角度辅助下，在 AoDs 训练阶段Ⅱ，由于角度扰动较小，在更确定的角度范围$\vec{\Phi}$而非全局范围 Φ 内进行角度估计。

12.4.1　系统模型

本节首先描述了数据模型，随后描述了 AoDs 问题，最后引入了码本的概念。首先将 5.4 节中用到的符号做简要说明：

$\mathbb{E}[\cdot]$表示对矩阵求期望；$\boldsymbol{I}_N$ 表示一个维数为 $N\times N$ 的单位矩阵；$\mathrm{tr}(\boldsymbol{A})$表示对矩阵 $\boldsymbol{A}$ 的迹；$\mathrm{vec}(\boldsymbol{A})$表示对 $\boldsymbol{A}$ 进行向量化；$\boldsymbol{A}\geq\boldsymbol{0}$ 表示矩阵 $\boldsymbol{A}$ 为半正定矩阵；$\max(a,b)$表示返回 a、b 中较大元素；$\mathrm{Re}[\cdot]$为取实部操作。

1. 数据模型

在本节中，考虑一个单小区下行传输 FDD 大规模 MIMO 系统。BS 端配备 N_T 个间距为 d 的天线阵元(阵列形式为 ULA)与 L 个用户终端(User Equipment，UE)进行通信。只考虑主路径并假设信源为独立远场窄带信源，则准确同步后的接收信号表示如下：

$$\boldsymbol{x}(t)=g_\ell\boldsymbol{A}(\phi_\ell)\boldsymbol{s}(t)+\boldsymbol{n}(t) \tag{12.17}$$

第 ℓ 条路径的信道向量表示如下：

$$\boldsymbol{h}_\ell=g_\ell\boldsymbol{a}(\phi_\ell) \tag{12.18}$$

式中，g_ℓ 为第 ℓ 个 UE 的路径增益；$\boldsymbol{A}(\phi_\ell)=[\boldsymbol{a}(\phi_1),\boldsymbol{a}(\phi_2),\cdots,\boldsymbol{a}(\phi_L)]$为方向矩阵，阵列响应向量 $\boldsymbol{a}(\phi_\ell)\in\mathcal{C}^{N_T\times 1}$ 表示如下：

$$\boldsymbol{a}(\phi_\ell)=[1,\mathrm{e}^{-\mathrm{j}2\pi\sin\phi_\ell d/\lambda},\cdots,\mathrm{e}^{-\mathrm{j}2\pi(N_T-1)\sin\phi_\ell d/\lambda}]^{\mathrm{H}} \tag{12.19}$$

$\boldsymbol{s}(t)=[s_1(t),s_2(t),\cdots s_L(t)]^{\mathrm{T}}$ 为用于 L 个 UE 的 AoDs 导频序列，其满足$\mathbb{E}[\boldsymbol{s}]=0$ 和 $\mathbb{E}[|\boldsymbol{s}|^2]=1$；$\phi_\ell$ 为第 ℓ 个 UE 的 DOA；$\boldsymbol{n}(t)$为服从$\mathcal{CN}\sim(0,\sigma_n^2\boldsymbol{I}_{N_T})$分布的 AWGN，$\sigma_n^2$ 为噪声方差。

2. AoDs 估计问题

通过利用路径 AoDs 和路径增益变化特性的区别，角度估计和增益估计可以利用不同的训练阶段来完成。进一步提出了如图 12.2 所示的下行链路传输帧结构。具体来讲，时长为 T_f 的一帧传输时间包括两个长度分别为 $M_{A\mathrm{I}}T_S$ 和 $M_{A\mathrm{II}}T_S$ 的 AoDs 训练阶段，在其之后为多个时隙，在每个时隙之中包括长度为 M_PT_S 的路径增益训练阶段和 M_DT_S 的数据传输阶段。其中，$M_{A\mathrm{I}}$ 和 $M_{A\mathrm{II}}$ 为用于 AoDs 训练阶段Ⅰ和 AoDs 训练阶段Ⅱ的导频数量；M_P 和 M_D 分别为每个时隙中用于路径增益估计的导频数量和数据传输数量。对于该传输结构，做如下假设：

假设：在每一个传输帧中，AoDs 变化缓慢或保持静止。

AoDs 变化取决于散射环境，属于大尺度衰落，因此该假设是合理的。对每一个传输帧，做两次 AoD 估计。通过利用路径 AoDs 变化速度慢的特性，两次 AoD 估计是有不同的。在前半帧传输中，在整个角度范围 Φ 内做角度估计。但是，尽管 AoDs 变化缓慢或可能保持静止，在每一个传输帧内依然会存在角度扰动。由于角度扰动与 UE 的移动距离相关，因此角度扰动较小。故在后半帧的传输中，在确定性的角度范围 $\vec{\Phi}$ 而非 Φ 进行 AoD 估计。因此可以减小计算复杂度。

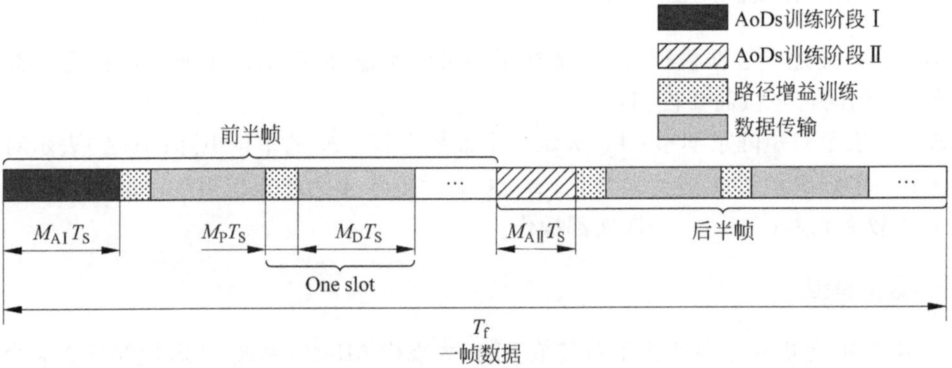

图 12.2　下行链路传输帧结构，包括 AoDs 训练阶段、路径增益训练阶段和数据传输阶段

3. 码本信道反馈

对于 FDD 通信系统，为了得到短时 CSI，如快衰落 CSI，由于受限于反馈链路的带宽，CSI 需要根据参考信号获取并通过有限位比特反馈给发射端。假设反馈链路为理想传输状态，即可以从预先设定好的且收、发两端都保存的预编码矩阵 $\boldsymbol{W}$ 中选出预编码向量 $\boldsymbol{w}$。在码本反馈机制中，$\boldsymbol{w}$ 和 $\boldsymbol{W}$ 分别称为码字和码本。在隐式反馈机制中，先验信息有助于行程最强的信号子空间，这意味着在阵列信号处理中可以形成主信道空间方向，如基于角度的码本和 LTE 系统中的 DFT 码本[97]。在本节中，利用码本反馈，可以获得角度方向矩阵，其有助于指向一个确定性的角度范围 $\vec{\Phi}$。在码本的辅助下，在 AoDs 训练阶段Ⅱ可以减小角度估计的计算复杂度。相应的码本设计将在未来的工作中进行。

12.4.2　码本辅助 MUSIC 算法

由 12.3.1 节，了解到 MUSIC 算法是一种经典的信号子空间算法，但 MUSIC 存在计算复杂度很高的缺点。

我们首先利用传统 MUSIC 算法进行 DOA 估计。信源信号 $\boldsymbol{x}(t)$ 的协方差矩阵 $\boldsymbol{R}_{\mathrm{x}}$ 可以表示为信号协方差矩阵 $\boldsymbol{U}_{\mathrm{s}}$ 和噪声协方差矩阵 $\boldsymbol{U}_{\mathrm{n}}$。$\boldsymbol{R}_{\mathrm{x}}$ 的特征值 Λ_{i} 服从如下的关系：

$$\Lambda_1 \geqslant \Lambda_2 \geqslant \cdots \Lambda_L > \Lambda_{L+1} = \cdots = \Lambda_{N_T} = \sigma_n^2 \tag{12.20}$$

上式表明了信源数量。由于两个空间的正交性，可以通过空间谱搜索完成 DOA 估计。其公式表示如下：

$$\begin{aligned} &\underset{\phi}{\operatorname{argmax}} \hat{P}_{\mathrm{MUSIC}\perp}(\phi) = \frac{1}{\boldsymbol{a}^{\mathrm{H}}(\phi)\boldsymbol{U}_n\boldsymbol{U}_n^{\mathrm{H}}\boldsymbol{a}(\phi)} \\ &\text{s.t.} \quad \phi \in \Phi \end{aligned} \tag{12.21}$$

式中，Φ 为空间谱搜索的角度范围。

在 FDD 大规模 MIMO 系统中，在前半帧传输中的 AoDs 训练阶段 Ⅰ 计算得到的信道向量 $\hat{\boldsymbol{h}}_\ell$ 可以被量化为一个量化向量，随后送至发射端。该过程通过码本 $\boldsymbol{W} = [\boldsymbol{w}_{\ell,i}, i \in \{1, 2, \cdots, 2^B\}]$ 实现。其中，B 为所用的反馈比特数；$\boldsymbol{w}_{\ell,i}$ 为码字，其随着码本的变化而不同。码本反馈的量化索引 Q_ℓ 通过下式计算得到：

$$\begin{aligned} Q_\ell &= \underset{i \in [1, 2^B]}{\operatorname{argmin}} \left(1 - \frac{|\hat{\boldsymbol{h}}_\ell^{\mathrm{H}} \boldsymbol{w}_{\ell,i}|^2}{\|\hat{\boldsymbol{h}}_\ell\|_2^2 \|\boldsymbol{w}_{\ell,i}\|_2^2}\right) \\ &= \underset{i \in [1, 2^B]}{\operatorname{argmax}} |\boldsymbol{h}_k'^{\mathrm{H}} \boldsymbol{w}_{k,i}|^2 \end{aligned} \tag{12.22}$$

式中，$\boldsymbol{h}'_\ell = \dfrac{\hat{\boldsymbol{h}}_\ell}{\|\hat{\boldsymbol{h}}_\ell\|_2}$ 表示信道方向。$\boldsymbol{w}_{\ell,i}$ 可以通过使用 B 比特数据反馈到 BS 端。当 BS 端收到 B 比特数据，即量化索引 Q_ℓ，BS 端可以生成信道向量 $\tilde{\boldsymbol{h}}_\ell = \hat{\boldsymbol{h}}_\ell \boldsymbol{w}_{Q_\ell}$。由于 $\boldsymbol{a}(\phi_\ell)$ 完全取决于路径 AoDs，因此，在前半帧传输中获得的向量 $\tilde{\boldsymbol{h}}_\ell$ 包含 $\boldsymbol{a}(\phi_\ell)$ 的信息。在后半帧传输中，由于角度扰动相对较小，在码本反馈的辅助下，可以在确定性的角度范围内进行 AoDs 估计。在该机制下，角度变化 $\Phi \rightarrow \vec{\Phi}$ 有助于减小计算量。

12.4.3　基于低秩矩阵恢复理论的码本辅助 DOA 算法

假设阵列数量大于信源数量，可以通过式(12.22)得到量化索引 Q_ℓ。可以利用低秩矩阵恢复理论来解决 DOA 估计问题，在 12.4 节中称为凸优化问题。具体来说，首先引入弹性正则化因子，则 DOA 重构问题转化为 SDP 问题[98]。文献[99]是一个类似问题，但是解决计算复杂度的思想不同。

无噪信号的协方差矩阵 $\boldsymbol{R}_{ss}$ 为一个低秩矩阵，其满足 $\operatorname{rank}(\boldsymbol{R}_{ss}) = L \cdot N_T$，则该问题可以描述如下：

$$\begin{cases}\min\limits_{\boldsymbol{R}_{ss},\sigma_n^2} \|\boldsymbol{R}_{ss}\|_0 \\ \text{s.t. } \|\boldsymbol{R}_{ss}-\boldsymbol{a}(\phi_\ell)\boldsymbol{U}_s\boldsymbol{a}(\phi_\ell)^{\mathrm{H}}-\sigma^2\boldsymbol{I}_{N_T}\|_2=0 \\ \boldsymbol{R}_{ss}\succeq 0,\quad \sigma_n^2>0\end{cases} \tag{12.23}$$

在该模型中，有两个问题是难以解决的：①ℓ_0 范数问题为 NP-hard 问题；②上式限制条件过于严格。ℓ_1 范数以及与 $\boldsymbol{R}_x$ 有关的误差常数 ξ 引入到该模型。

为了增强矩阵补全的稳定性，引入弹性正则化因子 $0.5\|\boldsymbol{R}_{ss}\|_2^2$[100]。同时，$\tau$ 作为 $\|\boldsymbol{R}_{ss}\|_1$ 和 $0.5\|\boldsymbol{R}_{ss}\|_2^2$ 直接的平衡正则化因子。此外，由于正半定矩阵的特性，$\|\boldsymbol{R}_{ss}\|_1$ 可以被改写为 $\mathrm{tr}(\boldsymbol{R}_{ss})$。引入辅助优化变量$\varsigma$，则上述模型中限制条件改写为 $\mathrm{tr}(\tau\boldsymbol{R}_{ss}+0.5\boldsymbol{R}_{ss}^{\mathrm{H}}\boldsymbol{R}_{ss})\leqslant\varsigma$，模型描述如下：

$$\begin{cases}\min\limits_{\boldsymbol{R}_{ss},\varsigma} \varsigma \\ \text{s.t.}\quad \mathrm{trace}\left(\tau\boldsymbol{R}_{ss}+\dfrac{1}{2}\boldsymbol{R}_{ss}^{\mathrm{H}}\boldsymbol{R}_{ss}\right)\leqslant\varsigma \\ \|\boldsymbol{J}\mathrm{vec}(\boldsymbol{R}_{ss}-\boldsymbol{R}_x)\|_2\leqslant\xi\end{cases} \tag{12.24}$$

式(12.24)的限制条件可进一步改写如下：

$$\begin{cases}\mathrm{trace}\left(\dfrac{1}{2}\boldsymbol{R}_{ss}^{\mathrm{H}}\boldsymbol{R}_{ss}\right)\leqslant\varsigma-\mathrm{tr}(\tau\boldsymbol{R}_{ss}) \\ \|\boldsymbol{J}\mathrm{vec}(\boldsymbol{R}_{ss}-\boldsymbol{R}_x)\|^{\mathrm{H}}\|\boldsymbol{J}\mathrm{vec}(\boldsymbol{R}_{ss}-\boldsymbol{R}_x)\|\leqslant\xi^2\end{cases} \tag{12.25}$$

则凸优化问题转化成标准 SDP 问题[101]：

$$\begin{aligned}&\min_{\boldsymbol{R}_{ss},\varsigma}\varsigma \\ &\text{s.t.}\begin{bmatrix}2(\varsigma-\mathrm{tr}(\tau\boldsymbol{R}_{ss})) & \mathrm{vec}((\boldsymbol{R}_{ss}))^{\mathrm{H}} \\ \mathrm{vec}(\boldsymbol{R}_{ss}) & \boldsymbol{I}_{N_T}\end{bmatrix}\succeq 0 \\ &\begin{bmatrix}\xi^2 & (\boldsymbol{J}\mathrm{vec}(\boldsymbol{R}_{ss}-\boldsymbol{R}_x))^{\mathrm{H}} \\ \boldsymbol{J}\mathrm{vec}(\boldsymbol{R}_{ss}-\boldsymbol{R}_x) & \boldsymbol{I}_{N_T}\end{bmatrix}\succeq 0\end{aligned} \tag{12.26}$$

式中，$\boldsymbol{J}$ 为维数 $N_T(N_T-1)\times N_T^2$ 的选择矩阵。上述问题可以在多项式时间内求解。

12.4.4 算法复杂度分析

本节对所提算法的算法复杂度进行分析。MUSIC 算法的计算复杂度主要取决于谱峰搜索。天线阵列为 ULA 时，MUSIC 算法的复杂度为 $O[\Phi(2N_{\mathrm{T}}^2+N_{\mathrm{T}}-N_{\mathrm{T}}K)/\lambda]$[102]，其中 λ 为算法搜索步长。提出的算法复杂度的降低与对比文献[103]有所不同，文献[103]提出算法的复杂度改善为 $\max(1/M,1/N)$，M、N 为互质阵列的阵元数量。本节提出的码本辅助 MUSIC 算法复杂度改善程度更为灵活，其与角度变化率 $\vec{\Phi}/\Phi$ 有关。对于凸优化算法，其计算复杂度主要取决于 SDP，为 $O[(n_{\mathrm{sdp}}^{0.5}(m_{\mathrm{sdp}}n_{\mathrm{sdp}}^2+m_{\mathrm{sdp}}^2n_{\mathrm{sdp}}^2+m_{\mathrm{sdp}}^3))]$，其中，$n_{\mathrm{sdp}}$ 为维度变量，m_{sdp} 为限制条件的个数。码本信道反馈机制有助于减小 SDP 问题中的 n_{sdp}，从而减小凸优化算法中的计算复杂度。

12.5 仿真结果与分析

本节对于上述所提算法进行 DOA 估计性能和计算复杂度的仿真分析对比。只考虑不同 UE 的主路径，同时假设信源都为窄带远场信源。仿真参数见表 12-1。

表 12-1 仿真参数设置

仿 真 参 数	参 数 值
BS 端阵列模型	ULA
BS 端天线数量 N_T	64
UE 数量 L	5
信道模型	加性高斯白噪声
独立窄带信源的方向	[1.31° 2.81° 4.51° 13.71° 17.91°]
全局角度范围 Φ	[−π/2,π/2]
码本辅助下的角度搜索范围	0°～20°
MUSIC 算法搜索步长 λ	0.005°
误差常数 ξ	5
平衡正则化因子 τ	60
AoDs 训练阶段导频数量 $M_{A\text{I}}$、$M_{A\text{II}}$	500
蒙特卡罗仿真次数 R	300

图 12.3 描绘了当 AoDs 训练阶段导频数量 $M_{A\text{I}}=M_{A\text{II}}=500$，SNR=20dB 时所提算法的空间谱估计结果。如 12.4.2 节提到，在 Q_ℓ 和 $\boldsymbol{w}$ 的辅助下，DOA 估计的角度范围由 Φ 变为 $\vec{\Phi}\in[0°,20°]$。由图 12.3 可以看出，码本辅助下的算法可以有效地区分信源信号角度，其空间谱具有窄主瓣、低旁瓣的特点。

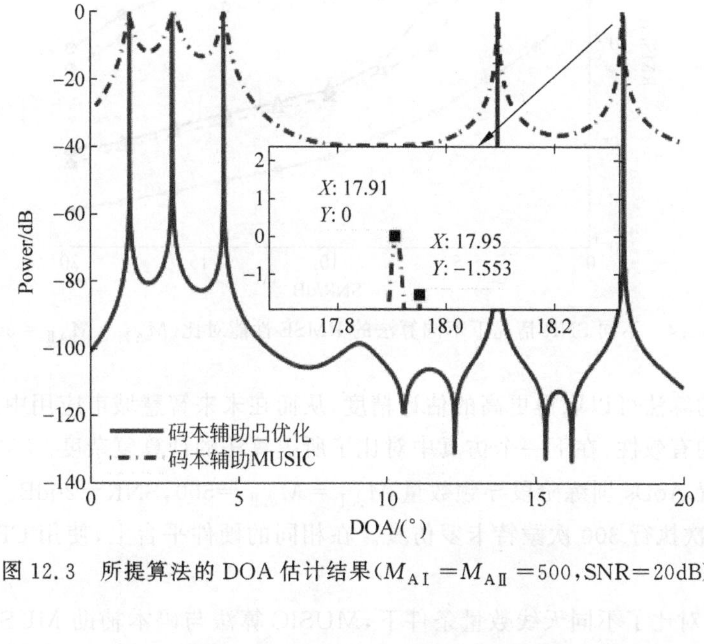

图 12.3 所提算法的 DOA 估计结果($M_{A\text{I}}=M_{A\text{II}}=500$，SNR=20dB)

在下一个实验中，为了对比 DOA 估计性能，引入根均方误差(Root Mean Square Error，RMSE)作为评价标准，如式(12.27)：

$$\mathrm{RMSE}=\sqrt{\frac{1}{LR}\sum_{\ell=1}^{L}\sum_{r=1}^{R}(\hat{\phi}_{\ell}-\phi_{\ell})^{2}} \tag{12.27}$$

式中，R 为蒙特卡罗仿真次数；$\hat{\phi}_{\ell}$ 为 DOA 估计值。对比了不同算法在不同 SNR 条件下的 RMSE 性能。为了保证对比的公平性，数据点数 Π 应该大致相同，因此原始 MUSIC 算法的搜索步长 λ 从$[\vec{\Phi}/(\Pi-1)]$近似转变为$[\Phi/(\Pi-1)]$。在每一个 SNR 情况下重复 300 次蒙特卡罗仿真。同时，克拉默-拉奥下界(Cramer-Rao Lower Bound，CRLB)作为下限[104]同样描绘在图 12.4 中。

$$C_{\text{CRLB-MUSIC}}(\phi)=\frac{\sigma_n^2}{2}\left\{\sum_{t=1}^{T}Re[\boldsymbol{s}^{\mathrm{H}}(t)\Gamma\boldsymbol{s}(t)]\right\}^{-1} \tag{12.28}$$

式中，$\Gamma=\boldsymbol{D}^{\mathrm{H}}\boldsymbol{U}_n\boldsymbol{U}_n^{\mathrm{H}}\boldsymbol{D}$；$\boldsymbol{D}=[\boldsymbol{d}(\phi_1),\boldsymbol{d}(\phi_2),\cdots,\boldsymbol{d}(\phi_L)]$；$\boldsymbol{d}(\phi_{\ell}),\ell\in\{1,2,\cdots,L\}$]为阵列响应的一阶导数。

如图 12.4 所示，不论是 MUSIC 算法[102]还是凸优化算法，码本辅助下的算法估计性能要略优于非码本辅助算法。在本节仿真参数设置下，作为一种网格型算法，码本辅助 MUSIC 算法要比码本凸优化算法的估计性能更优。但是，码本辅助凸优化算法的估计性能与网格无关，当角度未落在网格之上时，码本辅助凸优化算法要优于码本辅助 MUSIC 算法，同时，凸优化算法算法的计算复杂度要更高。

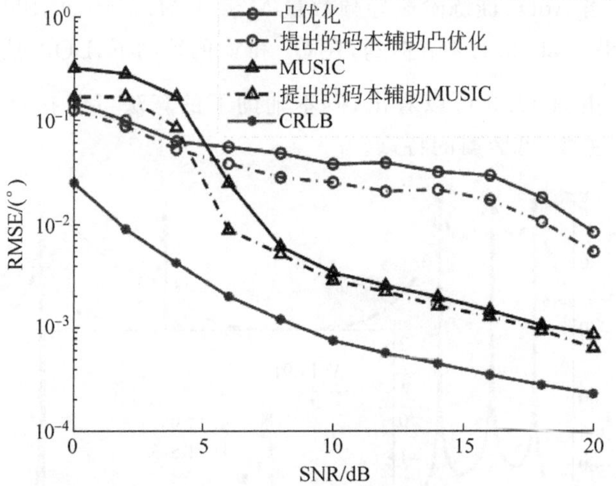

图 12.4　不同 SNR 情况下不同算法的 RMSE 性能对比($M_{\mathrm{A\,I}}=M_{\mathrm{A\,II}}=500$)

本书提出的算法可以取得更高的估计精度，从而在未来智慧城市应用中提高定位精度。为了证明算法的有效性，在下一个仿真中对比了所提算法的计算复杂度。

实验中设置 AoDs 训练阶段导频数量 $M_{\mathrm{A\,I}}=M_{\mathrm{A\,II}}=500$，SNR=20dB。在不同的天线数量条件下，每次执行 300 次蒙特卡罗仿真。在相同的硬件平台上，使用 CPU 计算时间分析计算复杂度。

图 12.5(a)对比了不同天线数量条件下，MUSIC 算法与码本辅助 MUSIC 算法的运行

时间对比。传统 MUSIC 算法[102]在小步长的搜索条件下,进行全局 Φ 搜索需要很大的复杂度。在表格 12-1 的仿真参数设置下,传统 MUSIC 算法和码本辅助 MUSIC 算法的计算复杂度分别为 $O(6.68\times10^7)$ 和 $O(7.42\times10^6)$。

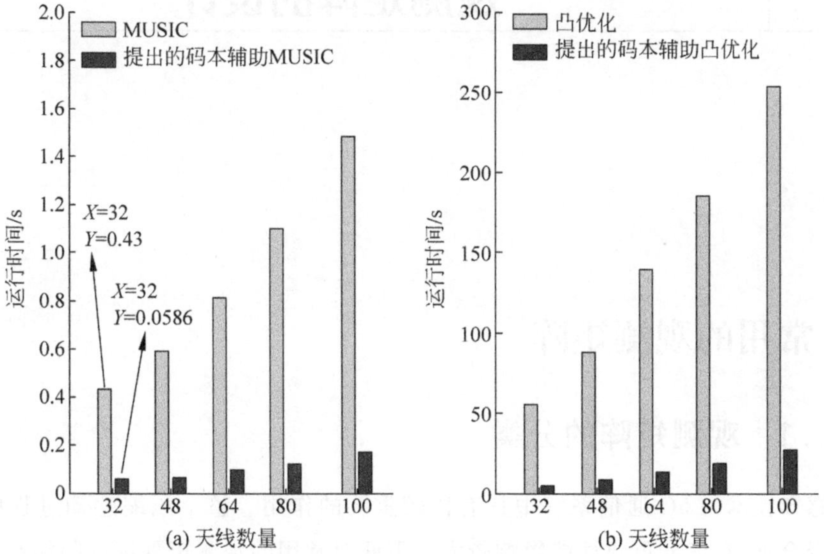

图 12.5 不同天线数目条件下,所提算法的运行时间对比($M_{A\mathrm{I}}=M_{A\mathrm{II}}=500$,SNR=20dB)

当天线数量 $N_T=64$ 时,码本辅助 MUSIC 算法时间节省比高达 87%。图 12.5(b)对比了凸优化算法和码本辅助凸优化算法在不同天线数量下的算法运行时间。在 SDP 中,参数 n_{sdp} 的大小影响算法运行时间,而 Π 的减小有助于减小 n_{sdp}。在码本的辅助下,可以更快地得到全局最优解。本书所提的算法面向一个确定性角度而非全局角度,其具有更低的计算复杂度,并且能取得更好的性能和复杂度的折中。

12.6 本章小结

本章主要研究了 5G 大规模 MIMO DOA 估计计算复杂度过高的问题。首先描述了基于射线追踪模型的参数化信道估计问题并给出了天线阵列模型推导。随后,从信号子空间法的计算复杂度随着天线数量的增加而升高这一问题出发,提出了码本辅助 DOA 估计算法,用于解决 5G 大规模 MIMO DOA 估计计算复杂度过高的问题。具体来看,12.4.1 节首先给出了 DOA 估计的系统模型,引入了码本反馈的概念。随后两个小节分别分析了码本辅助 MUSIC 算法的执行过程和通过引入低秩矩阵恢复理论解决 DOA 估计问题。12.4.4 节分析了所提算法的计算复杂度。仿真结果验证了本书所提算法的有效性。

第13章 观测矩阵的设计

13.1 常用的观测矩阵

13.1.1 观测矩阵的分类

压缩感知技术在5G通信系统中具有比较重要的作用。整个压缩感知过程中，观测矩阵设计是否合理，对信号重建性能影响较大。下面对常用的观测矩阵进行归纳和分类总结：

(1) 矩阵的每个元素独立同分布，如高斯矩阵、贝努利(Bernouli)随机矩阵、非常稀疏投影矩阵、亚高斯随机矩阵等。此类矩阵与多数信号不相关，所以对信号进行重建时测量数的需求少，但会占用较大的存储空间和复杂的计算度。

(2) 自身条件有限制但构造时间短，如部分哈达玛矩阵[105]、部分傅里叶矩阵、非相关观测矩阵。此类矩阵先从大的正交矩阵中任意取某几行，然后对各列进行正交和归一化处理得到观测矩阵。部分傅里叶矩阵只与在时域或频域稀疏的信号不相关，限制了重构信号的精度；部分哈达玛矩阵中行数目有一定的局限性。

(3) 依据一定的信号来应用，如Toeplitz矩阵、Chirps观测矩阵、二进制稀疏矩阵、结构化随机矩阵、随机卷积观测矩阵等。Toeplitz矩阵[106]由一个行向量和一个列向量构造观测矩阵，循环矩阵是由循环行向量构造观测矩阵。

上述观测矩阵的分类是从构造方式角度而言的，从随机性和确定性角度可分为两类：确定性观测矩阵和随机观测矩阵。循环矩阵和Toeplitz矩阵、结构化随机矩阵、多项式观测矩阵等属于确定性观测矩阵。高斯随机矩阵、贝努利矩阵、傅里叶随机矩阵、非相关矩阵等都是满足RIP特性的随机观测矩阵，能够精确重建信号。但由于其随机性，使硬件方面的实现有一定局限性。因此，新的测量矩阵研究方向指向确定性测量矩阵。下面的小节就是在先前学者研究的基础上，构造了新的确定性测量矩阵。

13.1.2 几种常用观测矩阵的介绍

本节选择了几种较为常用的确定性矩阵和随机矩阵进行介绍，包括高斯随机矩阵[107]、随机贝努利矩阵、部分哈达玛矩阵、部分傅里叶矩阵、Toeplitz矩阵等。

1. 高斯随机矩阵

高斯随机矩阵是压缩感知中最为常用的观测矩阵，它的构造方式：矩阵 $\Phi \in R^{M\times N}$，并且矩阵的各个元素都独立且同分布于均值是0，方差是 $1/\sqrt{M}$ 的高斯分布，即

$$\Phi_{i,j} \sim N(0,1/\sqrt{M}) \tag{13.1}$$

它是一个随机性特别强的观测矩阵，经过理论的验证符合 RIP[108] 性质。高斯随机矩阵之所以能作为最常用的观测矩阵，主要原因在于：①与大部分的正交稀疏矩阵呈现出不相关性；②当信号 x 的长度为 N 且为可压缩信号时，高斯随机矩阵只需 $M \geqslant cK\log(N/K)$ 的观测值就能够高概率满足 RIP 特性，精确重构出原始信号，其中 c 为一个很小的常数。

2. 随机贝努利矩阵

在压缩感知中，随机贝努利矩阵[109]也是较为常用的观测矩阵，其构造方式为：矩阵 $\Phi \in R^{M\times N}$，矩阵的各个元素都独立且同分布于贝努利分布，即

$$\Phi_{i,j} = \begin{cases} +1/\sqrt{M}, & \text{概率为 } 1/2 \\ -1/\sqrt{M}, & \text{概率为 } 1/2 \end{cases} \tag{13.2}$$

它也是随机性较强的观测矩阵，理论的验证满足 RIP 性质。因为随机贝努利矩阵和高斯矩阵的性质较为相似，同样广泛应用于研究实验中。

3. 部分哈达玛矩阵[110]

部分哈达玛矩阵的构造方式：先生成大小为 $N\times N$ 的哈达玛矩阵，然后，在生成的大矩阵中随机地抽选出 M 行向量，构成大小为 $M\times N$ 的矩阵。部分哈达玛矩阵准确重构出信号时所需的观测数较少，这主要是因为哈达玛矩阵的行向量和列向量之间具有正交性，从中取出 M 行后，它的行向量仍能保证部分正交性以及非相关性，因此，它的重建效果好。但有一个缺点就是部分哈达玛观测矩阵 N 的取值必须满足 $N=2^k, k=1,2,\cdots$，以至于较大地限制了它的应用范围。

4. 部分正交观测矩阵

部分正交观测矩阵的构造方式：先生成大小为 $N\times N$ 的正交矩阵 U，接着从矩阵 U 中随机地抽取出 M 行向量，对大小为 $M\times N$ 的矩阵的列向量进行单位化得到观测矩阵。该矩阵与文献[105]中提到的部分哈达玛矩阵构成方式是一样的，理论上验证都满足 RIP 性质。当矩阵大小一定的情况下，为得到信号的精确重构，其稀疏度 K 需满足

$$K \leqslant c\,\frac{1}{\mu^2}\,\frac{M}{(\log(N))^6} \tag{13.3}$$

式中，$\mu=\sqrt{M}\max|U_{i,j}|$。当 $\mu=1$ 时，部分正交矩阵就成为部分傅里叶矩阵，而其稀疏度需符合 $K \leqslant c\,\dfrac{M}{(\log N)^6}$。部分傅里叶观测矩阵是复数矩阵，理论验证出复数矩阵也可以作为观测矩阵进行重构信号。研究中为了简便，通常只选取实数部分作为观测矩阵。

5. 稀疏随机观测矩阵[111]

稀疏随机观测矩阵的构造方式：先生成一个零矩阵 $\Phi \in \text{zeros}^{M\times N}$，$M<N$，在零矩阵的每列向量中，随机地选出 d 个位置，而后将所选出的位置进行赋值，其值为 1，d 的取值为 $d\in\{4,8,10,16\}$，d 的取值对于重构的结果无太大的影响。由构造的过程可以了解到，稀疏随机观测矩阵的每个列都有 d 个元素，结构较为简单的一类矩阵，仿真研究实验中容易保存以及构造。

6. Toeplitz 和循环观测矩阵[112]

Toeplitz 和循环观测矩阵的构造方式：先生成一个向量 $\boldsymbol{u}=(u_1,u_2,\cdots,u_N)\in R^N$，由向量 $\boldsymbol{u}$ 经过 $M(M<N)$ 次的循环，构造出剩余的 $(M-1)$ 行向量，然后进行列向量的归一化从而得到观测矩阵 $\boldsymbol{\Phi}$ 。一般情况下向量 $\boldsymbol{u}$ 的值为 ± 1，并且各元素独立且同分布于贝努利分布。

Toeplitz 和循环观测矩阵的构造是循环地进行移位从而得到整个大矩阵，这样的循环移位硬件容易实现，这也是 Toeplitz 和循环观测矩阵应用较为广泛的主要原因之一。

13.2 新型观测矩阵的设计

本节主要涉及 4 种观测矩阵：高斯随机矩阵、部分哈达玛矩阵、单位加随机正交矩阵、互补序列，选取的前两个观测矩阵是较为常见的矩阵，后两个是本书设计的观测矩阵，这里的仿真实验在与传统的观测矩阵进行分析比较的同时，也为说明新型观测矩阵是能够用于压缩感知理论进行信号重构的。

本节具体介绍了部分哈达玛矩阵的构造以及两个新型观测矩阵：单位加随机正交矩阵和互补序列，高斯随机矩阵不再赘述。

13.2.1 部分哈达玛矩阵

13.1 节中简单提到了部分哈达玛矩阵的构造方法为：先生成大小为 $N\times N$ 的哈达玛矩阵，若

$$\boldsymbol{H}_1=[1] \tag{13.4}$$

那么

$$\boldsymbol{H}_2=\begin{bmatrix} H_1 & H_1 \\ H_1 & -H_1 \end{bmatrix} \tag{13.5}$$

$$\vdots$$

$$\boldsymbol{H}_i=\begin{bmatrix} H_{i-1} & H_{i-1} \\ H_{i-1} & -H_{i-1} \end{bmatrix} \tag{13.6}$$

其中 $\boldsymbol{H}_i$ 就是行列向量都正交的哈达玛矩阵。然后随机从中选出 M 行，构成一个大小为 $M\times N$ 的部分哈达玛矩阵[113]。

由于构造方法和元素简单，实际产生较为方便，利用的存储空间较小，应用比较广泛。但也存在一定的缺点：矩阵的元素较为单一，随机性不好；采用循环的构造方式，也使得列之间的非相关性和正交性难以保证，由此对部分哈达玛矩阵的各列再进行一次正交归一化。本文采用 Schmidt 正交化法，具体原理如下：

设 $\boldsymbol{a}_1,\boldsymbol{a}_2,\cdots,\boldsymbol{a}_r$ 是一组列向量，则

$$\boldsymbol{b}_1=\boldsymbol{a}_1 \tag{13.7}$$

$$\boldsymbol{b}_2=\boldsymbol{a}_2 \tag{13.8}$$

$$\vdots$$

$$\boldsymbol{b}_r=\boldsymbol{a}_r-\frac{[\boldsymbol{a}_r,\boldsymbol{b}_1]}{[\boldsymbol{b}_1,\boldsymbol{b}_1]}\boldsymbol{b}_1-\cdots-\frac{[\boldsymbol{a}_r,\boldsymbol{b}_{r-1}]}{[\boldsymbol{b}_{r-1},\boldsymbol{b}_{r-1}]}\boldsymbol{b}_{r-1} \tag{13.9}$$

是一组正交向量。

上述所得向量 $\boldsymbol{b}_i(i=1,2,\cdots,r)$，组成的矩阵各列具有正交性，它就是符合实验要求的最终观测矩阵。

13.2.2 单位矩阵加随机正交矩阵

此矩阵是根据部分哈达玛矩阵构造方法的思想：先生成均值为 μ、方差为 σ 的随机矩阵 $\boldsymbol{A}$，然后再将它进行 $\boldsymbol{QR}$ 分解，即

$$[\boldsymbol{Q},\boldsymbol{R}]=qr(\boldsymbol{A}) \tag{13.10}$$

式(13.10)表示的是矩阵 $\boldsymbol{A}$ 进行 $\boldsymbol{QR}$ 分解而得到两个矩阵，其中 $\boldsymbol{Q}$ 是大小与其相同的正交矩阵，$\boldsymbol{R}$ 是上三角矩阵。将 $\boldsymbol{Q}$ 与单位矩阵 $\boldsymbol{B}$ 进行扩充为

$$\boldsymbol{C}=[\boldsymbol{B},\boldsymbol{Q}] \tag{13.11}$$

而后从矩阵 $\boldsymbol{C}$ 中选出符合要求的测量矩阵大小。本书中都是形成大小为 $M\times N$ 的矩阵作为观测矩阵，进而利用其进行重构信号，根据仿真结果进一步分析其优劣性[114]。

13.2.3 互补序列

1. Golay 互补序列 $s_1[n]$ 和 $s_2[n]$

二项互补序列最早由 Golay 提出，其具有良好的自相关特性，经常用于雷达成像、图像修复等领域[11-117]。如果一对长度为 N_c 的序列 $s_1[n]$ 和 $s_2[n]$ 满足其非周期自相关函数(ACCF)的和值只有在零处有值，在其他非零处的和值都为零，那么这一对序列 $s_1[n]$ 和 $s_2[n]$ 称为互补序列，即

$$R_{s_1}(l)+R_{s_2}(l)=\begin{cases}2N_c, & l=0\\ 0, & l\neq 0\end{cases} \tag{13.12}$$

其中，

$$\begin{cases}R_{s_1}(l)\sum\limits_{i=0}^{N_c-1-l}=a(i)*a(i+l)\\ R_{s_2}(l)\sum\limits_{i=0}^{N_c-1-l}=b(i)*b(i+l)\end{cases},\quad l=0,1,2,\cdots,l-1 \tag{13.13}$$

2. 互补序列矩阵的生成

取一对原始种子序列

$$\begin{cases} a_0 = [1 \quad -1 \quad 1 \quad 1 \quad -1 \quad 1 \quad 1 \quad 1] \\ b_0 = [1 \quad 1 \quad 1 \quad -1 \quad -1 \quad -1 \quad 1 \quad -1] \end{cases} \tag{13.14}$$

其满足互补序列的自相关特性。对这一对种子序列进行扩充为两个长为 128 的序列，采用以下方法。

第一次扩充：

$$\begin{cases} a_1 = [a_0, b_0] \\ b_1 = [a_0, -b_0] \end{cases} \tag{13.15}$$

第二次扩充：

$$\begin{cases} a_2 = [a_1, b_1] \\ b_2 = [a_1, -b_1] \end{cases} \tag{13.16}$$

$$\vdots$$

扩充四次即可得到 128 长的序列 a、b，自相关性和互相关性验证如图 13.1 所示。

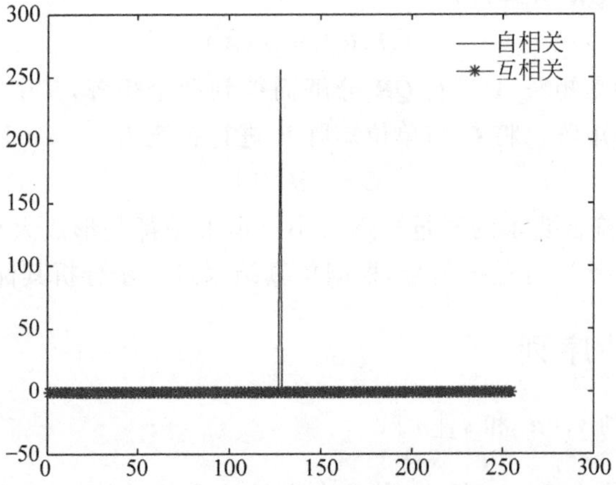

图 13.1　相关特性

图 13.1 展示出互补序列的相关性较好，那么就利用扩充后的序列生成循环矩阵 **A**，**A** 为特殊的拓普利兹矩阵，满足 RIP 特性，可作为观测矩阵，**A** 的结构如式(13.17)所示。

$$\mathbf{A} = \begin{bmatrix} a(0) & a(1) & \cdots & a(126) & a(127) & b(0) & b(1) & \cdots & b(126) & b(127) \\ a(127) & a(0) & a(1) & \cdots & a(126) & b(127) & b(0) & b(1) & \cdots & b(126) \\ \vdots & \vdots & \ddots & \vdots & \vdots & \vdots & \ddots & \vdots & \vdots & \vdots \\ a(2) & a(3) & \vdots & a(0) & a(1) & b(2) & b(3) & \cdots & b(0) & b(1) \\ a(1) & a(2) & \vdots & a(127) & a(0) & b(1) & b(2) & \cdots & b(127) & b(0) \end{bmatrix} \tag{13.17}$$

13.3 实验仿真结果及分析

实验平台采用的为 MATLAB 2016a，选择 4 种观测矩阵作为仿真对象进行结果分析，包括高斯随机矩阵、部分哈达玛矩阵，以及从未用于重建信号的新型矩阵，即单位矩阵加随机正交矩阵和互补序列。下面分别给出了一维信号仿真效果图和误差值表以及重构出二维图像时各观测矩阵的 PSNR 值表和运行时间表。本节仿真主要是对新矩阵在重构一维信号和二维图像时所表现出的性能简单做出分析，其所有结果图和数据均是在没加入噪声的前提下得出的。

1. 一维信号

选取观测数目 $M=64$，长度为 256，稀疏度为 8 时的一维连续信号，重构算法选为 OMP 算法，4 种观测矩阵对一维信号的恢复效果如图 13.2 所示。

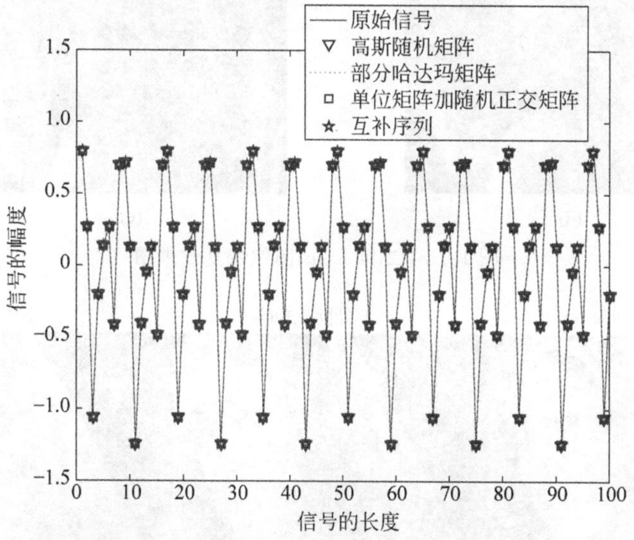

图 13.2　4 种观测矩阵重构一维信号仿真图

图 13.2 只取信号长度到 100，在稀疏度、观测数量一定的情况下各观测矩阵的仿真重构效果。除了高斯矩阵和部分哈达玛矩阵能高精度重构出原始信号外，单位矩阵加随机正交矩阵、互补序列重建出的信号和原始信号也是高概率吻合的，这说明新设计的观测矩阵能够应用于压缩感知领域实现信号的重构。

2. 二维图像

本次实验仿真选取 4 幅图像作为仿真对象，分别是 Lena 图像、beautiful 图像、house 图像以及 barco 图像，大小均为 256×256，稀疏基为小波基，观测数目 M 为 128，重构算法仍取为 OMP 算法。

4 种观测矩阵对二维图像的恢复效果如图 13.3～图 13.6 所示。

图 13.3　二维 Lena 图像恢复效果图

图 13.4　二维 beautiful 图像恢复效果图

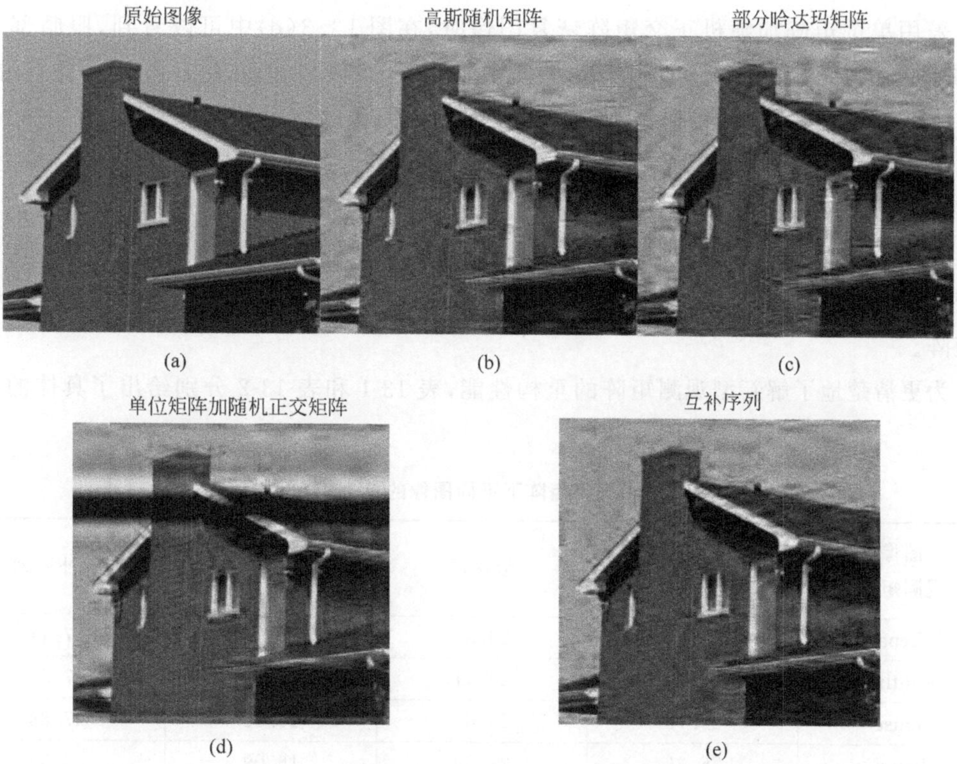

图 13.5　二维 house 图像恢复效果图

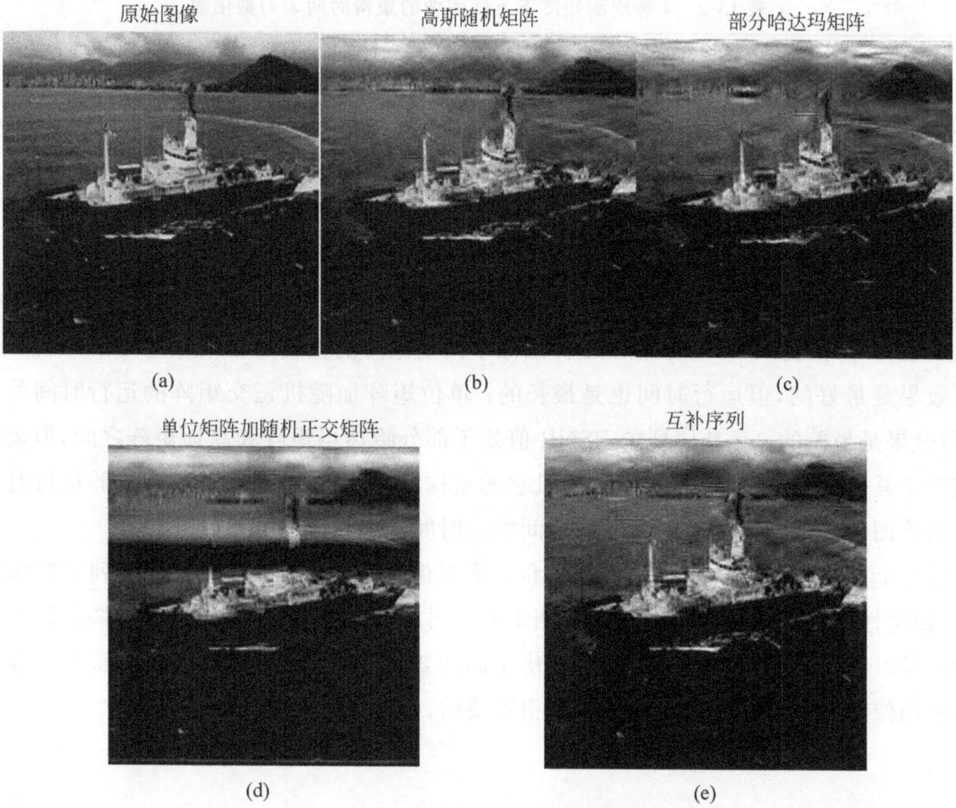

图 13.6　二维 barco 图像恢复效果图

采用单位矩阵加随机正交矩阵恢复图像时，在图 13.3(d)中可以看到，眼睛部分的重构效果不够好，图 13.4(d)中头纱部分比较模糊，图 13.5(d)中上面的屋脊不清晰，图 13.6(d)中船头和上半部的海面部分较差，4 种图像的恢复效果都是最差的一个。

采用互补序列恢复图像时，4 种图像中的(e)均比部分哈达玛矩阵重构出的(c)略好，但没有高斯随机矩阵恢复的(b)效果图好。

整体来说，上面的所有效果图中直观上来看，每种图像中只有单位矩阵加随机正交矩阵的恢复效果较差，而互补序列的重构效果比高斯随机矩阵的视觉效果略差但优于部分哈达玛矩阵。

为更清楚地了解新型观测矩阵的重构性能，表 13-1 和表 13-2 分别给出了具体的参考数值。

表 13-1 4 种观测矩阵下不同图像的 PSNR(dB)数值表

图像 观测矩阵	高斯	哈达玛	单位加正交	互补序列
Lena	28.02	26.30	25.59	27.11
beautiful	28.89	25.41	14.62	27.58
house	28.73	26.60	13.18	27.88
barco	26.36	24.29	16.09	25.38

表 13-2 4 种观测矩阵下不同图像的重构时间 t(s)数值表

图像 观测矩阵	高斯	哈达玛	单位加正交	互补序列
Lena	78.68	60.09	41.23	22.18
beautiful	66.76	50.68	34.42	18.29
house	65.28	49.31	33.67	18.28
barco	69.37	51.70	35.17	18.75

从表 13-1 和表 13-2 可以看出，4 种图像中高斯矩阵的重构峰值信噪比(PSNR)值最高，恢复效果是最好的，但运行时间也是最长的；单位矩阵加随机正交矩阵的运行时间处于中间，但效果是最差的；互补序列的 PSNR 值处于部分哈达玛矩阵和高斯矩阵之间，但运行时间相对于其他三种矩阵有明显优势，并且它的重构性能非常稳定。(注：这里的运行时间是从开始读图像文件到显示出恢复图像之间的总时间。)

综合上述 4 种观测矩阵对一维信号和二维图像的实验结果，可知互补序列是兼顾重构质量、稳定性和运行时间最好的一个观测矩阵。另外，单位矩阵加随机正交矩阵在恢复一维连续信号时的重构误差次于互补序列而优于高斯矩阵和哈达玛矩阵。因此，恢复一维信号和二维图像时选取较适合的观测矩阵是很重要的。

13.4　本章小结

本章从压缩感知理论的关键步骤观测矩阵入手，先介绍了常见的观测矩阵，而后提出设计新型的确定性观测矩阵。随机观测矩阵具有很好的重构效果，可是如何将随机观测矩阵广泛应用到实际中，是当下研究学者和专家所面临的问题。确定性观测矩阵能够克服随机观测矩阵的不确定性，硬件容易实现，但重构效果有时会不及某些常应用的随机观测矩阵。基于确定性观测矩阵的压缩感知重构效果进一步优化，是现如今研究的热点之一。

第14章 重构算法的研究

14.1 引言

压缩感知理论的一个重要部分即信号的重构算法。重构算法是整个压缩感知系统的核心步骤，本书讨论的贪婪类匹配追踪算法，由于这类算法的结构较简单且易实现，不但具有很高的精确重建度，而且还有较低的计算复杂度，因而受到很多专家学者的关注和青睐。本章先对几种常用的贪婪匹配追踪类算法，如 OMP、ROMP、CoSaMP 等算法的相关原理做出介绍，写出各算法的具体实现步骤，并且在 MATLAB 2016a 的环境下进行了仿真实验，进一步比较这几种算法的优劣性，找出对现今算法优化的改进方向，提升 5G 移动通信系统的性能。

14.2 贪婪匹配追踪类算法

14.2.1 匹配追踪和正交匹配追踪算法(MP 和 OMP)

匹配追踪算法(Matching Pursuit Algorithm，MP)[118]是贪婪匹配追踪类算法的基础，是为能求出稀疏解而最先被专家学者提出的一种算法，求解思路很简单，即经过多次迭代来计算从而一步步逼近原始的稀疏信号，它是后面其他的匹配追踪算法的基础，一般都是在它的基础上进行改进和优化。

压缩感知的重构过程实质上就是求稀疏问题，因此，能够把 MP 算法运用到 CS 理论中，匹配追踪算法本质上的迭代思路，从观测矩阵$\boldsymbol{\Phi}$中先选择出和原始信号相关性最大的一个列向量，接着计算出这个向量与信号间的误差值，然后开始迭代选择出与这个误差值的相关性最大的一个列向量，也就是最匹配的一个向量，按照此方法迭代多次，就可以用这些选择出来的列向量对原始信号进行线性表示。原先用 l_1 范数最小作为目标函数来解出最优化问题，现在用此类重构算法，复杂度低而且收敛性还特别好。经过研究知道 MP 算法是由选取出来的各个列向量构成空间，从而使得重构出来的信号达不到最好，原因是选择出的各列向量构成的空间不具有正交性。因此，MP 算法需通过多次的迭代运算才能够重构出高精度的信号，如果与基追踪算法(Basis Pursuit Algorithm，BP)比较，这个算法计算复杂度低和收敛性呈渐近性的特点。可是因为选择出的观测矩阵的各列向量集合上的投影为非正交性，从而引起每次迭代所解出的结果都是次优的，想要得到收敛就必须通过多次迭代。

MP 算法的实质是以贪婪迭代的原理从观测矩阵中选取出列向量，迭代一次后，将第一次选择出的列向量与原始信号的误差值作为原始信号，继续进行迭代计算出与之相关性最大的原子，迭代到残差满足预先设定的阈值或者是迭代的次数达到了信号的稀疏度 K，就停止迭代。

MP 算法的步骤：

输入：稀疏度 K、观测矩阵$\boldsymbol{\Phi}$ 、观测值 $\boldsymbol{y}$

输出：重构信号 $\hat{\boldsymbol{x}}$，残差 $\boldsymbol{r}$

(1) 初始化：残差 $\boldsymbol{r}_0=\boldsymbol{y}$，迭代次数 $t=1$；

(2) 从观测矩阵$\boldsymbol{\Phi}$ 中选择出与残差 $\boldsymbol{r}_{t-1}$ 最匹配的向量，也就是找出索引集 Λ_t：$\Lambda_t=\underset{i=1,2,\cdots,N}{\operatorname{argmax}}|\langle\boldsymbol{r}_{t-1},\boldsymbol{\varphi}_i\rangle|$；

(3) 求出近似解：$\boldsymbol{x}_{\Lambda_t}=\boldsymbol{x}_{\Lambda_t}+\langle\boldsymbol{r}_{t-1},\boldsymbol{\varphi}_t\rangle$；

(4) 将残差进行更新：$\boldsymbol{r}_t=\boldsymbol{r}_{t-1}-\langle\boldsymbol{r}_{t-1},\boldsymbol{\varphi}_{\Lambda_t}\rangle\boldsymbol{\varphi}_{\Lambda_t}$；

(5) 若 $t<K$，则 $t=t+1$，返回步骤(2)继续迭代；若判断出不满足此条件，就停止迭代，令 $\hat{\boldsymbol{x}}=\boldsymbol{x}$，$\boldsymbol{r}=\boldsymbol{r}_t$，输出 $\hat{\boldsymbol{x}}$，$\boldsymbol{r}$。

由上述可知，MP 算法结构较为简单，步骤简便而且编程也易于实现，是贪婪算法中最基础的重构算法之一，它的解题思路对一系列的匹配追踪类算法有着重要的作用，因此对这种算法的研究具有重要意义。

OMP 算法[119]是对 MP 算法的一个改进，其选取相关原子的方式和 MP 算法相同。区别之处是在对残差进行更新时引进了 Schmitt 正交化办法，使原先挑选出的支撑集中的原子与新残差具有正交关系，而后面的迭代中使得原先选出的原子不再被选中，因此加快了算法的收敛速度，还能确保每次迭代计算出的信号 $\hat{x}$ 相对选出的原子都为最优，即残差最小，进而提高信号重建的精度。

OMP 算法的步骤：

输入：稀疏度 K、观测矩阵$\boldsymbol{\Phi}$ 、观测值 $\boldsymbol{y}$

输出：重构信号 $\hat{\boldsymbol{x}}$，残差 $\boldsymbol{r}$

(1) 初始化：残差 $\boldsymbol{r}_0=\boldsymbol{y}$，索引集$\boldsymbol{\Lambda}_0=\phi$，迭代次数 $t=1$；

(2) 从观测矩阵$\boldsymbol{\Phi}$ 中找出与残差 $\boldsymbol{r}_{t-1}$ 最匹配原子的索引 μ_t：$\mu_t=\max\limits_j|\langle\boldsymbol{r}_{t-1},\boldsymbol{\varphi}_j\rangle|$；

(3) 更新索引集：$\boldsymbol{\Lambda}_t=\boldsymbol{\Lambda}_{t-1}\cup\{\mu_t\}$；更新选择原子集合：$\boldsymbol{\Phi}_t=\boldsymbol{\Phi}_{t-1}\cup\{\boldsymbol{\varphi}_{\Lambda_t}\}$；

(4) 最小二乘法求出近似解：$\boldsymbol{x}_t=(\boldsymbol{\Phi}_{\Lambda_t}^{\mathrm{T}}\boldsymbol{\Phi}_{\Lambda_t})^{-1}\boldsymbol{\Phi}_{\Lambda_t}^{\mathrm{T}}y$；

(5) 残差更新为：$\boldsymbol{r}_t=\boldsymbol{y}-\boldsymbol{\Phi}_{\Lambda_t}\boldsymbol{x}_t$；

(6) 判断是否符合迭代停止条件，符合就迭代停止，$\hat{\boldsymbol{x}}=\boldsymbol{x}_t$，$\boldsymbol{r}=\boldsymbol{r}_t$，输出 $\hat{\boldsymbol{x}}$，$\boldsymbol{r}$；否则 $t=t+1$，返回步骤(2)，继续迭代。

从理论上而言，OMP 算法通过 K 次迭代计算后就可获得 K 稀疏的逼近信号，因此设置的迭代停止条件为 $t>K$，可这是需要观测矩阵$\boldsymbol{\Phi}$ 严格地满足 RIP 准则的理想基础下才能够实现的，而观测矩阵实际很难满足，将 $t>K$ 作为停止的迭代条件自然就会产生较大的误差，为更进一步确保重建的精度一般以 $\|\boldsymbol{r}_t\|_2^2<\varepsilon$ 作为迭代停止条件。

由步骤(3)可见，OMP 算法是采用向前追踪的方法进行支撑集的扩充$\boldsymbol{\Lambda}_t=\boldsymbol{\Lambda}_{t-1}\cup$

$\{\mu_t\}$，如果原子被选进去就永久地添加进去而不能去除，这样会导致错选的原子没办法去掉，从而影响信号的重建精度。也就是说，OMP 算法缺少"回溯"的思想。所谓"回溯"是指迭代中仍能对原先选取的原子进行同步检测，如果这些原子是最优的则会被保留，否则就会被剔除，进而保证原子的最优性能够高度重建信号。

14.2.2 正则化正交匹配追踪算法(ROMP)

ROMP 算法是较 MP、OMP 算法优秀的一个算法，若信号具有稀疏性或观测矩阵符合 RIP 特性，那么就可用此算法来进行信号恢复。ROMP 算法和 OMP 算法的区别是每次迭代选出 K(K 为稀疏度)个最匹配的支撑集候选原子，然后利用正则化方法将这 K 个原子再次筛选，这样可以提高信号的重构精度，而且依次迭代选出多个的话重建速度也有所提高。

ROMP 算法的步骤：

输入：稀疏度 K、观测矩阵$\boldsymbol{\Phi}$、观测值 $\boldsymbol{y}$

输出：重构信号 $\hat{\boldsymbol{x}}$，残差 $\boldsymbol{r}$

(1) 初始化：残差 $\boldsymbol{r}_0=\boldsymbol{y}$，索引集$\boldsymbol{\Lambda}_0=\phi$，迭代次数 $t=1$；

(2) 从观测矩阵$\boldsymbol{\Phi}$ 中找出与残差 $\boldsymbol{r}_{t-1}$ 最匹配的 K 个原子索引：$J=\max\limits_{j}\{\mu_j=|\langle \boldsymbol{r}_{t-1}, \boldsymbol{\varphi}_j\rangle|, K\}$；

(3) 利用正则化选出平均能量最高的子集 J_0：

$$J_0=\max_{J_0}\|\mu_{J_0}\|_2,\quad |\mu_i|\leqslant 2|\mu_j|,\quad i,j\in J_0,\quad J_0\in J$$

(4) 更新索引集：$\boldsymbol{\Lambda}_t=\boldsymbol{\Lambda}_{t-1}\cup\{J_0\}$；更新选择原子集合：$\boldsymbol{\Phi}_t=\boldsymbol{\Phi}_{t-1}\cup\{\boldsymbol{\varphi}_{\Lambda_t}\}$；

(5) 最小二乘法求出近似解：$\boldsymbol{x}_t=(\boldsymbol{\Phi}_{\Lambda_t}^{\mathrm{T}}\boldsymbol{\Phi}_{\Lambda_t})^{-1}\boldsymbol{\Phi}_{\Lambda_t}^{\mathrm{T}}y$；

(6) 残差更新为：$\boldsymbol{r}_t=\boldsymbol{y}-\boldsymbol{\Phi}_{\Lambda_t}\boldsymbol{x}_t$；

(7) 判断是否符合迭代停止条件，若符合 $t=K$ 或 $\|\boldsymbol{\Lambda}_t\|_0\geqslant 2K$，则迭代停止，$\hat{\boldsymbol{x}}=\boldsymbol{x}_t$，$\boldsymbol{r}=\boldsymbol{r}_t$，输出 $\hat{\boldsymbol{x}}$，$\boldsymbol{r}$；否则 $t=t+1$，返回步骤(2)，继续迭代。

步骤(2)涉及稀疏度 K，也就是说这个算法需要已知信号的稀疏度 K，但自然界中的信号一般不稀疏，需通过稀疏变换。另外，不同稀疏矩阵下信号的稀疏度也是不同的，因此信号稀疏度的估计就有一定的困难。信号稀疏度的估计过于偏小或偏大都不好，如果偏小迭代次数多很难符合迭代停止条件，偏大就会对重构效果有所影响。因此，稀疏度未知的情况下利用 ROMP 算法重建误差很大。由步骤(4)可见，ROMP 算法[120]采用向前追踪的办法更新原子支撑集，一旦被选入将不能删除，缺少回溯思想。

14.2.3 压缩采样匹配追踪算法(CoSaMP)

该算法是 ROMP 算法的一个改进，全称为压缩采样匹配追踪算法(Compressed Sampling Matching Tracking Algorithm, CoSaMP)，重构精度高，它是每次迭代选出 $2K$ 个最大相关原子，然后与前一次选出的原子集合进行合并构成支撑集，利用最小二乘法去除错选的原子索引，然后通过广义逆运算重建出原始信号。

CoSaMP 算法[121]的步骤：

输入：稀疏度 K、观测矩阵$\boldsymbol{\Phi}$、观测值 $\boldsymbol{y}$

输出：重构信号 $\hat{\boldsymbol{x}}$，残差 $\boldsymbol{r}$

(1) 初始化：残差 $\boldsymbol{r}_0=\boldsymbol{y}$，索引集$\boldsymbol{\Lambda}_0=\phi$，迭代次数 $t=1$；

(2) 从观测矩阵$\boldsymbol{\Phi}$ 中找出和残差 $\boldsymbol{r}_{t-1}$ 最为匹配的 $2K$ 个原子的索引集合 B：$B=\max\limits_j\{|\langle \boldsymbol{r}_{t-1},\boldsymbol{\varphi}_j\rangle|,2K\}$；

(3) 更新索引集(回溯)：$\boldsymbol{C}=\boldsymbol{\Lambda}_{t-1}\cup\{\boldsymbol{B}\}$；

(4) 从 $\boldsymbol{C}$ 中找出 K 个最优原子的索引，集合记为$\boldsymbol{\Lambda}_t=\underset{j}{\operatorname{argmax}}\{|\boldsymbol{\Phi}_C*\boldsymbol{y}|,K\}$；

(5) 最小二乘法求出近似解：$\boldsymbol{x}_t=(\boldsymbol{\Phi}_{\Lambda_t}^{\mathrm{T}}\boldsymbol{\Phi}_{\Lambda_t})^{-1}\boldsymbol{\Phi}_{\Lambda_t}^{\mathrm{T}}\boldsymbol{y}$；

(6) 残差更新为：$\boldsymbol{r}_t=\boldsymbol{y}-\boldsymbol{\Phi}_{\Lambda_t}\boldsymbol{x}_t$；

(7) 若满足迭代停止条件 $\|\boldsymbol{r}_t\|_2<\varepsilon$，迭代停止，$\hat{\boldsymbol{x}}=\boldsymbol{x}_t$，$\boldsymbol{r}=\boldsymbol{r}_t$，输出 $\hat{\boldsymbol{x}}$，$\boldsymbol{r}$；否则 $t=t+1$，返回步骤(2)，继续迭代。

14.2.4 子空间匹配追踪算法(SP)

从子空间的角度出发，子空间算法(Spatial Tracking Algorithm，SP)先选出一个支撑集作为子空间，其中有 K 个原子，而后经过多次迭代循环更新子空间中的原子，获得近似真实的支撑集为后续重构做好基础。SP 算法[122]也是应用回溯思想的重构算法，每次迭代能够对原先选择出的原子进行更新，去除掉错选的原子而用新的更加匹配的原子进行代替，以求达到较高的重建精度。

SP 算法的步骤：

输入：稀疏度 K、观测矩阵$\boldsymbol{\Phi}$、观测值 $\boldsymbol{y}$

输出：重构信号 $\hat{\boldsymbol{x}}$，残差 $\boldsymbol{r}$

(1) 初始化：残差 $\boldsymbol{r}_0=\boldsymbol{y}$，索引集$\boldsymbol{\Lambda}_0=\phi$，迭代次数 $t=1$；

(2) 从观测矩阵$\boldsymbol{\Phi}$ 中找出和残差 $\boldsymbol{r}_{t-1}$ 最为匹配的 K 个原子的索引集合 C：$C=\max\limits_j\{|\langle \boldsymbol{r}_{t-1},\boldsymbol{\varphi}_j\rangle|,K\}$；

(3) 更新索引集：$\boldsymbol{D}=\boldsymbol{\Lambda}_{t-1}\cup\{\boldsymbol{C}\}$；

(4) 从 $\boldsymbol{D}$ 中找出 K 个最优原子的索引，集合记为$\boldsymbol{\Lambda}_t=\underset{j}{\operatorname{argmax}}\{|\boldsymbol{\Phi}_D*\boldsymbol{y}|,K\}$；

(5) 最小二乘法求出近似解：$\boldsymbol{x}_t=(\boldsymbol{\Phi}_{\Lambda_t}^{\mathrm{T}}\boldsymbol{\Phi}_{\Lambda_t})^{-1}\boldsymbol{\Phi}_{\Lambda_t}^{\mathrm{T}}\boldsymbol{y}$；

(6) 残差更新为：$\boldsymbol{r}_t=\boldsymbol{y}-\boldsymbol{\Phi}_{\Lambda_t}\boldsymbol{x}_t$；

(7) 判断是否符合迭代停止条件，若符合 $\|\boldsymbol{r}_t\|_2<\varepsilon$，就迭代停止，$\hat{\boldsymbol{x}}=\boldsymbol{x}_t$，$\boldsymbol{r}=\boldsymbol{r}_t$，输出 $\hat{\boldsymbol{x}}$，$\boldsymbol{r}$；否则 $t=t+1$，返回步骤(2)，继续迭代。

由上述步骤(2)可见，SP 算法必须先知道信号的稀疏度 K。所需子空间$\boldsymbol{\Lambda}_t$ 的大小始终等于信号的稀疏度K，索引集 $\boldsymbol{D}$ 中最多有 $2K$ 个原子，因此每次迭代回溯时最多去除掉 K 个原子。

由此可知，SP 算法和 CoSaMP 算法都有一个回溯的过程，出发点虽不同，但流程大致相同，而且同样需先知道信号的稀疏度，性能也较为接近；区别在于最大相关时选择的支撑集合的大小不同。

14.2.5 广义正交匹配追踪算法(gOMP)

gOMP 算法[123]也是 OMP 算法的另一改进，区别在于 OMP 算法每次迭代只选择与残差相关性最大的一个，而 gOMP 算法只是简单地选择最大的 S 个而已，不进行任何其他的处理。接下来的仿真实验中，该算法所涉及的 S 均给出了具体值，在全书中都是指每次迭代所选取的相关原子个数。

gOMP 算法的步骤：

输入：稀疏度 K、观测矩阵$\boldsymbol{\Phi}$、观测值 $\boldsymbol{y}$

输出：重构信号 $\hat{\boldsymbol{x}}$，残差 $\boldsymbol{r}$

(1) 初始化：残差 $\boldsymbol{r}_0=\boldsymbol{y}$，索引集$\boldsymbol{\Lambda}_0=\phi$，迭代次数 $t=1$；

(2) 找出与残差 $\boldsymbol{r}_{t-1}$ 最匹配的 S 个原子的索引集合 μ_t：$\mu_t=\max\limits_{j}|\langle \boldsymbol{r}_{t-1},\boldsymbol{\varphi}_j\rangle|$；

(3) 更新索引集：$\boldsymbol{\Lambda}_t=\boldsymbol{\Lambda}_{t-1}\cup\{\mu_t\}$；更新选择原子集合：$\boldsymbol{\Phi}_t=\boldsymbol{\Phi}_{t-1}\cup\{\boldsymbol{\varphi}_{\Lambda_t}\}$；

(4) 最小二乘法求出近似解：$\boldsymbol{x}_t=(\boldsymbol{\Phi}_{\Lambda_t}^{\mathrm{T}}\boldsymbol{\Phi}_{\Lambda_t})^{-1}\boldsymbol{\Phi}_{\Lambda_t}^{\mathrm{T}}\boldsymbol{y}$；

(5) 残差更新为：$\boldsymbol{r}_t=\boldsymbol{y}-\boldsymbol{\Phi}_{\Lambda_t}\boldsymbol{x}_t$；

(6) 判断是否符合迭代停止条件，若 $t\leqslant K$，返回步骤(2)，继续迭代，$t=t+1$；否则迭代停止，$\hat{\boldsymbol{x}}=\boldsymbol{x}_t$，$\boldsymbol{r}=\boldsymbol{r}_t$，输出 $\hat{x}$，r。

14.2.6 OMP、ROMP、CoSaMP、SP、gOMP 算法性能分析

为更深层次地了解前文所述的各算法性能，下面将各个贪婪匹配追踪算法进行 MATLAB 仿真，而后对它们的性能做出分析，本节是从重构成功的百分率进行各个匹配追踪算法的比较。

1. 一维信号

假设原始信号 x 为高斯随机信号，稀疏度 $K=30$，信号长度 $N=256$，观测值数目 $50<M<250$，观测矩阵$\boldsymbol{\Phi}$ 为高斯矩阵。运用上面所述的匹配追踪算法对原始信号进行重建，对于每一个观测值 M 重复迭代运行 1000 次，计算其精确重构概率，仿真结果如图 14.1 所示。

由图 14.1 可知，稀疏度一定时，随着测量数目 M 的增大，各个算法的重构性能是不断提高的。除了 ROMP 算法，其他算法的表现都相对比较稳定，其中 SP 算法、CoSaMP 算法、gOMP($S=6$)、gOMP($S=10$)在测量数目 M 较少的情况下重建恢复率较高，比 OMP 算法、gOMP($S=1$)算法略好一些，而 SP 算法、gOMP($S=6$)具有更好的重构性能。当测量数目慢慢增加时，ROMP 算法的恢复率也呈线性趋势增加。因此，SP 算法、CoSaMP 算法、gOMP($S=6$)算法的共同优势在于对进行信号重构时所需的观测次数比较少。另外，SP 算法和 CoSaMP 算法从本质上来说差别就很小，重构性能自然差不多，表现出这种情况在理论上也是说得通的。gOMP($S=1$)算法之所以与 OMP 算法接近重合，是因为当取 $S=1$ 时，意味着每次迭代选出与残差信号匹配度最大的一个原子，那么就跟 OMP 算法一样，这样一来就会表现出两个算法的性能曲线重合特性。

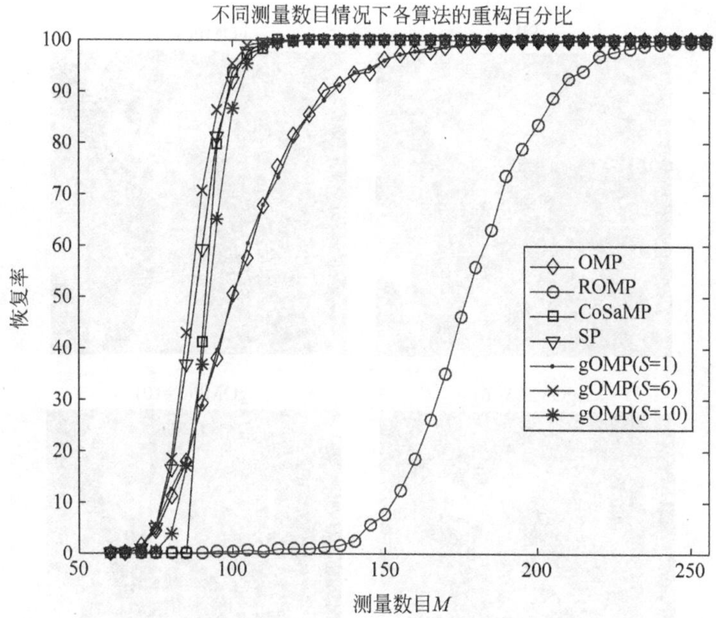

图 14.1 匹配追踪类算法比较

2. 二维图像

以 MATLAB 环境作为实验仿真平台，用 256×256 的 Lena 图像和 beautiful 图像作为实验对象，小波基(DWT)作为稀疏矩阵，用高斯随机矩阵作为观测矩阵，稀疏度为 $M/4$。图 14.2、图 14.3 给出了采样率为 $M/N=0.5$ 时各种经典贪婪算法的重构结果图。

1) Lena 图像

图 14.2 各算法 Lena 图像恢复效果图

图 14.2 （续）

2）beautiful 图像

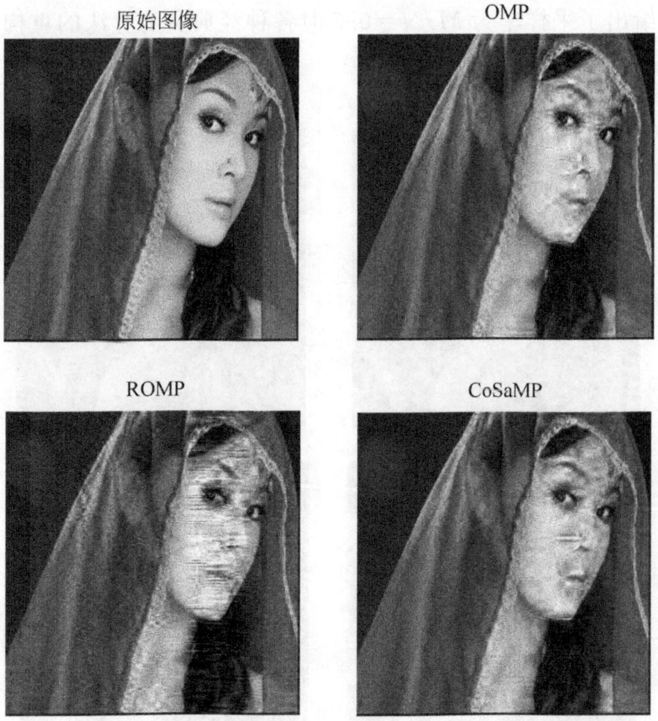

图 14.3　各算法 beautiful 图像恢复效果图

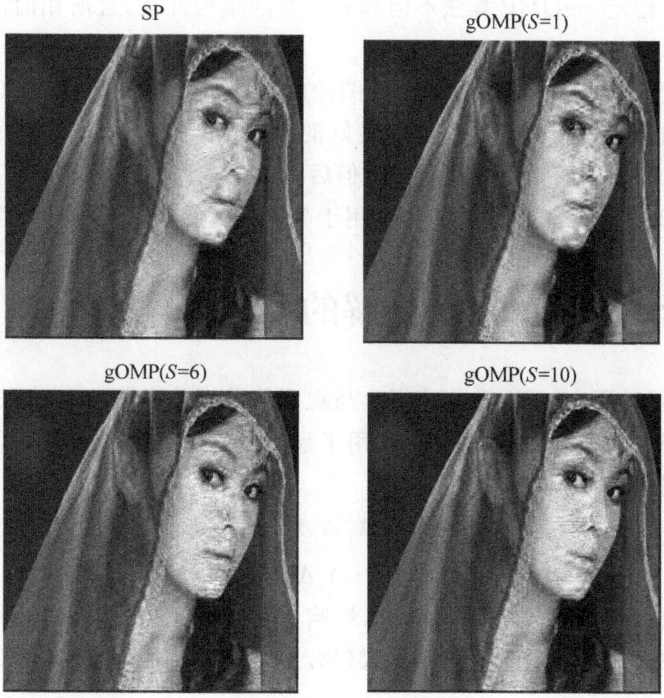

图 14.3 （续）

从图中可以看出，各图像均有着很好的恢复质量，重建图像和原始图像都很接近。为了更直观地分析各算法的性能，表 14-1、表 14-2 分别给出了两幅图像在采样率 $M/N=0.5$ 时，各个算法下的峰值信噪比（PSNR）、相对误差（Relative_error）和运行时间的具体数据。

表 14-1　Lena 图像下各算法性能数据对比表

性能 算法	OMP	ROMP	CoSaMP	SP	gOMP ($S=1$)	gOMP ($S=6$)	gOMP ($S=10$)
PSNR/dB	27.88	23.92	26.93	27.87	27.80	28.01	28.30
相对误差	0.093	0.146	0.105	0.093	0.094	0.091	0.088
运行 t/s	76.95	62.01	56.68	38.07	25.81	18.67	8.921

表 14-2　beautiful 图像各算法性能数据对比表

性能 算法	OMP	ROMP	CoSaMP	SP	gOMP ($S=1$)	gOMP ($S=6$)	gOMP ($S=10$)
PSNR/dB	28.83	25.49	28.49	28.58	28.69	28.23	28.74
相对误差	0.068	0.100	0.072	0.070	0.069	0.073	0.069
运行 t/s	80.25	64.03	58.17	38.78	26.40	18.90	9.016

对于两幅二维图像的恢复情况，从上述表中数据可知，在压缩比为 $M/N=0.5$ 时，各算法的峰值信噪比都达到了 25dB 以上，而 CoSaMP 算法和 SP 算法的性能处于中间水平。虽说 OMP 算法恢复效果也很好，但运行时间都比其他算法所用时间长，而且与 gOMP 算法

相比，重构质量不稳定。gOMP 算法不但具有较好的重构性能，且所用时间也较短，并保持很好的重构稳定性。

综合上述各种算法对一维信号和二维图像的实验仿真结果，可知：gOMP 算法是同时兼顾恢复质量、重构速度和误差的稳定性最好的算法，其中 gOMP($S=10$)效果最好，用时最短；其次，CoSaMP 和 SP 算法性能相近，但后者的重构误差和运行 t 都比较短；OMP 算法重构性能好但时间较长；ROMP 算法适用于高采样率的情况，低采样率时性能最差。

14.3 基于 Householder 分解的改进算法

信号重构恢复过程中，每次迭代选择出与观测信号相关度最大的原子之后，对新扩充矩阵(每次迭代选择出的原子集合)的处理运用了最小二乘法，更新残差时需要对扩充矩阵，即支撑集做以下步骤：

$$\boldsymbol{\Lambda}=(\boldsymbol{A}_t^{\mathrm{T}}\boldsymbol{A}_t)^{-1}\boldsymbol{A}_t\boldsymbol{y} \tag{14.1}$$

$$\boldsymbol{r}=\boldsymbol{y}-\boldsymbol{A}_t\boldsymbol{\Lambda} \tag{14.2}$$

由于每次迭代都需要进行庞大的计算，影响了信号恢复速度，如果在此步骤上将新扩充矩阵进行 Householder 分解，进一步简化式(14.1)，可能从整体上来提高 OMP 算法的重构性能。

14.3.1 Householder 变换

定理 1：设两个不相等的 n 维向量 $\boldsymbol{x}$、$\boldsymbol{y}$，$\boldsymbol{x}$ 不等于 $\boldsymbol{y}$，但 $\|\boldsymbol{x}\|_2=\|\boldsymbol{y}\|_2$，则存在初等反射阵(Householder 阵)，$\|\cdot\|_2$ 表示范数。

$$H=I-2VV' \tag{14.3}$$

使 $Hx=y$，其中 $v=\dfrac{x-y}{\|x-y\|_2}$。

性质：H 具有正交性、对称性

定理 2：矩阵 $\boldsymbol{A}$，大小 $M\times N$，存在正交矩阵 $\boldsymbol{H}$，使得 $\boldsymbol{HA}=\boldsymbol{T}$ 为上三角矩阵。形如 $\boldsymbol{Ax}=\boldsymbol{y}$，估计 $\boldsymbol{x}$，则 $\boldsymbol{x}=T\backslash(H\backslash\boldsymbol{y})$，简化公式，使运算简便。

14.3.2 改进算法(HOMP)的原理及步骤

上面简单提到了重构算法中涉及应用最小二乘法求解被估参数，公式为

$$\hat{\theta}=[\boldsymbol{A}^{\mathrm{T}}\boldsymbol{A}]^{-1}\boldsymbol{A}^{\mathrm{T}}\boldsymbol{y}\quad(\det[\boldsymbol{A}^{\mathrm{T}}\boldsymbol{A}]\neq 0) \tag{14.4}$$

须求矩阵的逆，如果这个矩阵为病态阵，即 $\det[\boldsymbol{A}^{\mathrm{T}}\boldsymbol{A}]\approx 0$，采用上式就不行，会出现很大误差。若采用 Householder 变换，就能够回避这个求逆过程，不但简化公式，节省一定的运行时间，而且能够在病态矩阵的情况下保证解的稳定性和精确性[126]。

此处，如下式

$$\boldsymbol{A}\theta=\boldsymbol{y} \tag{14.5}$$

若对于任一列向量，都会存在一个初等 $\boldsymbol{H}$ 矩阵，则将上式中矩阵 $\boldsymbol{A}$ 的 N 列依次进行

Householder 变换，就会存在多个初等 $\boldsymbol{H}$ 矩阵。其中，H_j 为 n 次变换的各个初等矩阵（$j=1,2,\cdots,n$），它们组成一起就得到了整个 Householder 变换阵，即

$$\boldsymbol{H}=H_nH_{n-1}\cdots H_1 \tag{14.6}$$

式(14.5)的左边变换后会得到一个上三角矩阵 $\boldsymbol{R}$，右边 $\boldsymbol{y}$ 经过变换会得到另一列向量，进而得到下式：

$$\boldsymbol{R}\theta=\boldsymbol{y}' \tag{14.7}$$

这样，就能求出 θ 的估计值。

改进算法 HOMP 的具体算法的步骤如下：

输入：稀疏度 K、观测矩阵 $\boldsymbol{\Phi}$、观测值 $\boldsymbol{y}$

输出：重构信号 $\hat{\boldsymbol{x}}$，残差 $\boldsymbol{r}$

(1) 初始化：残差 $\boldsymbol{r}_0=\boldsymbol{y}$，索引集 $\boldsymbol{\Lambda}_0=\phi$，迭代次数 $t=1$；

(2) 找出与残差 $\boldsymbol{r}_{t-1}$ 最匹配的 L 个原子的索引集合 μ_t：$\mu_t=\max\limits_j|\langle r_{t-1},\varphi_j\rangle|$；

(3) 更新索引集：$\boldsymbol{\Lambda}_t=\boldsymbol{\Lambda}_{t-1}\cup\{\mu_t\}$；更新选择原子支撑集：$\boldsymbol{\Phi}_t=\boldsymbol{\Phi}_{t-1}\cup\{\boldsymbol{\varphi}_{\Lambda_t}\}$；

(4) 对支撑集进行 Householder 分解，求解估计 $\hat{x}_t=\boldsymbol{R}^{-1}\boldsymbol{H}^{\mathrm{T}}\boldsymbol{y}$，其中会得到一个正交矩阵 $\boldsymbol{H}$ 和一个上三角矩阵 $\boldsymbol{R}$；

(5) 残差更新为：$\boldsymbol{r}_t=\boldsymbol{y}-\boldsymbol{\Phi}_{\Lambda_t}\hat{\boldsymbol{x}}_t$；

(6) 判断是否符合迭代停止条件，当 $t>K$ 时，迭代停止，$\hat{\boldsymbol{x}}=\boldsymbol{x}_t$，$\boldsymbol{r}=\boldsymbol{r}_t$，输出 $\hat{\boldsymbol{x}}$，$\boldsymbol{r}$；否则 $r=t+1$，返回步骤(2)，继续迭代。

14.3.3 HOMP 算法仿真实验分析

本节中，利用 MATLAB 2016a 平台对 HOMP 算法的性能进行测试。

实验一：选取原始信号 x，长度为 $N=256$ 的高斯随机信号，将其进行稀疏化，测量数 $M=128$，稀疏度 $K=30$，观测矩阵为高斯随机矩阵。重建效果图如图 14.4 所示。

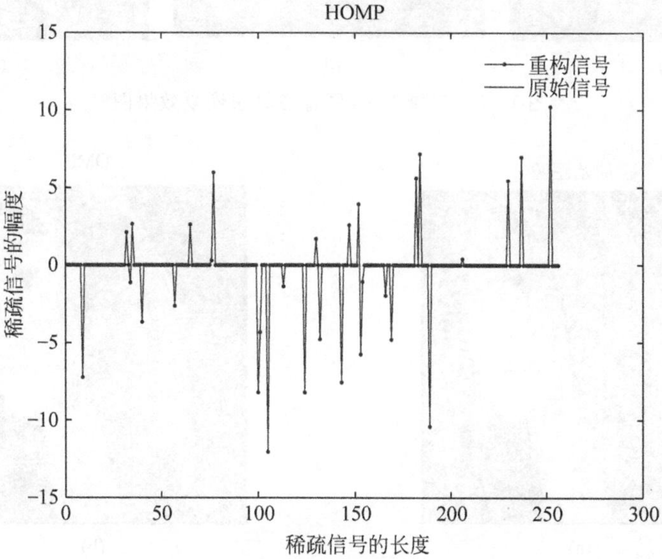

图 14.4　一维高斯随机信号重构图

上述所示的仿真图表明原始信号和重构信号重合，说明 HOMP 算法有着很高的重建质量，并且仿真时间都在毫秒级，也说明具有很高的重建效率。

实验二：依然取高斯随机信号，采样率取为 $M/N=0.7$，是本书 14.2.6 节已经给出各算法在采样率为 0.5 时恢复情况。为进一步了解改进算法的性能优劣，这里对 3 种算法与改进算法在有无高斯白噪声两种条件下二维图像的恢复情况进行比较分析。同第 13 章中所用的 4 种图像一样，将它们作为仿真实验对象。仿真效果图如下。

（1）无噪声情况（图 14.5～图 14.8）。

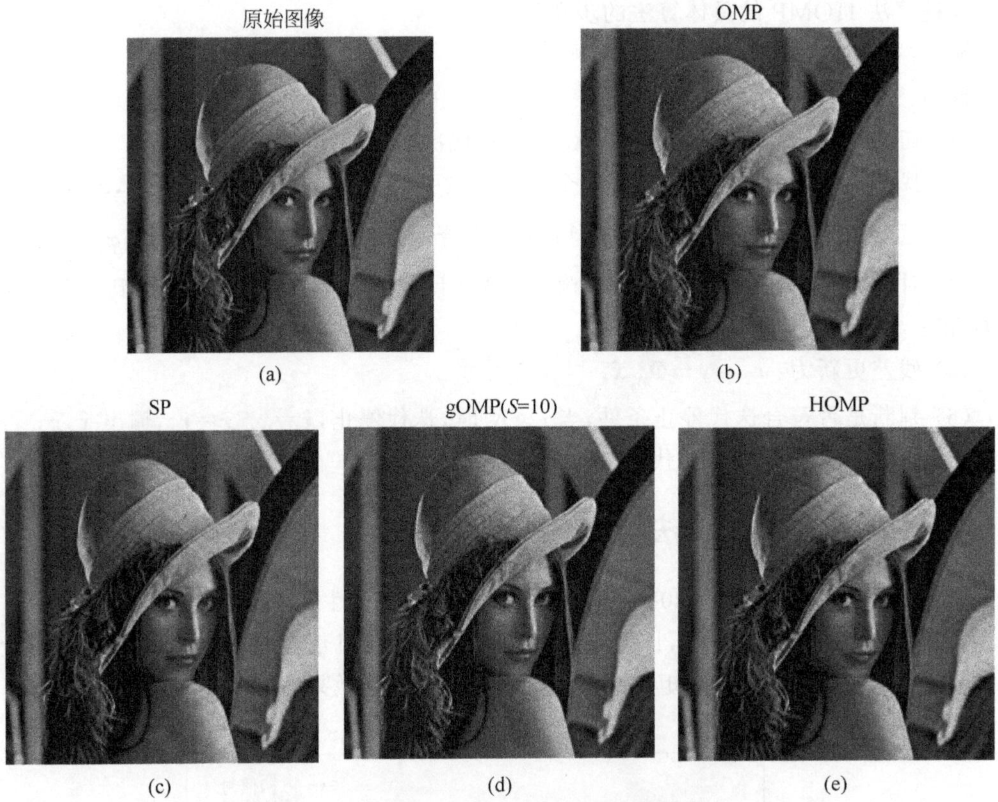

图 14.5　二维 Lena 图像各算法恢复效果图

图 14.6　二维 beautiful 图像各算法恢复效果图

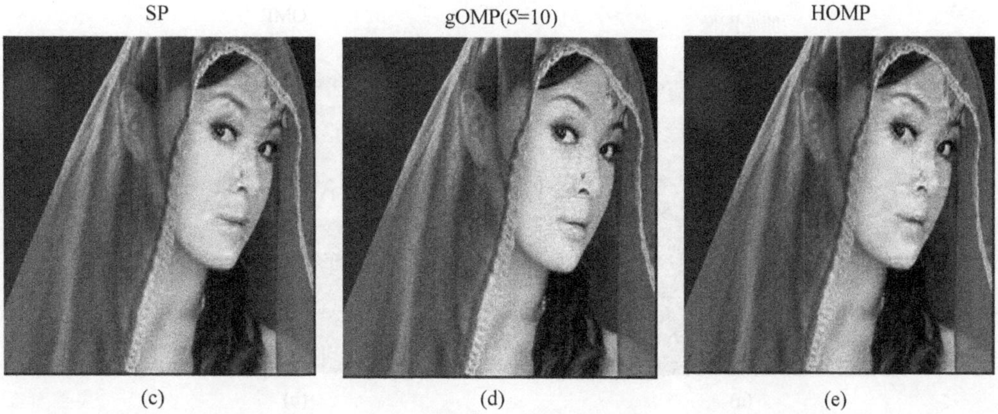

图 14.6 （续）

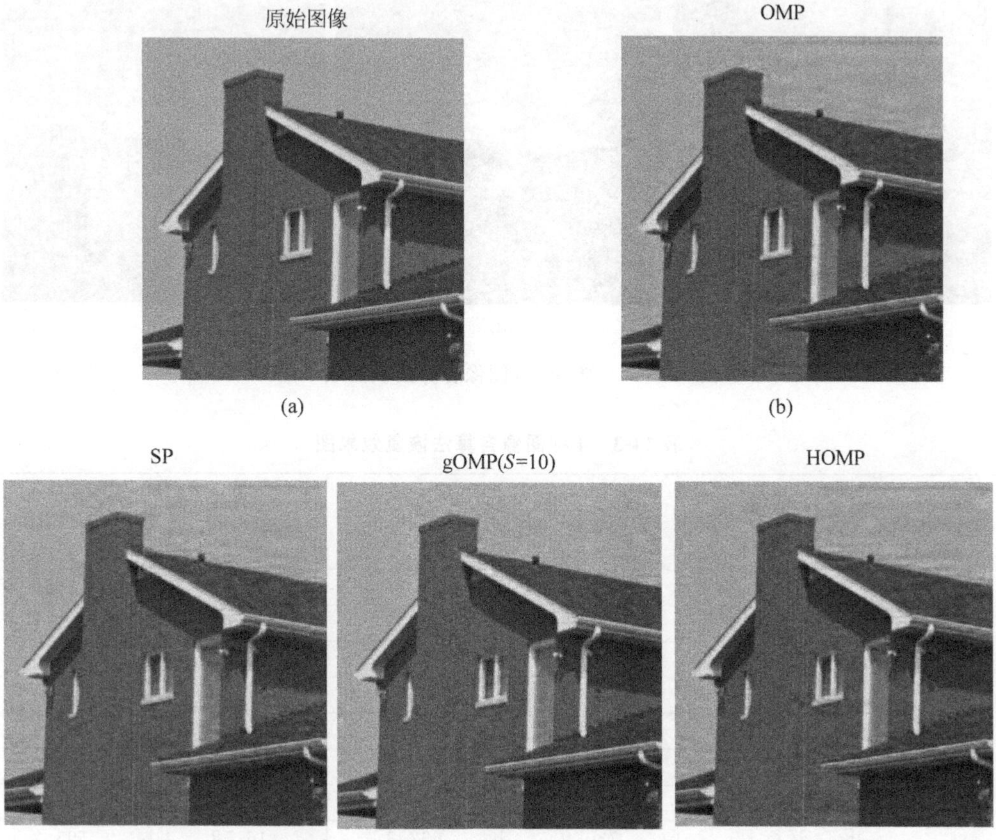

图 14.7 二维 house 图像各算法恢复效果图

直观上来看，图 14.5～图 14.8 中各算法的重构效果都很好，均能完整地恢复出原始图像，几种算法没有明显的优劣差别。由于重构图像的具体细节不能直观地凭肉眼看出，为更清楚地了解新算法的重构性能，表 14-3 给出了相应的数据值。

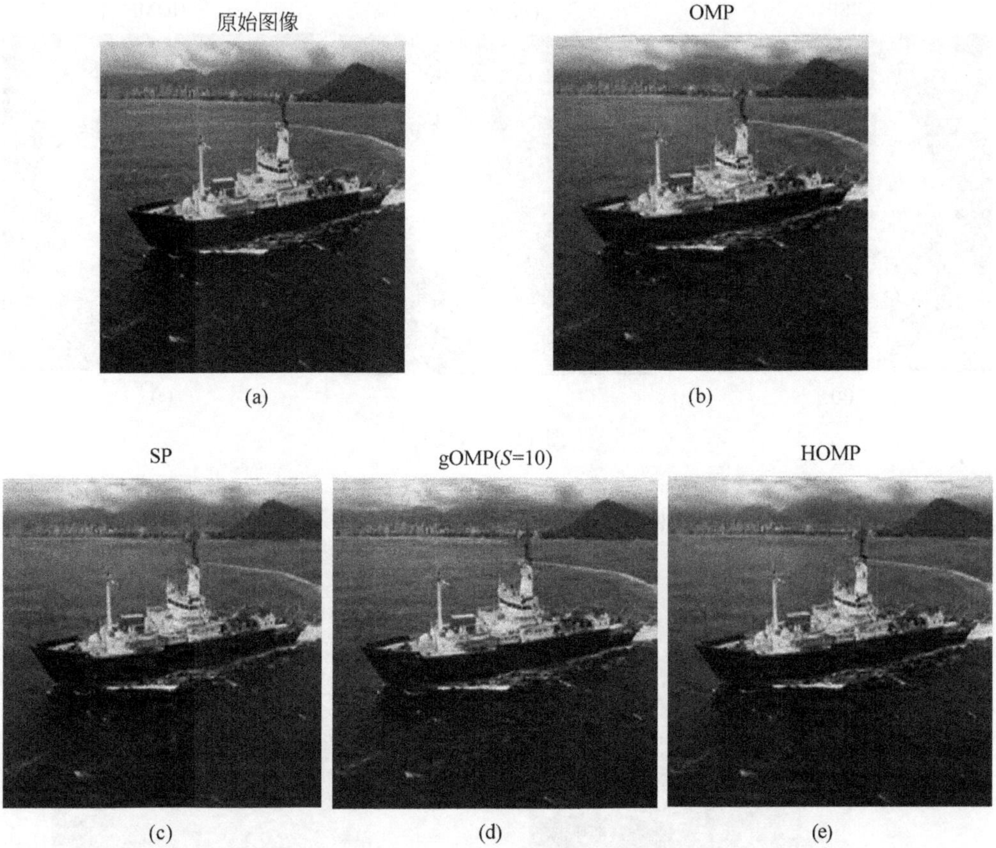

图 14.8 二维 barco 图像各算法恢复效果图

表 14-3 4 种图像各算法恢复效果图

4 种图像	性能 算法	OMP	SP	gOMP ($S=10$)	HOMP
Lena	PSNR/dB	32.24	32.37	32.99	32.19
	运行 t/s	793.6	697.5	16.41	652.1
beautiful	PSNR/dB	33.56	33.44	34.84	33.56
	运行 t/s	723.9	631.9	17.59	590.5
house	PSNR/dB	33.21	33.18	34.67	32.93
	运行 t/s	719.1	620.2	23.92	575.5
barco	PSNR/dB	30.41	30.60	32.20	30.42
	运行 t/s	730.9	637.3	16.58	595.2

从表 14-3 数据可知，对于 beautiful 图像，OMP 算法与 HOMP 算法的重构性能一致；对于 barco 图像，前者略低于后者；对于 Lena 图像和 house 图像，前者略高于后者，但运行时间 HOMP 算法明显比 OMP 算法较短，重构速度快。针对 SP 算法，除了 beautiful 图像下 PSNR 值低于 HOMP 算法，其他图像下都是高于后者。兼顾重构效果和运行时间的情况下，gOMP($S=10$)算法是呈现效果最好的一个。

上述结果表明：新设计的算法 HOMP 在能够达到与 OMP、SP 算法相接近的重构效果外，节省了运行时间，提高了重建效率；但相比于 gOMP（$S=10$）算法，它也有着一定的差距。

（2）加入均值为 0，方差为 0.01 的高斯白噪声恢复情况（图 14.9～图 14.12）。

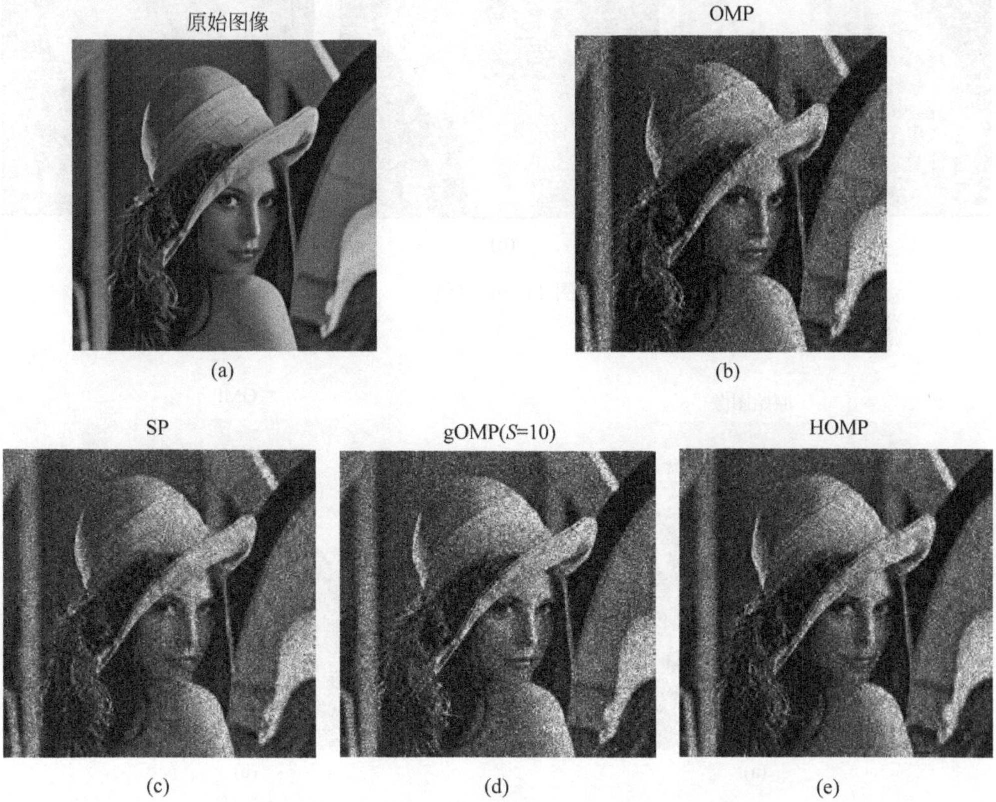

图 14.9 二维 Lena 图像各算法恢复效果图

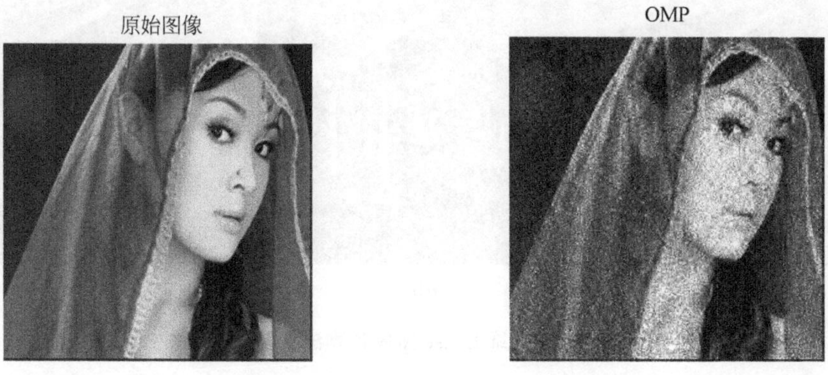

图 14.10 二维 beautiful 图像各算法恢复效果图

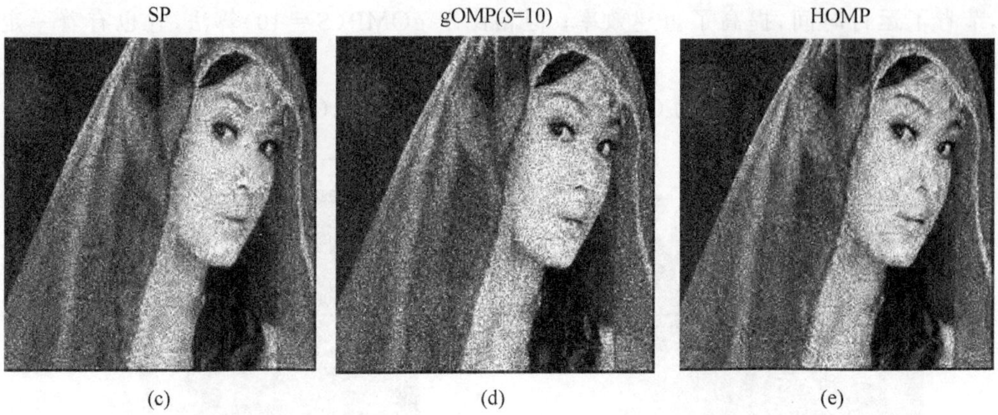

图 14.10 （续）

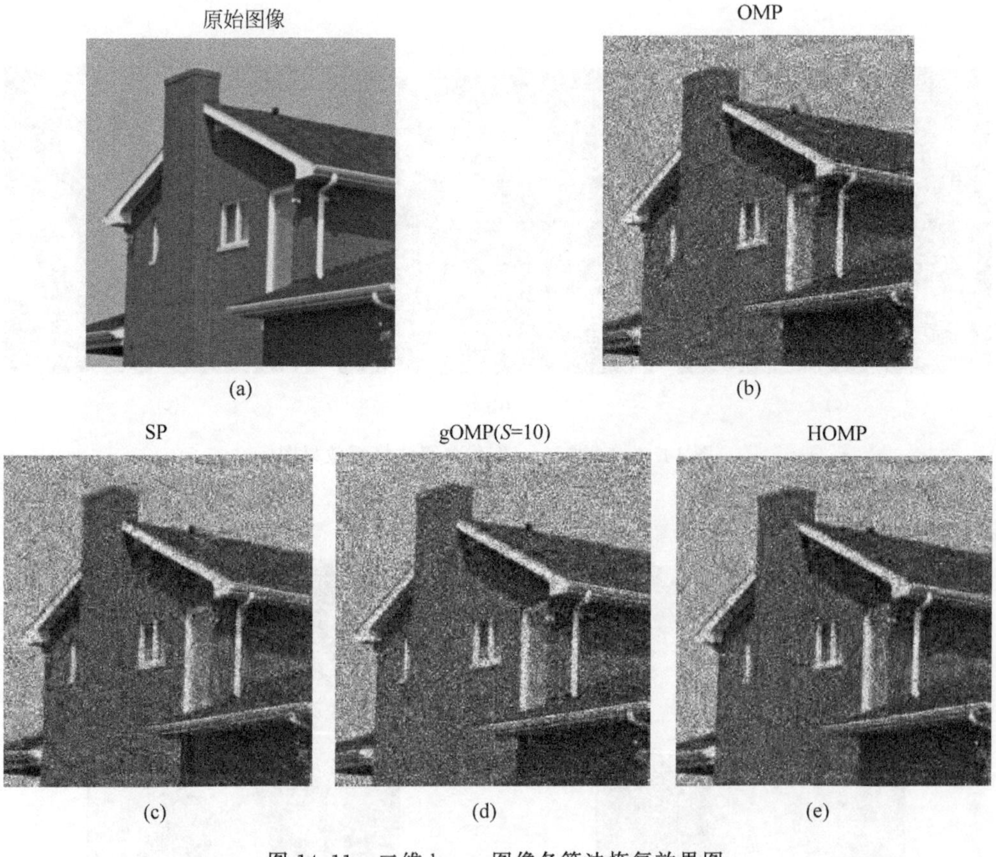

图 14.11 二维 house 图像各算法恢复效果图

图 14.9～图 14.12 中，各算法的重构效果很难确定，不能明显地观察出性能。同样，给出了相应的数据值，如表 14-4 所示。

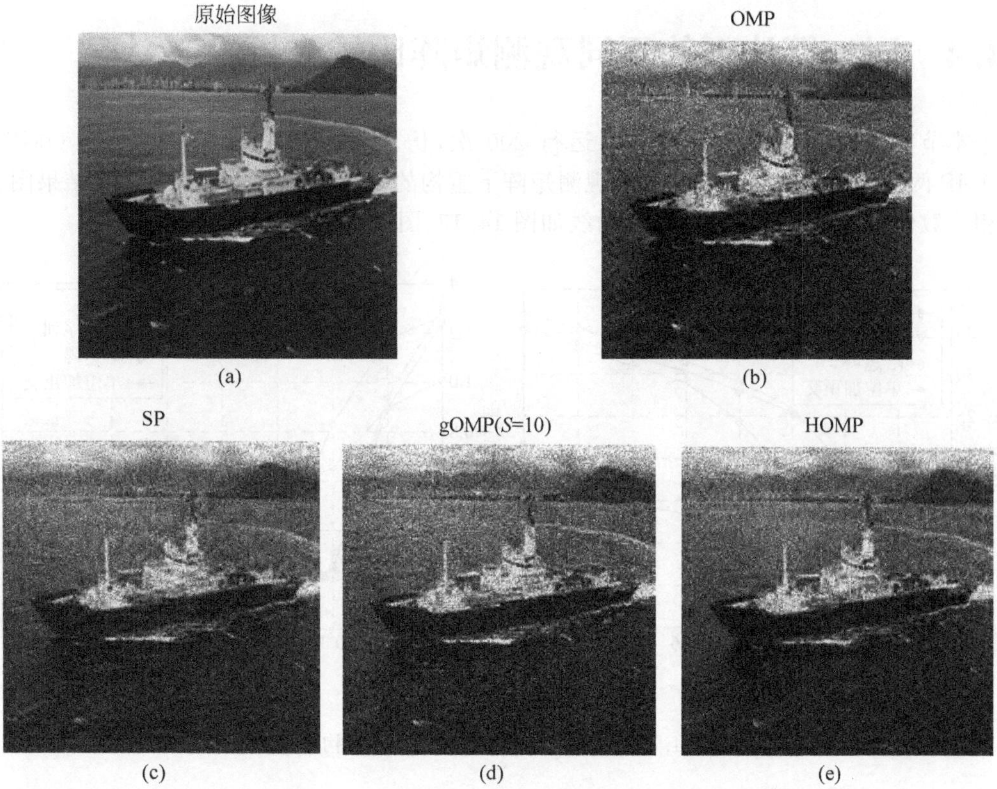

图 14.12 二维 barco 图像各算法恢复效果图

表 14-4 4 种图像各算法恢复效果图

4 种图像	性能 算法	OMP	SP	gOMP ($S=10$)	HOMP
Lena	PSNR/dB	19.75	19.90	19.52	19.69
	运行 t/s	659.8	637.2	14.73	595.8
beautiful	PSNR/dB	19.89	20.06	19.87	19.84
	运行 t/s	671.8	647.2	16.25	603.7
house	PSNR/dB	19.79	20.00	19.77	19.78
	运行 t/s	659.2	635.4	14.66	588.6
barco	PSNR/dB	19.90	20.01	19.85	19.87
	运行 t/s	669.6	646.01	14.62	601.6

由表 14-4 显示数据可知：4 种图像下，OMP 和 SP 算法比 HOMP 算法的重构性能略好，但 HOMP 算法的运行时间 t 略短；gOMP($S=10$)算法在 beautiful 图像下的 PSNR 值比 HOMP 稍微大之外，其他 3 种图像下的值都小于后者。

实验结果表明：不管信号有无噪声，HOMP 算法虽然没有 gOMP($S=10$)算法的整体效果好，但总体性能是不错的，重构效果能够与 OMP、SP 相匹敌，并且节约时间。

14.4 同一算法下的不同观测矩阵比较分析

本节实验是将相应的程序分别运行 200 次，仿真对象为 Lena 图像，采用 OMP 和 HOMP 两种算法。本节只观察 4 种观测矩阵下重构的 PSNR 值和相对误差曲线结果图，其中相应数值都是计算的均值。相应曲线如图 14.13、图 14.14 所示。

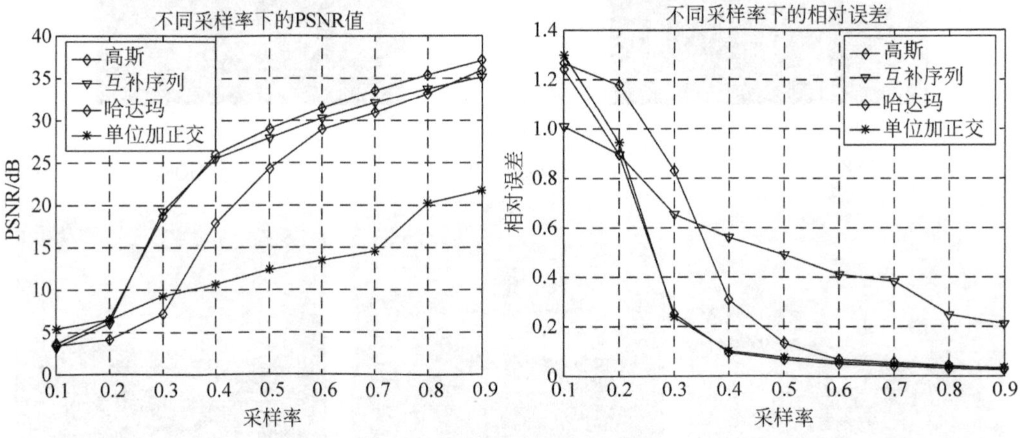

(a) (b)

图 14.13　OMP 算法下各观测矩阵重构情况

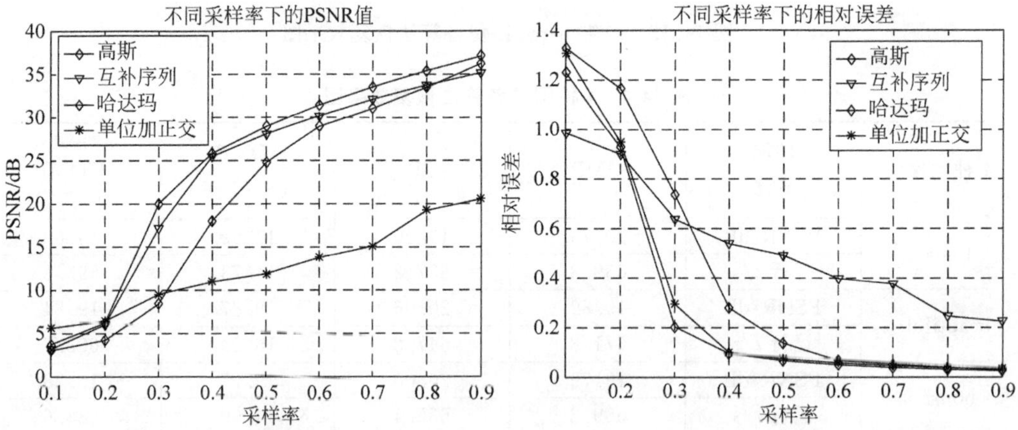

(a) (b)

图 14.14　HOMP 算法下各观测矩阵重构情况

为便于评判分析，将采样率为 0.3～0.9 的相关数据记录下来，如表 14-5～表 14-8 所示。

表 14-5　OMP 算法下峰值信噪比（PSNR）和压缩比 *M*/*N* 之间的关系

观测矩阵压缩比	0.3	0.4	0.5	0.6	0.7	0.8	0.9
高斯矩阵/dB	18.73	26.01	29.03	31.46	33.53	35.40	37.10
哈达玛/dB	7.208	17.86	24.34	28.93	30.92	33.15	35.98
互补序列/dB	19.35	25.53	27.94	30.27	32.13	33.75	35.16
单位加正交/dB	9.287	10.67	12.36	13.46	14.55	20.25	21.73

表 14-6　OMP 算法下相对误差(R_error)和压缩比 M/N 之间的关系

观测矩阵压缩比	0.3	0.4	0.5	0.6	0.7	0.8	0.9
高斯矩阵	0.251	0.094	0.067	0.050	0.039	0.032	0.026
哈达玛	0.830	0.306	0.133	0.068	0.053	0.042	0.030
互补序列	0.238	0.099	0.076	0.058	0.046	0.038	0.032
单位加正交	0.654	0.561	0.491	0.411	0.382	0.248	0.212

表 14-7　HOMP 算法下峰值信噪比(PSNR)和压缩比 M/N 之间的关系

观测矩阵压缩比	0.3	0.4	0.5	0.6	0.7	0.8	0.9
高斯矩阵/dB	20.04	25.85	28.93	31.44	33.53	35.43	38.84
哈达玛/dB	8.417	18.06	24.76	28.93	31.03	33.51	37.07
互补序列/dB	17.22	25.49	28.08	30.18	32.10	33.77	35.00
单位加正交/dB	9.533	10.96	11.88	13.76	15.10	19.24	21.19

表 14-8　HOMP 算法下相对误差(R_error)和压缩比 M/N 之间的关系

观测矩阵压缩比	0.3	0.4	0.5	0.6	0.7	0.8	0.9
高斯矩阵	0.204	0.096	0.067	0.050	0.039	0.032	0.010
哈达玛	0.737	0.279	0.137	0.067	0.053	0.039	0.011
互补序列	0.295	0.100	0.074	0.058	0.047	0.038	0.013
单位加正交	0.638	0.539	0.492	0.397	0.376	0.245	0.089

从表 14-5 和表 14-6 可以看出，4 种观测矩阵下的重构质量随着 M/N 的增大而逐渐增加。压缩比 M/N 较小时，PSNR 值较小，重构质量较差。当压缩比 M/N 达到 0.4 时，高斯矩阵、互补序列下的 PSNR 值高于哈达玛、单位加随机，重构质量变好。

同样，从表 14-7 和表 14-8 可以看出，4 种观测矩阵下的重构质量随着压缩比 M/N 的增大而逐渐增加，相对误差逐渐变小。总的来说，在压缩比较小的情况下，重构质量较差，得不到正确的重构结果。当压缩比 M/N 达到 0.4 时，除了单位加正交、哈达玛，高斯、互补序列下的 PSNR 值在 25dB 以上，表明此时的重构质量已有着明显的改善。

综上所述，采用相同的重构算法，高斯矩阵下的重构精度信噪比整体要好于确定性测量矩阵。另外，互补序列的重构精度信噪比高于哈达玛和单位加正交，由于高斯矩阵具有随机性，硬件难以实现。

14.5　同一观测矩阵下的 OMP 与 HOMP 算法分析

从前面章节可知，同一算法下互补序列作为观测矩阵时重构效果较好，由于 HOMP 算法是在 OMP 算法的基础上进行改进的，因此，本节就用互补序列作为观测矩阵，来比较两种算法的重构性能。同样，程序分别运行 200 次所得结果，具体参照表 14-9 和表 14-10。

表 14-9 各算法下峰值信噪比(PSNR)和压缩比 M/N 之间的关系

测矩阵压缩比	0.3	0.4	0.5	0.6	0.7	0.8	0.9
OMP/dB	28.07	28.09	28.17	28.16	28.03	28.11	28.00
HOMP/dB	28.08	28.16	28.04	28.11	28.11	28.15	28.03

表 14-10 各算法下相对误差(R_error)和压缩比 M/N 之间的关系

观测矩阵压缩比	0.3	0.4	0.5	0.6	0.7	0.8	0.9
OMP	0.075	0.074	0.074	0.073	0.075	0.074	0.075
HOMP	0.074	0.073	0.075	0.074	0.074	0.073	0.074

上述结果是四舍五入后保留的 4 位有效数字,有些数据是相同的,但这并不影响对比两种算法的性能。当采样率 M/N 取值为 0.5、0.6 时,OMP 算法比 HOMP 算法重构质量略优,当采样率 $M/N \geqslant 0.7$ 时,HOMP 算法的重构效果偏好一点。

综合第 13 章中的表 13-3 和表 14-9、表 14-10 数据可知,HOMP 算法虽然在某些采样率下重构效果不是很好,达到的重建性能占中间水平,但其重构时间较传统算法占优势。

14.6 本章小结

本章简述几种经典的匹配追踪类算法以及实现的具体步骤,介绍了 Householder 分解以及与 OMP 算法相结合改进的 HOMP 新算法。然后将前面所涉及的 4 种观测矩阵分别在 OMP 和 HOMP 算法下进行分析比较各个矩阵的优劣性,仿真结果表明互补序列有着较好的结果。最后将互补序列和 OMP、HOMP 算法结合观察性能仿真结果,其中 HOMP 算法表现出了其优越性,为以后 5G 移动通信系统中信号重构算法的设计工作提供了一个很好的研究方向。

参考文献

[1] 庄铭杰，郭东辉. 移动通信中无线信道特性的研究[J]. 电讯技术，2004，44(5)：35-40.

[2] 逯静辉. 高速铁路无线信道特性研究[D]. 北京：北京交通大学，2013.

[3] LEE W C. Mobile Communications Engineering[M]. McGraw-Hill，1982.

[4] RAMO S，WHINNERY J R，van DUZER T. Fields and waves in communication electronics[M]. John Wiley，1965.

[5] 张业荣，竺南直，程勇. 蜂窝移动通信网络规划与优化[M]. 北京：电子工业出版社，2003.

[6] 陆琦. 无线通信衰落信道的实现[D]. 大连：大连海事大学，2007.

[7] 陈技江. MIMO 空分多址理论的应用研究[D]. 南京：南京邮电大学，2013.

[8] Ikuno J C，Wrulich M，Rupp M. System Level Simulation of LTE Networks[C]//Vehicular Technology Conference，IEEE，2010：1-5.

[9] 曹捷，付璐，朱守正. MIMO 系统的传播环境对分集方式的影响[C]//全国微波毫米波会议，2015.

[10] Tarokh V，Seshadri N，Calderbank A R. Space-time codes for high data rate wireless communication：performance criterion and code construction[J]. IEEE Transactions on Information Theory，1998，44(2)：744-765.

[11] 王鹏. MIMO 系统中若干关键技术的研究[D]. 北京：北京邮电大学，2006.

[12] Yuen C，Guan Y L，Tjhung T T. Quasi-Orthogonal Space-Time Block Code[J]. IEEE Transactions on Communications，2007，58(6)：1605-1609.

[13] Li Y，Xia X G. A Family of Distributed Space-Time Trellis Codes With Asynchronous Cooperative Diversity[J]. IEEE Transactions on Communications，2007，55(4)：790-800.

[14] Vucetic B，Yuan J H，武切蒂奇，等. 空时编码技术[M]. 北京：机械工业出版社，2004.

[15] 查光明，熊贤祚. 扩频通信[M]. 西安：西安电子科技大学出版社，2000.

[16] 樊昌信，曹丽娜. 通信原理[M]. 北京：国防工业出版社，2012.

[17] 张辉，曹丽娜. 现代通信原理与技术[M]. 西安：西安电子科技大学出版社，2013.

[18] 石云墀. 中频解扩数字接收机设计[D]. 上海：上海交通大学，2005.

[19] 张邦宁，魏安全，郭道省. 通信抗干扰技术[M]. 北京：机械工业出版社，2006.

[20] 暴宇，李新民. 扩频通信技术及应用[M]. 西安：西安电子科技大学出版社，2011.

[21] 王守亚. 直接序列扩频通信系统伪码同步技术的研究[D]. 合肥：合肥工业大学，2013.

[22] 陶崇强，杨全，袁晓. m 序列、Gold 序列和正交 Gold 序列的扩频通信系统仿真研究[J]. 电子设计工程，2012，20(18)：148-150.

[23] Golay M J. Multi-slit spectrometry[J]. J. Opt. Soc. Am.，1949，39(6)：437-444.

[24] Golay M J E. Static Multislit Spectrometry and Its Application to the Panoramic Display of Infrared Spectra[J]. Journal of the Optical Society of America，1951，41(7)：468-472.

[25] Torii H. Quadriphase M-ary CDMA Signal Design without Co-Channel Interference for Approximately Synchronized Mobile Systems[C]// Computers and Communications，1998. ISCC'98. Proceedings，Third IEEE Symposium on IEEE，1998：110-114.

[26] LI S F，CHEN J，ZHZNG L Q，et al. Construction of quadri-phase complete complementary pairs applied in MIMO radar systems[C]//International Conference on Signal Processing，IEEE，2008：2298-2301.

[27] Tseng C C，Liu C. Complementary sets of sequences[J]. IEEE Transactions on Information Theory，

1972,18(5): 644-652.

[28] Yunfeng Z, Shufeng L, Libiao J, et al. A method research for generating complete complementary sequences[C]//Software Engineering and Service Science (ICSESS), 2015 6th IEEE International Conference on IEEE, 2015: 923-926.

[29] Alavi S E, Amiri I S, Idrus S M, et al. All-Optical OFDM Generation for IEEE 802. 11a Based on Soliton Carriers Using Microring Resonators[J]. IEEE Photonics Journal, 2014, 6(1): 1-9.

[30] Moffatt C, Mattsson A. Computationally Efficient IFFT/FFT Approximations for OFDM[C]// Military Communications Conference, 2007, Milcom, IEEE, 2007: 1-7.

[31] Li S, Zhang Y, Jin L. Spread spectrum communication system performance analysis based on the complete complementary sequence[C]//International Conference on Electronics Information and Emergency Communication, IEEE, 2015: 80-83.

[32] Han C, Suehiro N, Hashimoto T. A Systematic Framework for the Construction of Optimal Complete Complementary Codes[J]. IEEE Transactions on Information Theory, 2010, 57(9): 6033-6042.

[33] Han S, Venkatesan R, Chen H H, et al. A Complete Complementary Coded MIMO System and Its Performance in Multipath Channels[J]. Wireless Communications Letters IEEE, 2014, 3(2): 181-184.

[34] Lozano A, Tulino A M, Capacity of multiple-transmit multiple-receive antenna architectures[J]. IEEE Transactions on Information Theory, 2002, 48(12): 3117-3128.

[35] Akdeniz M R, et al. Millimeter Wave Channel Modeling and Cellular Capacity Evaluation[J]. IEEE Journal on Selected Areas in Communications, 2014, 32(6): 1164-1179.

[36] Donoho D L, Compressed sensing[J]. IEEE Transactions on Information Theory, 2006, 52(4): 1289-1306.

[37] Choi J W, Shim B, Ding Y, et al. Compressed Sensing for Wireless Communications: Useful Tips and Tricks[J]. IEEE Communications Surveys & Tutorials, 2017, 19(3): 1527-1550.

[38] Fan D et al. Angle Domain Channel Estimation in Hybrid Millimeter Wave Massive MIMO Systems [J]. IEEE Transactions on Wireless Communications, 2018, 17(12): 8165-8179.

[39] Gao X, Dai L, Zhang Y, et al. Fast Channel Tracking for Terahertz Beamspace Massive MIMO Systems[J]. IEEE Transactions on Vehicular Technology, 2017, 66(7): 5689-5696.

[40] Nayebi E, Rao B D. Semi-blind Channel Estimation for Multiuser Massive MIMO Systems[J]. IEEE Transactions on Signal Processing, 2018, 66(2): 540-553.

[41] Ghavami K, Naraghi-Pour M. Blind Channel Estimation and Symbol Detection for Multi-Cell Massive MIMO Systems by Expectation Propagation[J]. IEEE Transactions on Wireless Communications, 2018, 17(2): 943-954.

[42] Pickholtz R, Schilling D. Milstein L. Theory of Spread-Spectrum Communications-A Tutorial[J]. IEEE Transactions on Communications, 1982, 30(5): 855-884.

[43] Mowla M M, Ahmad I, Habibi D, et al. A Green Communication Model for 5G Systems[J]. IEEE Transactions on Green Communications and Networking, 2017, 1(3): 264-280.

[44] He X, Song R, Zhu W. Pilot Allocation for Distributed-Compressed-Sensing-Based Sparse Channel Estimation in MIMO-OFDM Systems[J]. IEEE Transactions on Vehicular Technology, 2016, 65(5): 2990-3004.

[45] Telatar E. Capacity of Multi-antenna Gaussian Channels[J]. European Transactions on Telecommunications, 1999, 10(6): 585-595.

[46] Marzetta T L. Noncooperative Cellular Wireless with Unlimited Numbers of Base Station Antennas [J]. IEEE Transactions on Wireless Communications, 2010, 9(11): 3590-3600.

[47] Nam Y, et al. Full-dimension MIMO (FD-MIMO) for next generation cellular technology[J]. IEEE Communications Magazine, 2013, 51(6): 172-179.

[48] Bjornson E, Zetterberg P, Bengtsson M, et al. Capacity Limits and Multiplexing Gains of MIMO Channels with Transceiver Impairments[J]. IEEE Communications Letters, 2013, 17(1): 91-94.

[49] Alkhateeb A, El Ayach O, Leus G, et al. Channel Estimation and Hybrid Precoding for Millimeter Wave Cellular Systems[J]. IEEE Journal of Selected Topics in Signal Processing, 2014, 8(5): 831-846.

[50] Li M, Wang X. QR decomposition-based LS channel estimation algorithm in MIMO-OFDM system [C]//Proc. The 2nd International Conference on Industrial Mechatronics and Automation, Wuhan, 2010, 711-714.

[51] Li X, Bjornson E, Larsson E G, et al. A Multi-Cell MMSE Detector for Massive MIMO Systems and New Large System Analysis[C]//Proc. IEEE Global Communications Conference (GLOBECOM), San Diego, CA, 2015, 1-6.

[52] Zhan Z, Xiao-lin Z, Yan-zhong Z, et al. On channel estimation in DTMB standard using time domain PN sequences[C]//Proc. IEEE International Conference on Industrial Technology, Vina del Mar, 2010, 1058-1061.

[53] Pickholtz R, Schilling D, Milstein L. Theory of Spread-Spectrum Communications-A Tutorial[J]. IEEE Transactions on Communications, 1982, 30(5): 855-884.

[54] Zepernick, Jürgen H, Finger A. Pseudo Random Signal Processing[M]. New Jersey: Wiley, 2005.

[55] Chen H H, Chu S W, Guizani M. On next generation CDMA techonogies: the REAL approach for perfect orthogonal code generation[J]. IEEE Transaction on Vehicular Technology, 2008, 57(5): 2822-2833.

[56] Suehiro N, Hatori M. N-shift cross-orthogonal sequences[J]. IEEE Transactions on Information Theory, 1988, 34(1): 143-146.

[57] Li D B. A spread-spectrum coding method possessing interference free window[P]. Chinese Patent PCT/CN00/0028, 1999.

[58] Chen W, Mitra U. Frequency domain versus time domain based training sequence optimization[C]// Proc. IEEE International Conference on Communications. ICC 2000, New Orleans, LA, USA, 646-650.

[59] Yang F, Wang J, Wang J, et al. Novel channel estimation method based on PN sequence reconstruction for Chinese DTTB system[J]. IEEE Transactions on Consumer Electronics, 2008, 54(4): 1583-1589.

[60] Wang J, Yang Z X, Pan C Y, et al. Iterative padding subtraction of the PN sequence for the TDS-OFDM over broadcast channels[J]. IEEE Transactions on Consumer Electronics, 2005, 51(4): 1148-1152.

[61] Li S F, Chen J, Zhang L Q, et al. Construction of quadri-phase complete complementary pairs applied in MIMO radar systems[C]//Proc. IEEE 9th International Conference on Signal Processing, Beijing, 2008, 2298-2301.

[62] Wang H, Zhang W, Liu Y, et al. On Design of Non-Orthogonal Pilot Signals for a Multi-Cell Massive MIMO System[J]. IEEE Wireless Communications Letters, 2015, 4(2): 129-132.

[63] Quayum A, Minn H, Kakishima Y. Non-Orthogonal Pilot Designs for Joint Channel Estimation and Collision Detection in Grant-Free Access Systems[J]. IEEE Access, 2018, 6: 55186-55201.

[64] Li P. Channel estimation and signal reconstruction for massive MIMO with non-orthogonal pilots [C]//Proc IEEE Conference on Computer Communications Workshops (INFOCOM WKSHPS), Atlanta, GA, 2017, 349-353.

[65] Zhang W, Zhang W. On optimal training in massive MIMO systems with insufficient pilots[C]// Proc. IEEE International Conference on Communications (ICC), Paris, 2017, 1-6.

[66] Bajwa W U, Haupt J, Sayeed A M, et al. Compressed Channel Sensing: A New Approach to Estimating Sparse Multipath Channels[J]. Proceedings of the IEEE, 2010, 98(6): 1058-1076.

[67] Li X, Fang J, Li H, et al. Millimeter Wave Channel Estimation via Exploiting Joint Sparse and Low-Rank Structures[J]. IEEE Transactions on Wireless Communications, 2018, 17(2): 1123-1133.

[68] Rauhut H, Schnass K, Vandergheynst P. Compressed Sensing and Redundant Dictionaries[J]. IEEE Transactions on Information Theory, 2008, 54(5): 2210-2219.

[69] Candes E J, Romberg J, Tao T. Robust uncertainty principles: exact signal reconstruction from highly incomplete frequency information[J]. IEEE Transactions on Information Theory, 2006, 52(2): 489-509.

[70] Candes E J, Tao T. Decoding by linear programming[J]. IEEE Transactions on Information Theory, 2005, 51(12): 4203-4215.

[71] Baraniuk R G. Compressive Sensing [Lecture Notes][J]. IEEE Signal Processing Magazine, 2007, 24(4): 118-121.

[72] Candes E J. Stable signal recovery from incomplete and inaccurate measurements [J]. Communications on Pure and Applied Math, 2006, 59(8): 1207-1223.

[73] Candes E J, Tao T. Near-Optimal Signal Recovery From Random Projections: Universal Encoding Strategies? [J]. IEEE Transactions on Information Theory, 2006, 52(12): 5406-5425.

[74] Donoho D L. For most large underdetermined systems of linear equations, the minimal 11-norm solution is also the sparsest solution[J]. Communications on Pure and Applied Mathematics, 2006, 59(6): 797-829.

[75] Tsaig Y, Donoho D L. Extensions of compressed sensing[J]. Signal Processing, 2006, 86(3): 549-571.

[76] Chen S B, Donoho D L, Saunders M A. Atomic decomposition by basis pursuit[J]. SIAM Journal on Scientific Computing, 1998, 20(1): 33-61.

[77] Bajwa W U, Haupt J D, Raz G M, et al. Toeplitz-Structured Compressed Sensing Matrices[C]// Proc. IEEE/SP 14th Workshop on Statistical Signal Processing, Madison, WI, USA, 2007, 294-298.

[78] Donoho, David L, Elad Michael. Optimally sparse representation in general (nonorthogonal) dictionaries via 11 minimization[J]. Proc. National Academy Science USA, 2003, 100(5): 2197-2202.

[79] Xia S, Liu X, Jiang Y, et al. Deterministic Constructions of Binary Measurement Matrices From Finite Geometry[J]. IEEE Transactions on Signal Processing, 2015, 63(4): 1017-1029.

[80] Yu L, Barbot J P, Zheng G, et al. Compressive Sensing With Chaotic Sequence[J]. IEEE Signal Processing Letters, 2010, 17(8): 731-734.

[81] Liu X, Xia S. Constructions of quasi-cyclic measurement matrices based on array codes[C]//Proc. IEEE International Symposium on Information Theory, Istanbul, 2013, 479-483.

[82] Daniels R C, Heath R W. 60 GHz wireless communications: Emerging requirements and design recommendations[J]. IEEE Vehicular Technology Magazine, 2007, 2(3): 41-50.

[83] Noh S, Zoltowski M D, Sung Y, et al. Pilot Beam Pattern Design for Channel Estimation in Massive MIMO Systems[J]. IEEE Journal of Selected Topics in Signal Processing, 2014, 8(5): 787-801.

[84] Dai L, Wang Z, Yang Z. Spectrally Efficient Time-Frequency Training OFDM for Mobile Large-Scale MIMO Systems[J]. IEEE Journal on Selected Areas in Communications, 2013, 31(2): 251-263.

[85] Gao Z, Dai L, Wang Z, et al. Spatially Common Sparsity Based Adaptive Channel Estimation and Feedback for FDD Massive MIMO[J]. IEEE Transactions on Signal Processing, 2015, 63(23): 6169-6183.

[86] Zhu D, Choi J, Heath R W. Auxiliary Beam Pair Enabled AoD and AoA Estimation in Closed-Loop Large-Scale Millimeter-Wave MIMO Systems[J]. IEEE Transactions on Wireless Communications, 2017, 16(7): 4770-4785.

[87] Lee J, Gil G, Lee Y H. Channel Estimation via Orthogonal Matching Pursuit for Hybrid MIMO Systems in Millimeter Wave Communications[J]. IEEE Transactions on Communications, 2016, 64(6): 2370-2386.

[88] Zheng Z, Wang W, Meng H, et al. Efficient Beamspace-Based Algorithm for Two-Dimensional DOA Estimation of Incoherently Distributed Sources in Massive MIMO Systems[J]. IEEE Transactions on Vehicular Technology, 2018, 67(12): 11776-11789.

[89] Roy R, Kailath T. ESPRIT-estimation of signal parameters via rotational invariance techniques[J]. IEEE Transactions on Acoustics, Speech, and Signal Processing, 1989, 37(7): 984-995.

[90] Haardt M, Nossek J A. Unitary ESPRIT: how to obtain increased estimation accuracy with a reduced computational burden[J]. IEEE Transactions on Signal Processing, 1995, 43(5): 1232-1242.

[91] Uehashi S, Ogawa Y, Nishimura T, et al. Prediction of Time-Varying Multi-User MIMO Channels Based on DOA Estimation Using Compressed Sensing [J]. IEEE Transactions on Vehicular Technology, 2019, 68(1): 565-577.

[92] Hu B, Wu X, Zhang X, et al. Off-grid DOA estimation based on compressed sensing with gain/phase uncertainties[J]. Electronics Letters, 2018, 54(21): 1241-1243.

[93] Das A, Hodgkiss W S, Gerstoft P. Coherent Multipath Direction-of-Arrival Resolution Using Compressed Sensing[J]. IEEE Journal of Oceanic Engineering, 2017, 42(2): 494-505.

[94] Tan W, Feng X, Tan W, et al. An Iterative Adaptive Dictionary Learning Approach for Multiple Snapshot DOA Estimation[C]//Proc. 14th IEEE International Conference on Signal Processing (ICSP), Beijing, China, 2018, 214-219.

[95] Shen W, Dai L, Gui G, et al. AoD-adaptive subspace codebook for channel feedback in FDD massive MIMO systems[C]//Proc. IEEE International Conference on Communications (ICC), Paris, 2017, 1-5.

[96] Chen Z, Yang C. Pilot Decontamination in Wideband Massive MIMO Systems by Exploiting Channel Sparsity[J]. IEEE Transactions on Wireless Communications, 2016, 15(7): 5087-5100.

[97] Choi J, Lee K, Love D J, et al. Advanced Limited Feedback Designs for FD-MIMO Using Uniform Planar Arrays[C]//Proc. IEEE Global Communications Conference (GLOBECOM), San Diego, CA, 2015, 1-6.

[98] Candes E J, Tao T. The Power of Convex Relaxation: Near-Optimal Matrix Completion[J]. IEEE Transactions on Information Theory, 2010, 56(5): 2053-2080.

[99] Zhang Y, Zhang G, Wang X. Computationally efficient DOA estimation for monostatic MIMO radar based on covariance matrix reconstruction[J]. Electronics Letters, 2017, 53(2): 111-113.

[100] Cai J F, Candes E J, Shen Z. A Singular Value Thresholding Algorithm for Matrix Completion[J]. SIAM Journal on Optimization, 2010, 20(4): 1956-1982.

[101] Horn R A. Topics in Matrix Analysis[M]. Cambridge University Press: Cambridge, UK, 1991.

[102] Schmidt R. Multiple emitter location and signal parameter estimation[J]. IEEE Transactions on Antennas and Propagation, 1986, 34(3): 276-280.

[103] Sun F, Lan P, Gao B. Partial spectral search-based DOA estimation method for co-prime linear arrays[J]. Electronics Letters, 2015, 51(24): 2053-2055.

[104] Stoica P, Nehorai A. MUSIC, maximum likelihood, and Cramer-Rao bound[J]. IEEE Transactions on Acoustics, Speech, and Signal Processing, 1989, 37(5): 720-741.

[105] Craigen R, Faucher G, Low R, et al. Circulant partial Hadamard matrices[J]. Linear Algebra & Its Applications, 2013, 439(11): 3307-3317.

[106] Huang T, Fan Y Z, Zhu M. Symmetric Toeplitz-Structured Compressed Sensing Matrices[J]. Sensing and Imaging, 2015, 16(1): 7.

[107] Mo Q. A new method on deterministic construction of the measurement matrix in compressed sensing[J]. Mathematics, 2015.

[108] Wakin M B. Manifold-Based Signal Recovery and Parameter Estimation from Compressive Measurements[J]. Statistics,2010.

[109] Chen J,Liang Q. Theoretical performance limits for compressive sensing with random noise[J]. 2015：3400-3405.

[110] Haghighatshoar S, Abbe E, Telatar E. Adaptive sensing using deterministic partial Hadamard matrices[C]//IEEE International Symposium on Information Theory Proceedings, IEEE, 2012：1842-1846.

[111] Pereira M P, Lovisolo L, Silva E A B D, et al. On the design of maximally incoherent sensing matrices for compressed sensing using orthogonal bases and its extension for biorthogonal bases case[J]. Digital Signal Processing,2014,27(1)：12-22.

[112] Yu L,Barbot J P, Zheng G, et al. Toeplitz-structured Chaotic Sensing Matrix for Compressive Sensing[C]//International Symposium on Communication Systems Networks and Digital Signal Processing,IEEE,2010：229-233.

[113] Kim K H, Park H, Hong S, et al. Fast Correlation Method for Partial Fourier and Hadamard Sensing Matrices in Matching Pursuit Algorithms[J]. Ieice Transactions on Fundamentals of Electronics Communications & Computer Sciences,2014,E97. A(8)：1674-1679.

[114] Wen C K,Wong K K. Analysis of Compressed Sensing with Spatially-Coupled Orthogonal Matrices [J]. Computer Science,2014.

[115] Yao Z,Li G, Wang S, et al. Channel estimation of sparse multipath based on compressed sensing using Golay sequences[C]//IEEE International Conference on Digital Signal Processing, IEEE, 2015：976-980.

[116] Li K,Gan L,Ling C. Convolutional Compressed Sensing Using Deterministic Sequences[J]. IEEE Transactions on Signal Processing,2013,61(3)：740-752.

[117] Yao Z, Li G L, Wang S, et al. Compressed Sensing Channel Estimation Algorithm Based on Deterministic Sensing with Golay Complementary Sequences[J]. Journal of Electronics & Information Technology,2016.

[118] Sturm B L,Christensen M G. Cyclic matching pursuit with multiscale time-frequency dictionaries [J]. IEEE Signal,Systems 83 Computers,2010：581-585.

[119] Sahoo S K, Makur A. Signal Recovery from Random Measurements via Extended Orthogonal Matching Pursuit[J]. IEEE Transactions on Signal Processing,2015,63(10)：2572-2581.

[120] 张彦男. 基于压缩感知的稀疏信号重构算法优化与实现[D]. 上海：上海交通大学,2013.

[121] Du L,Wang R,Wan W,et al. Analysis on greedy reconstruction algorithms based on compressed sensing [C]//International Conference on Audio,Language and Image Processing,IEEE,2012：783-789.

[122] Lü W J,Chen X,Liu H. Image adaptive subspace pursuit algorithm based on compressive sensing [J]. Computer Engineering & Applications,2016.

[123] Jian W,Kwon S, Shim B. Generalized Orthogonal Matching Pursuit[J]. IEEE Transactions on Signal Processing,2012,60(12)：6202-6216.

[124] 兰明然,王友国. 基于压缩感知中矩阵分解的观测矩阵改进[J]. 计算机技术与发展,2017,27(6)：56-59.

[125] Wang X,Jones P, Zambreno J. A Reconfigurable Architecture for QR Decomposition Using a Hybrid Approach[C]//IEEE Computer Society Symposium on Vlsi,IEEE Computer Society,2014：541-546.

[126] 陈海. 基于 Householder 变换的线性系统模型参数辨识[J]. 贵州工业大学学报(自然科学版),2000,29(3)：57-60.

图书资源支持

感谢您一直以来对清华大学出版社图书的支持和爱护。为了配合本书的使用，本书提供配套的资源，有需求的读者请扫描下方的“书圈”微信公众号二维码，在图书专区下载，也可以拨打电话或发送电子邮件咨询。

如果您在使用本书的过程中遇到了什么问题，或者有相关图书出版计划，也请您发邮件告诉我们，以便我们更好地为您服务。